中文版

Photoshop 商业案例项目设计完全解析

于修国　编著

清华大学出版社
北　京

内 容 简 介

本书是一本商业案例用书，全方位地讲述了Photoshop在现实设计中常用的12类商业案例。本书共分为12章，具体包括文字特效、标志设计、名片设计、户外广告设计、海报设计、网络广告、DM广告、封面设计、画册设计、插画设计、产品包装设计、UI设计等内容。本书涵盖日常工作中所用到的全部工具与命令，并涉及了平面设计行业中的各类常见任务。

本书资源包括书中的案例素材文件、效果文件和视频教学文件，同时还提供了PPT课件，以提高读者的兴趣、实际操作能力以及工作效率，读者在学习过程中可参考使用。

本书着重以案例形式讲解平面设计领域，针对性和实用性较强，不仅使读者巩固了学到的Photoshop技术技巧，更是读者在以后实际学习工作中的参考手册。本书可以作为各大院校、培训机构的教学用书，以及读者自学Photoshop的参考书。

图书在版编目(CIP)数据

中文版Photoshop商业案例项目设计完全解析 / 于修国编著. —北京：清华大学出版社，2019 (2024.7重印)
ISBN 978-7-302-53474-7

Ⅰ.①中… Ⅱ.①于… Ⅲ.①图像处理软件 Ⅳ.①TP391.413

中国版本图书馆 CIP 数据核字（2019）第 174187 号

责任编辑：韩宜波
封面设计：李　坤
责任校对：王明明
责任印制：曹婉颖

出版发行：清华大学出版社
网　　址：https://www.tup.com.cn，https://www.wqxuetang.com
地　　址：北京清华大学学研大厦 A 座　　**邮　　编：**100084
社 总 机：010-83470000　　**邮　　购：**010-62786544
投稿与读者服务：010-62776969，c-service@tup.tsinghua.edu.cn
质 量 反 馈：010-62772015，zhiliang@tup.tsinghua.edu.cn
印 装 者：涿州汇美亿浓印刷有限公司
经　　销：全国新华书店
开　　本：190mm×260mm　　**印　　张：**16.5　　**字　　数：**395 千字
版　　次：2019 年 9 月第 1 版　　**印　　次：**2024 年 7 月第 9 次印刷
定　　价：69.80 元

产品编号：081790-01

前言

Adobe Photoshop，简称PS，是由Adobe Systems开发和发行的图像处理软件。Photoshop作为Adobe公司旗下最著名的图像处理软件，其应用范围覆盖整个图像处理和平面设计行业。

基于Photoshop在平面设计行业的应用程度之高，所以本书将以一些商业案例为主，介绍Photoshop的具体操作步骤。商业案例的制作步骤包括：前期的沟通—分析客户需求—分析商品类型—构思设计方案—定义设计方案—确定配色方案—确定构图方案—制作设计方案。

本书案例以Photoshop 2018中文版软件进行设计，根据编者多年的平面设计工作经验，通过理论结合实际的操作形式，系统地介绍Photoshop软件在现实生活中涉及的领域。内容包括常用、实用的12个行业领域，涉及文字特效、标志设计、名片设计、户外广告设计、海报设计、网络广告设计、DM广告设计、封面设计、画册设计、插画设计、产品包装设计和UI设计。每章都最少会对两个案例进行详解和分析，可以从中吸取一些美学和设计的理论知识，而且各章中都列举了许多优秀的设计作品以供欣赏，希望读者在学习各章内容后通过欣赏优秀作品既能够缓解学习的疲劳，又能提升审美品位。

本书内容具体安排如下。

第1章为文字特效。主要通过讲述文字特效的含义、用途、设计法则等来学习文字特效。

第2章为标志设计。主要通过讲述标志的含义、性质、构成元素、设计原则、类型、表现形式、形式美法则等来学习标志设计。

第3章为名片设计。主要通过讲述名片的含义、类型、构成元素、常用尺寸、构图方式、制作工艺等来学习名片的设计。

第4章为户外广告设计。主要通过讲述户外广告的含义、常用类型、优点与缺点、设计原则等来学习户外广告设计。

第5章为海报设计。主要通过讲述海报的含义、常见类型、构成要素、创意手法、表现形式等来学习海报设计。

第6章为网络广告。主要通过讲述网络广告的含义、常见的几种类型、优点、缺点等来学习网络广告。

第7章为DM广告。主要通过讲述DM广告的含义、分类、优点、制作方法等方面来学习DM广告。

第8章为封面设计。主要通过讲述封面的含义、组成要素、表现手法、设计的重要性等来学习封面设计。

第9章为画册设计。主要通过讲述画册的含义、设计原则、常见分类、常见开本等来学习画册设计。

第10章为插画设计。主要通过讲述插画的含义、设计原则、常见分类、表现形式及风格等来学习插画设计。

第11章为产品包装设计。主要通过讲述产品包装的含义、常见形式、常用材料等来学习产品包装设计。

第12章为UI设计。主要通过讲述UI的含义、设计原则、UI的控件等来学习UI设计。

本书摒弃了繁杂的基础内容和烦琐的操作步骤，力求用精简的操作步骤实现最佳的视觉设计效果。为了让读者更好地吸收知识，提高自己的创作水平，在案例制作讲解过程中，还给出了实用的软件功能技巧提示以及设计技巧提示，可供读者扩展学习。全书结构清晰，语言浅显易懂、案例丰富精彩，兼具实用手册和技术参考手册的特点，具有很强的实用性和较高的技术含量。

本书由淄博职业学院的于修国老师编写，参与案例视频录制的有王芳、赵岩，在此表示感谢。

由于作者知识水平有限，书中难免有疏漏和不妥之处，恳请广大读者批评、指正。

本书提供了案例的素材文件、效果文件以及PPT课件，扫一扫下面的二维码，推送到自己的邮箱后下载获取。

素材及PPT课件

效果文件

编　者

目录

第1章　文字特效　001

第2章　标志设计　013

沁軒茶館
QINXUAN
tea-house

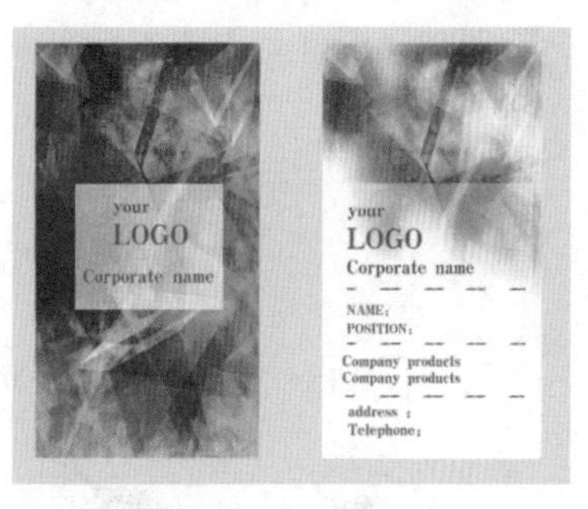
your
LOGO
Corporate name
your
LOGO
Corporate name
NAME:
POSITION:
Company products
Company products
address:
Telephone:

NAME
VIP

第4章 户外广告设计 062

第5章 海报设计 079

Cold dish
凉菜系列

COMPANY PROFILE

第12章 UI设计 230

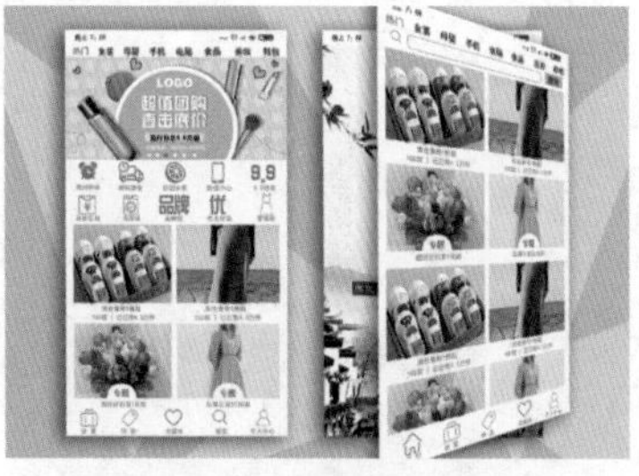

在实际创作过程中，通常需要一定的文字来实现标注和详解，作为重点注释；为了美观需要对文字进行特殊处理，使其起到标题突出和醒目的效果。

在本章中我们将介绍如何使用Photoshop来制作一些特效文字，通过对这些文字的处理初步向读者展示Photoshop的强大功能，引导读者制作这些效果丰富的文字特效，并希望读者能够由此启发制作出更加优秀的特效字作品。

1.1 文字特效概述

文字特效的应用范围之广是我们不容小视的，无论是平面广告、电视广告、电商广告，文字特效都是大量存在的，而且起着非常重要的装饰和注释作用。

1.1.1 什么是文字特效

为了区别于普通字，特效字是在普通字的基础上加上特效，这些特殊字体效果就被称为特效字。特效字的使用可以增加作品的主题和气氛，而且特效字的搭配会使整个作品的氛围得到烘托，如图1-1所示。

图1-1

图1-1（续）

可以看出这些文字特效的美观和震撼效果，若不使用特效字来装饰，整个版面会显得呆板，所以文字特效的重要性显而易见了。

1.1.2 文字特效的用途

文字特效被广泛应用于宣传、广告、商标、标题、板报、LOGO、会场、展览以及商品包装、装潢等各类的广告和装修行业，如图1-2所示。

文字是创意中的一种直接补充内容，可以直观地转告需要表达的意思，而特效字是传统字体的一种设计补充，可以将文字制作成各种视觉冲击的效果，是一种艺术的创作体现。

图1-2

特效字是以丰富的想象力重新组合而构成的字形，既可以增加文字直白的特征，也可以体现设计的美感。

1.1.3 文字特效的设计法则

在制作各类广告、海报中的特效字时，如何才能抓住大众的眼球是设计的基本法则。下面我们将介绍几种文字特效的设计方法。

（1）替换法：替换法是在统一形态的文字元素上加入不同的图形图像元素，其本质是根据文字的内容意思，用某一种形象来替代某部分笔画，这种形象可以使用写实的图案，也可以使用夸张的符号来表现。将文字的局部笔画替换掉的同时注意一定不能改变文字的本意和本质，如图1-3所示。

图1-3

图1-3（续）

（2）共用法：共用法是指重叠或共用一个笔画，如图1-4所示。

图1-4

（3）叠加法：叠加法是将文字的笔画互相重叠或将字与字、字与形相互重叠的表现手法，如图1-5所示。

图1-5

（4）分解重构法：分解重构法是将熟悉的文字或图形打散后，通过不同的角度审视并重新组合处理，主要目的是破坏其基本规律并寻求新的视觉冲击。

1.2 商业案例——房地产中的雨雾玻璃手写字设计

1.2.1 设计思路

扫码看视频

■ 案例类型

本案例是一款雨雾玻璃特效的手写字设计项目。

■ 客户诉求

本案例是设计一款放置在房地产中的特效字，需要一种有家的安全感，所以根据雨天雾效玻璃上手写的字来体现家的温馨感。

■ 设计定位

针对房地产行业的特殊性，如何将房子推销出去，必须使用一些特殊的手段，例如做广告、发传单等方式来推销，推销的过程想要引起人们的注意就必须在广告内容上下功夫，比如本章的主题——特效字，在一些主题字上加上一些特效来吸引人们的眼球，能够引起人们的关注，才能够继续引导人们深入了解。

在设计本案例中特效字时，设计还是依据客户诉求来定位，首先我们需要制作出雨天玻璃的效果，在此基础上再设计出一个多彩的外景，外景需要模糊，毕竟整张图像要突出表现字的内容，要体现出雨天在家的安全感和温馨感，丢掉在外奔波的疲劳和辛酸，促进人们购房的欲望和期待。

1.2.2 设计法则

在本案例中虽配有背景，但主要表现的还是特效字，且需要将字清晰地显示出来。在整张图像中，字体要将其放置到正中偏上的位置，如图1-6所示，这个位置被称为黄金分割比例。

图1-6

黄金分割具有严格的比例性、艺术性、和谐性，蕴藏着丰富的美学价值，它能够引起人们的美感，被认为是建筑和艺术中最理想的比例。

1.2.3 项目实战

■ 制作流程

本案例首先制作出文本效果；然后制作出雨雾玻璃手写字的效果，如图1-7所示。

图1-7

■ 技术要点

打开合并素材制作出背景效果；

使用“横排文字工具”创建文字；

使用“波纹”滤镜调整其扭曲；

使用“涂抹工具”和“画笔”涂抹出留下的水滴；

使用图层的混合模式设置文字的效果。

■ 操作步骤

01 在菜单栏中选择“文件>打开”命令，在弹出的“打开”对话框中选择随书配备资源中的“玻璃 (1).jpg”文件，单击“打开”按钮，如图1-8所示。

图1-8

02 继续打开“街景.jpg”文件，如图1-9所示。

图1-9

03 在工具箱中选择“移动工具”✥，将“街景.jpg”图像拖曳到“玻璃（1）.jpg”文档中，并设置图层的混合模式为“叠加”，如图1-10所示，可以在图层中查看两个图像。

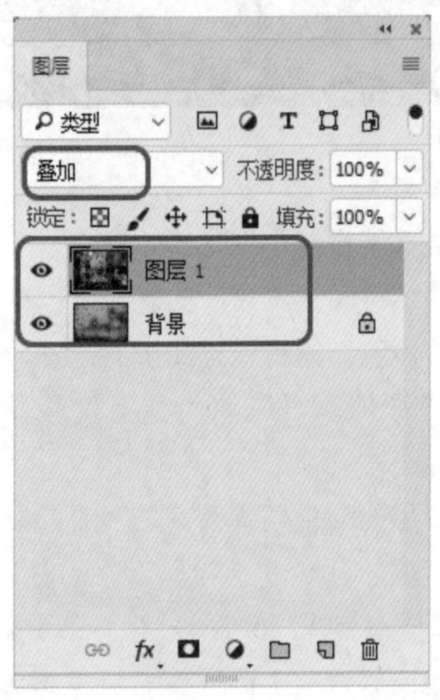

图1-10

移动工具的使用技巧

移动工具就是用来移动对象的，前提是需要移动的对象所在的图层处于未被锁定状态。想要移动对象，选择需要移动对象所在的图层，在工具箱中选择“移动工具”✥，将光标放置到对象上，可以看到箭头下方有一个移动工具的小光标，说明移动工具处于被选中状态，如图1-11所示，按住鼠标左键移动对象即可实现对象的移动操作，如图1-12所示。配合键盘上的Shift键，按住鼠标移动对象可以实现对象的垂直和水平移动，按住键盘上的Alt键，可以移动复制对象，如图1-13所示。

如果当前图层是锁定状态，移动锁定状态中的对象，出现如图1-14所示的对话框。

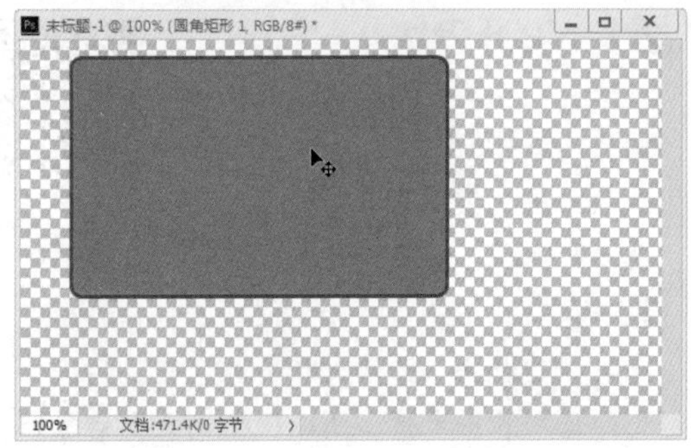

图1-11

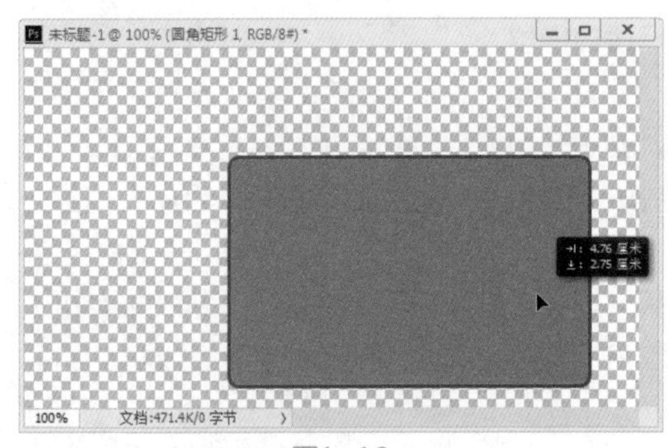

图1-12

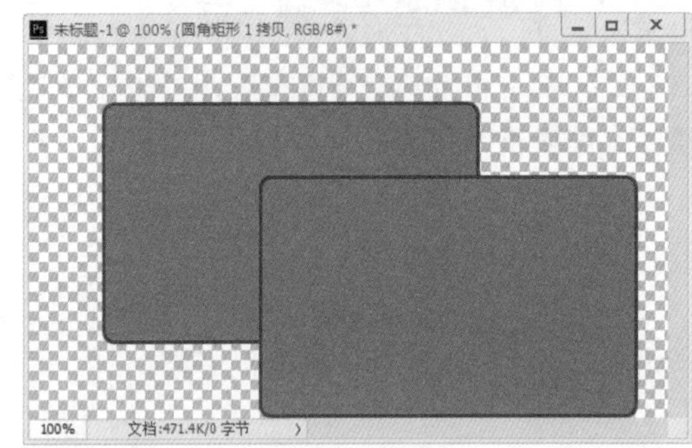

图1-13

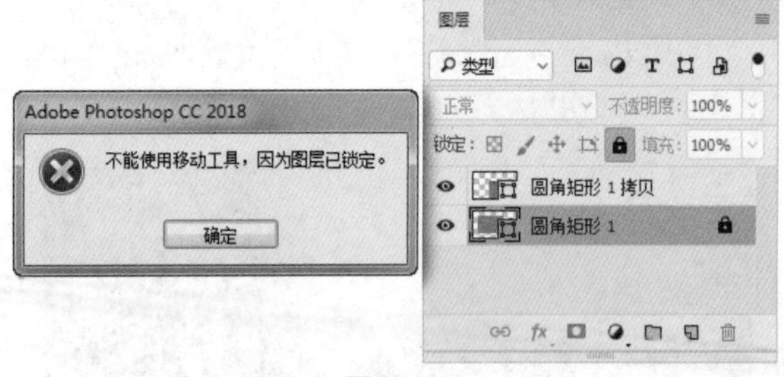

图1-14

跨文件移动。跨文件移动就是将两个图像放置到一个文件中，如图1-15所示有两个文件窗口，我们需要将矩形移动到另一个文件窗口中，可以直接使用“移动工具”✥，将其拖曳到另一个窗口中，当出现如图1-16所示的箭头加号时，鼠标即可将矩形移动且复制到新的文件中，如图1-17所示。在图1-17中发现移动复制过去的矩形位置与原位置有些偏差，若想将矩形的位置调整为源文件中的位置，可以在移动文件的同时按住Shift键，如图1-18所示。

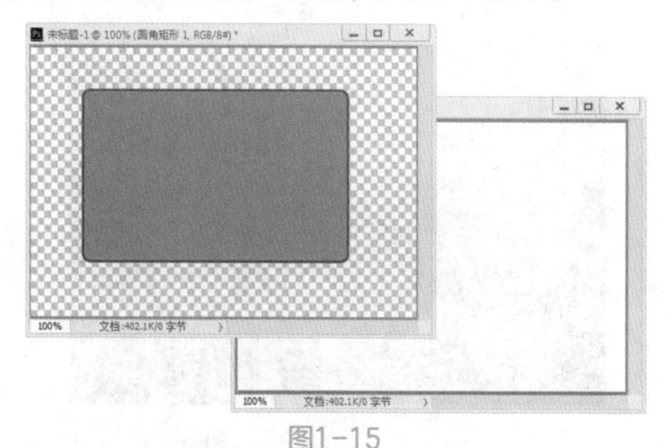

图1-15

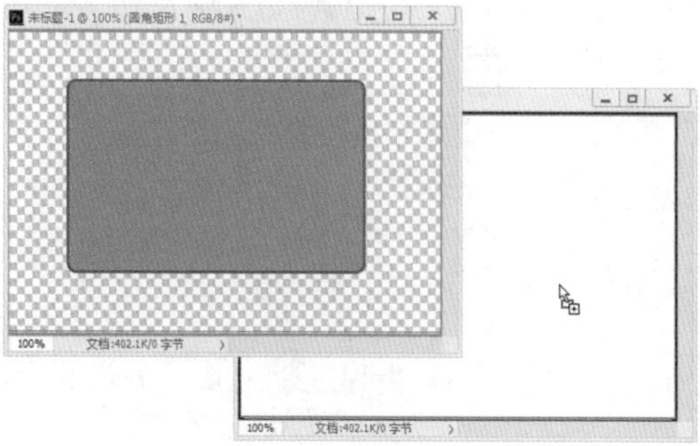

图1-16

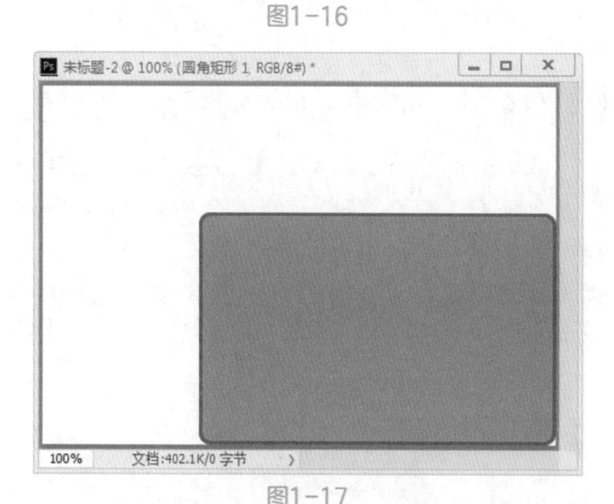

图1-17

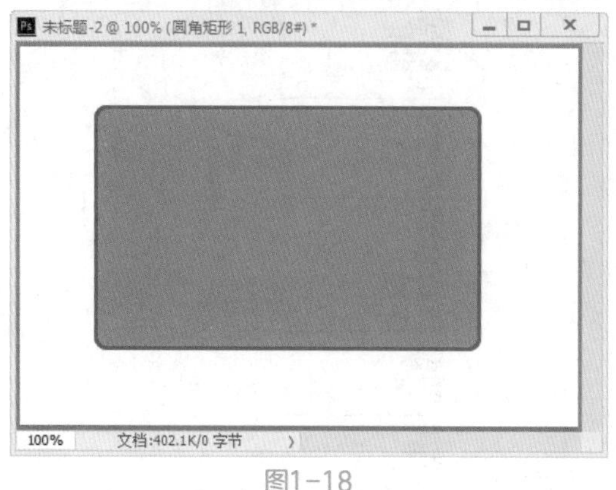

图1-18

移动复制到文件中的对象的大小如果与整个图像大小不符，需要将拖曳进去的图像调整至与另一个图像的大小相同。

04 按Ctrl+T组合键打开自由变换，可以看到图像周围出现了8个小方形，我们将其称为控制点，通过调整这些控制点，可以改变图像的大小，如图1-19所示。

图1-19

自由变换的使用技巧

在自由变换状态下，配合Ctrl 键、Alt 键和Shift键使用可以快速达到某些变换目的。“自由变换”命令可以在一个连续的操作中应用旋转、缩放、斜切、扭曲、透视和变形，并且可以不必执行其他变换命令。

按Shift 键，用鼠标左键单击拖曳定界框4个角上的控制点可以等比例放大或缩小图像，如图1-20所示，也可以反向拖曳形成翻转变换。鼠标左键在定界框外单击拖曳，可以以15° 为单位顺时针或逆时针旋转图像。

图1-20

要想形成以对角为直角的自由四边形方式变换，可以按 Ctrl 键，鼠标左键单击拖曳定界框 4 个角上的控制点。要想形成以对边不变的自由平行四边形方式变换，可以鼠标左键单击拖曳定界框边上的控制点，图 1-21所示为拖曳边框上控制点的效果。

图1-21

要想形成以中心对称的自由矩形方式变换，可以按住Alt键，鼠标左键单击拖曳定界框4个角上的控制点。要想形成以中心对称的等高或等宽的自由矩形方式变换，可以使用鼠标左键单击拖曳定界框边上的控制点。

要想形成以对角为直角的直角梯形方式变换，可以按 Shift+Ctrl组合键，鼠标左键单击拖曳定界框 4 个角上的控制点。要想形成以对边不变的等高或等宽的自由平行四边形方式变换，可以鼠标左键单击拖曳定界框边上的控制点。

要想形成以相邻两角位置不变的中心对称自由平行四边形方式变换，可以按 Ctrl+Alt组合键，鼠标左键单击拖曳定界框 4 个角上的控制点即可完成。要想形成以相邻两边位置不变的中心对称自由平行四边形方式变换，可以鼠标左键单击拖曳定界框边上的控制点。

要想形成以中心对称的等比例放大或缩小的矩形方式变换，可以按 Shift+Alt组合键，鼠标左键单击拖曳定界框 4 个角上的控制点。鼠标左键单击拖曳定界框边上的控制点，可以形成以中心对称的对边不变的矩形方式变换。

想要形成以等腰梯形、三角形或相对等腰三角形方式变换，可以按Shift+Ctrl+ Alt组合键，鼠标左键单击拖曳定界框 4 个角上的控制点。

05 在“图层”面板中设置图像的混合模式为“叠加”，如图1-22所示。

图1-22

图像的混合模式

图层的混合模式是将当前图层与下面图层产生混合效果，在“图层”面板中包括如图1-23所示的图层的混合模式类型，可以尝试使用这些混合模式，可以制作出意想不到的混合效果，默认为“正常”。

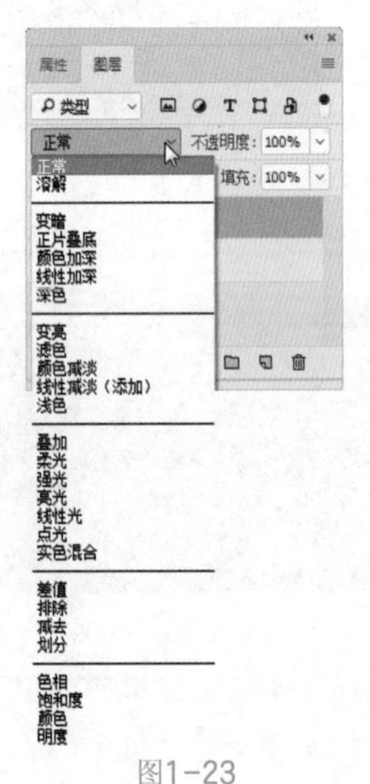

图1-23

06 混合模式太过强烈，可以适当降低混合模式图层的“不透明度”为50，得到如图1-24所示的效果。

图1-24

07 在“图层”面板底部单击“创建新的填充或调整图层”按钮，在弹出的快捷菜单中选择“曝光度”命令，在“属性”面板中调整曝光度的参数，如图1-25所示。

图1-25

曝光度属性参数的使用提示

单击“创建新的填充或调整图层”按钮，选择“曝光度”菜单后，在“属性”面板中可以看到曝光度的参数，下面介绍三个常用参数。

- 曝光度：调整色调范围的高光端，对极限阴影的影响很轻微。
- 位移：使阴影和中间调变暗，对高光的影响很轻微。
- 灰度系数校正：使用简单的乘方函数调整图像灰度系数。

08 在工具箱中选择“横排文字工具”T，在舞台中创建文字，如图1-26所示。

图1-26

09 在舞台中滑选文字，在工具属性栏中选择字体，设置字体的大小，如图1-27所示。

图1-27

工具属性栏的使用技巧

在工具箱中选择任何一个工具，在工具属性栏中都会出现相对应的参数，对工具进行调整，具体的使用方法可以在制作案例中了解，由于篇幅有限，这里就不详细介绍了。

10 在“图层”面板中可以看到创建带有T字样的文字图层，鼠标右击该图层，在弹出的快捷菜单中选择“栅格化文字”命令，栅格化文字可以对文字进行滤镜的调整。

11 在菜单栏中选择“滤镜>扭曲>波纹”命令，在弹出的“波纹”对话框中设置“数量”为94%，设置“大小”为“中”，如图1-28所示。

图1-28

12 在工具箱中按住鼠标左键单击“模糊工具”，在隐藏的工具中选择“涂抹工具”，在工具属性栏中设置“强度”为50%，在舞台中涂抹文字，如图1-29所示。

图1-29

13 在工具箱中选择“画笔工具”，在工具属性栏中选择笔触为“柔边”，笔触“大小”为28，如图1-30所示。

图1-30

14 在菜单栏中选择“滤镜>扭曲>波纹”命令，在弹出的“波纹”对话框中设置“数量”为118%，设置“大小”为“小”，如图1-31所示。

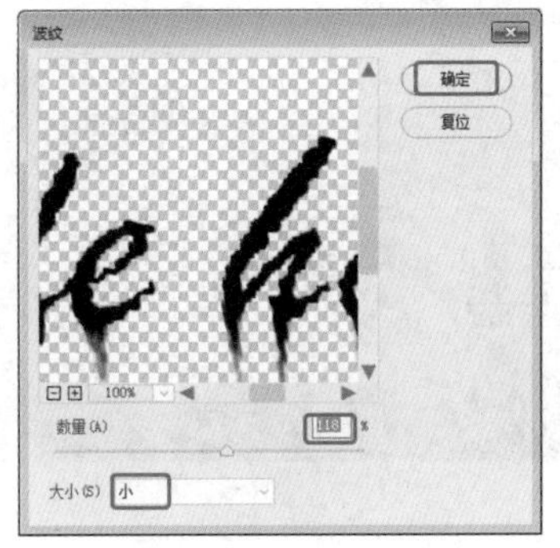

图1-31

15 在“图层”面板中设置混合模式为“柔光”，并按Ctrl+J组合键，复制文本图层为拷贝图层，设置文字的拷贝图层的混合模式为“柔光”，设置“不透明度”为20%，如图1-32所示。

图1-32

复制图层的四种常用方法

在“图层”面板中经常会用到“复制图层”这个命令，下面介绍四种常用的复制图层的方法。

第一种：最快捷和最常用的就是组合键Ctrl+J。

第二种：将图层拖曳到“创建新图层”按钮上。

第三种：选择需要复制的图层，鼠标右击在弹出的快捷菜单中选择“复制图层”命令，会弹出“复制图层”对话框，如图1-33所示。

第四种：在图层的右上角单击按钮，可以弹出管理图层的命令菜单，从中选择“复制图层”命令。

图1-33

16 至此本案例制作完成，如图1-34所示。

图1-34

1.3 商业案例——鲜花广告中的合成字

1.3.1 设计思路

扫码看视频

■ 案例类型

本案例是一款制作鲜花合成字效果的项目。

■ 客户诉求

本案例要求制作鲜花广告中的注释字体，要求有创意性，与鲜花能够融合在一起，需要背景使用花球或花篮，上面使用文字。

■ 设计定位

根据客户的诉求，我们将制作一个鲜花的合成字，使用花球作为背景，如图1-35所示。合成字是广告中常用的一种字体效果，通常是将文字融合到素材中，通过遮挡的方式或通过设置图层混合的方式来制作融合效果，使其融合得自然即可。

图1-35

1.3.2 设计法则

本例将使用替换法来制作合成字，只需要将一些素材文字嵌入到素材中即可。

1.3.3 项目实战

■ 制作流程

本案例首先使用提供的素材作为背景；然后创建文本；最后进行整体修饰，如图1-36所示。

图1-36

图1-36（续）

■ 技术要点

打开合并素材制作出背景效果；

使用“横排文字工具”创建文字；

使用“快速选择工具”快速选择部分素材；

使用“多边形套索工具”减选选区。

■ 操作步骤

01 在菜单栏中选择“文件>打开”命令，在弹出的“打开”对话框中选择随书配备资源中的“花背景.jpg”文件，如图1-37所示。

图1-37

02 打开素材后，在工具箱中选择“横排文字工具”T，在场景中单击创建文字，在工具属性栏中设置文字的字体和大小以及颜色，如图1-38所示。

图1-38

03 创建文本后，在“图层”面板中出现文字图层，双击文字图层，在弹出的“图层样式”对话框中选择“投影”选项，设置合适的投影参数，设置文字的投影，如图1-39所示。

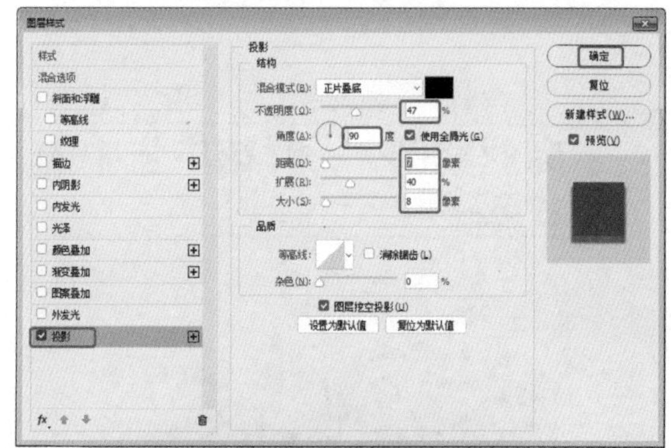

图1-39

04 在“图层”面板中单击文字图层前的眼睛按钮，将其隐藏。在工具箱中选择“快速选择工具”，在工具属性栏设置画笔尺寸为10左右，再单击“添加到选区”按钮，在需要放置到文字上的素材单击拖动选择即可，如图1-40所示。

图1-40

快速选择工具的使用提示

通过“快速选择工具”，只需单击一次，即可选择图像中最突出的主体。选择主体功能经过学习训练后，能够识别图像上的多种对象，包括人物、宠物、动物、车辆、玩具等。

在该工具的工具属性栏中可以发现“新选区”、“添加到选区”和“从选区减去”三个创建选区的工具，这三个工具的功能介绍如下。

新选区：在舞台中创建选区，如果选区创建错了无须取消选择，再次单击可以重新创建新选区。

添加到选区：可以创建连续多个选区内容。

从选区减去：可以在当前选区中减去单击区域的选择。

05 创建选区后，如果没有精确创建选区，可以配合使用“多边形套索工具”，加选或减选选区。

多边形套索工具的使用提示

“多边形套索工具”适合创建一些转角比较强烈的选区。在水平方向、垂直方向或45度方向上绘制直线，可以使用“多边形套索工具”绘制选区，然后按Shift键。另外，按Delete键可以删除最近绘制的直线。

06 创建选区后，在“图层”面板中选择“背景”图层，按Ctrl+J组合键，将选区中的图像复制到“图层1”中，按住“图层1”将其拖曳到文字图层的上方，如图1-41所示，制作出合成字效果。

图1-41

07 选择“背景”图层，按Ctrl+L组合键，在弹出的“色阶”对话框中调整色阶参数，如图1-42所示。

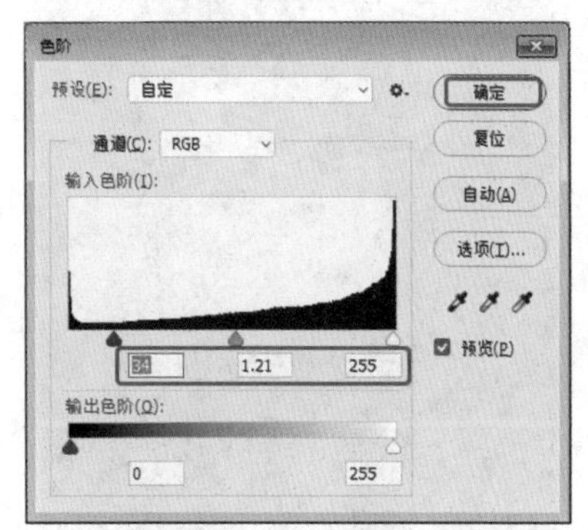

图1-42

色阶的使用提示

使用“色阶”命令可以校正图像的色调范围和颜色平衡。“色阶”直方图可以用作调整图像基本色调的直观参考，调整方法是在“色阶”对话框中通过调整图像的阴影、中间调和高光的强度级别来达到最佳效果。在菜单中选择“图像>调整>色阶”命令，打开“色阶”对话框。

至此，合成字制作完成。

提示

后面的章节中将会用到大量的文字特效，本章先简单地介绍一些。

1.4 优秀作品欣赏

02 第2章 标志设计

标志（logo，又称标识）是生活中人们用来表明某一事物特征的记号，就像人的名字一样，说到名字就会想到对应的人。

在设计标志时通常辅以识别和容易记住的一些形状和符号，设计过程不需要烦琐，只需简单、容易辨识即可。

本章主要讲述什么是标志、标志的构成、标志设计原则、标志的类型、表现形式、形式美法则等内容。

2.1 标志设计概述

在我们的现实生活中，标志是一种显示身份的符号，即使是一家小商铺也会拥有自己的标志。标志已经成了人与企业之间的一种对话方式。它以传达某种信息，凸显某种特定内涵为目的，以图形或文字等方式呈现。既是人与人之间沟通的桥梁，也是人与企业之间形成的对话，如图2-1所示，只要看到所示标志就会想到其代表着什么。

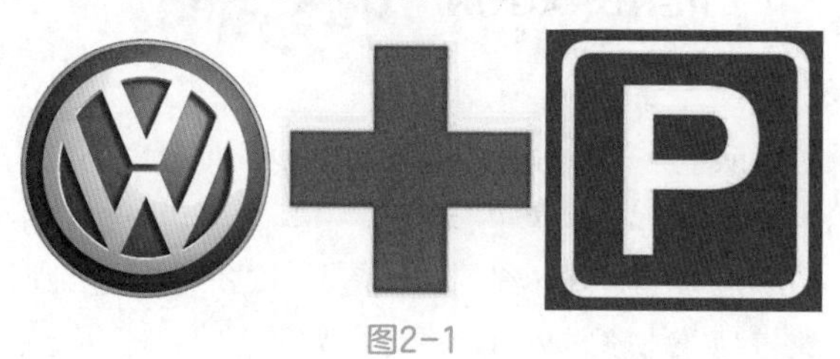

图2-1

2.1.1 认识标志

所谓标志，就是徽标，拥有识别性、推广性，标志是人们在长期的生活和实践中形成的一种视觉化的信息表达方式，具有一定含义并且能够使人理解的视觉图形。通过标志可以传达一些特定的信息，让消费者记住公司主体和品牌的文化。网络中的标志主要是各个网站用来与其他网站链接的图像标志，是网络或网站中的一个重要模块。

标志在原始社会中就已体现出来了。标志的使用可以追溯到上古时代的“图腾”，如图2-2所示。那时每个氏族和部落都选用一种认为与自己有特别神秘关系的动物或自然物象作为本氏族或部落的特殊标记（即图腾）。后来就作为战争和祭祀的标志，成为族旗、族徽。国家产生以后，又演变成国旗、国徽。无论是国内还是国外，标志最初都是采用生活中的各种图案的形式，可以说它是商标标识的萌芽。现代标志则承载了企业的无形资产，是企业综合信息的传递媒介。标志作为企业营销战略中最主要的部分，在企业形象传递过程中，是最广泛、出现率最高，同时也是最关键的元素，如图2-3 所示。

图2-2

图2-3

2.1.2 标志的性质

标志就是一张融合了对象所要表达的所有内容的标签，是企业品牌形象的代表。其将所要传达的内容以精练而独到的形象呈现在大众眼前，成为一种记号而吸引观众的眼球。标志在现代社会具有不可替代的地位，其功能主要体现在以下几点。

（1）功用性：标志的本质在于它的功用性。经过艺术设计的标志虽然具有观赏价值，但主要不是为了供人观赏，而是为了实用。标志是人们进行生产活动、社会活动必不可少的直观工具。

（2）识别性：除隐形标志外，绝大多数标志的设计就是要引起人们注意。因此色彩强烈醒目、图形简练清晰，是标志通常具有的特征。

（3）保护性：为消费者提供了质量保证，为企业提供了品牌保护的功能，我国的法律中有针对标志原创的保护条例。

（4）多样性：标志种类繁多、用途广泛，无论从其应用形式、构成形式、表现手段来看，都有着极其丰富的多样性。

（5）艺术性：标志的设计既要符合实用要求，又要符合美学原则，给人以美感，是对其艺术性的基本要求。

2.1.3 标志的构成元素

标志作为传媒特性的logo，为了在最有效的空间中实现所有视觉的识别功能，一般通过图像和文字进行组合，达到对标志的说明、沟通、交流，从而引导受众的兴趣、记忆等目的，如图2-4所示。

图2-4

标志中文字是传达其含义的直观方法，文字包含字母、汉字、数字等形式。不同的文字使用会给人带来不一样的视觉感受。如传统的汉字表达的含义是具有古朴的、有文化底蕴的文化属性，不同种类的文字具有不同的特性，所以在进行标志设计时，要深入了解其特性，从而设计出符合主题的作品，如图2-5所示。

图2-5

标志中图形所包含的范围更加广泛，如几何图形、人物造型、动植物造型等。一个经过艺术加工和美化的图形能够起到很好的装饰作用，不仅能突出设计立意，更能使整个画面看起来巧妙生动，如图2-6所示。

图2-6

颜色在标志设计中是不可缺少的部分。色彩是形态三个基本要素（形、色、质）之一。标志常用的颜色为三原色（红、黄、蓝），这三种颜色纯度比较高，比较的亮丽，更容易吸引人的眼球。无论是光鲜亮丽的多彩颜色组合还是统一和谐的单色，只要运用得当，都能使人眼前一亮并记忆深刻，如图2-7所示。

图2-7

2.1.4 标志的设计原则

在现代设计中，标志设计作为最普遍的艺术设计形式之一，不仅与传统的图形设计相关，更是与当代的社会生活紧密联系。在追求标志设计带来社会效益的同时，我们还是要遵循一些基本的设计原则，从而创造出独一无二、具有高价值的标志设计。

（1）识别性：无论是简单的还是复杂的标志设计，其最基本的目的就是让大众识别。

（2）内涵性：设计标志一定要有它自身的含义，否则做得再漂亮，也只不过是形式美罢了，没有一点意义，所以在设计标志过程中必须具有内涵。

（3）原创性：在纷杂的各式标志设计中，只有坚持原创性，避免与其他标志雷同，才可以成为品牌的代表。

（4）独特性：每个品牌都有其各自的特色，其标志也必须彰显其独一无二的文化特色。

（5）简洁性：过于复杂的标志设计不易识别和记忆，简约大方更易理解记忆和传播。

（6）色彩性：色彩为工业设计科学中必须研究的基本课题，通过色彩可以影响到人的心理。

2.1.5 标志的类型

根据基本组成因素，标志可分为以下几种。

（1）文字标志：文字标志有直接用中文、外文或汉语拼音的单词构成的，也有用汉语拼音或外文单词的字首进行组合的，如图2-8所示。

图2-8

（2）图形标志：图形标志是一种通过几何图案或象形图案来表示的标志。图形标志又可分为三种，即具象图形标志、抽象图形标志与具象抽象相结合的图形标志，如图2-9所示。

图2-9

（3）图文组合标志：图文组合标志集中了文字标志和图形标志的长处，弥补了两者的不足，如图2-10所示。

图2-10

2.1.6 标志设计的表现形式

（1）具象表现形式：具象表现是指具体的形象，如人体造型、动物造型、植物造型、器皿造型、自然造型等，对需要表现的对象稍加处理，可以不失其貌地表现出其象征的意义，如图2-11所示。

图2-11

（2）抽象表现形式：抽象表现形式是对具象的对象进行极简处理，如圆形标志、四边形标志、三角形标志、多边形标志、方向形标志等，利用简单的图形符号表现其属性所带来的感觉是容易识别和记忆的，如图2-12所示。

图2-12

（3）文字表现形式：文字基本也属于具象表现，非常简单明了地展现给大家，不用刻意修饰其寓意。不同的汉字给人的视觉冲击不同，其意义也不同，楷书给人以稳重端庄的视觉效果，而隶书具有精致古典之感。文字表现形式的素材有汉字、拉丁字母、数字标志等，如图2-13所示。

图2-13

2.1.7 标志的形式美法则

标志设计是一种视觉表现的艺术形式，人们在观看一个标志图形的同时，也是一种审美的过程。标志设计的形式美法则有以下几种。

（1）反复：反复造型是指简单的图像反复且有规律的使用，从而产生整齐和强烈的视觉冲击，如图2-14所示。

图2-14

（2）对比：对比是指通过形与形之间的对照比较，突出局部的差异性，是标志图形取得视觉特征的途径。可通过大小、颜色、形状、虚实等产生对比，如图2-15所示。

Rabbitsy

图2-15

（3）统一：统一是标志完整的保证，是通过形与形之间的相互协调、各要素的有机结合而形成一种稳定、顺畅的视觉效果，如图2-16所示。

图2-16

（4）渐变：渐变标志指大小的递增递减、颜色的渐变效果等，通过调整标志的渐变类型可以给人整体的层次感和空间的立体感，如图2-17所示。

图2-17

（5）突破：突破是要根据客户需要进行创新设计，并在造型上制作恰到好处的夸张和变化。这种标志一般比较有个性，使得制作的标注更加引人注目，如图2-18所示。

图2-18

（6）对称：对称是指依据图形的自身形成完全对称或不完全对称形式，从而给人一种较为均衡、秩序井然的视觉感受，如图2-19所示。

图2-19

（7）均衡：均衡是指通过一个点的支撑对造型要素进行对称和不对称排列，从而获得一种稳定的视觉感受，如图2-20所示。

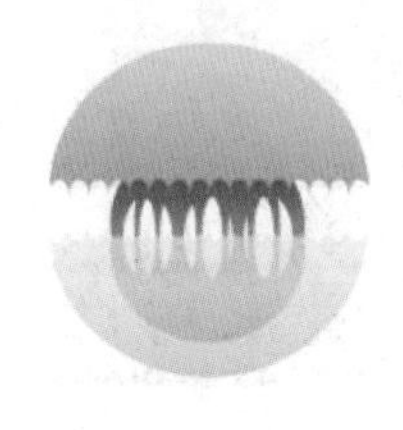

图2-20

（8）反衬：反衬是指通过与主体形象相反的次要形象来突出设计主题，使造型要素之间形成一种强烈的对比，突出重点，对观者形成强有力的视觉冲击，如图2-21所示。

图2-21

（9）重叠：重叠是指将一个或多个造型要素恰如其分地进行重复或堆叠，而形成一种层次化、立体化、空间化较强的平面构图，如图1-22 所示。

图2-22

（10）幻视：幻视是指通过一定的幻视技巧（如波纹、点群和各种平面、立体等构成方式）而形成一种可视幻觉，使得画面产生一定的律动感，如图2-23所示。

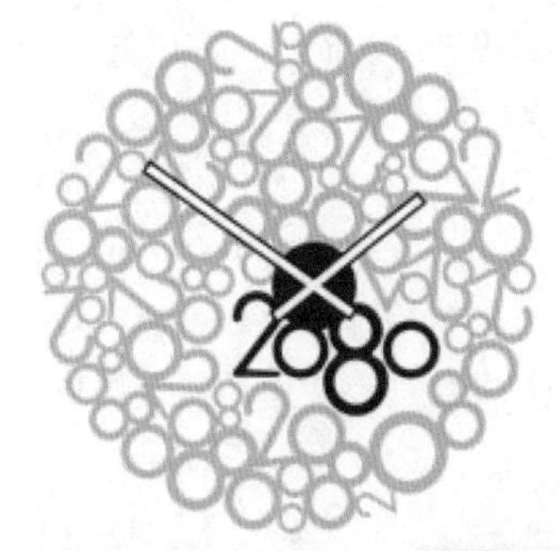

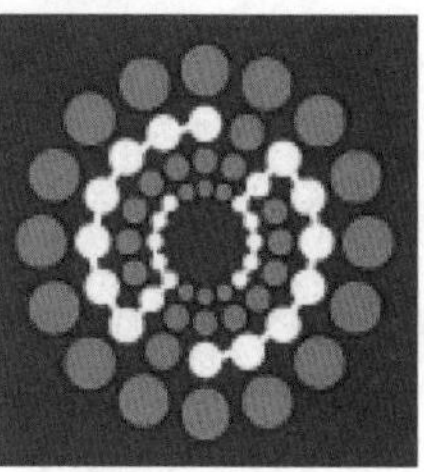

图2-23

（11）装饰：装饰是在标志设计表现技法的基础之上，进一步地加工修饰，使得标志的整体效果更加生动完美，如图2-24所示。

图2-24

2.2 商业案例——简约房产广告设计

2.2.1 设计思路

扫码看视频

■ 案例类型

本案例是设计一款简约房产广告。

■ 设计背景

爱家房产是一家二手房中介交易公司，是提供一对一二手房买卖服务的公司，可以让买家和卖家少走许多弯路；房地产中介是地产业的重要组成部分，为地产的生产、疏通和消费提供了多元化的服务。

■ 设计定位

房产中介是一个商务的严谨的地方，所以在用色上我们将使用代表商务严肃的雾霾蓝色；考虑到设计原则中的识别性，我们将使用抽象的房子造型来表示标志图形，制作极简的房子标志效果。

2.2.2 配色方案

针对需要设计成商务效果的图标，我们可以采用比较突出商务严肃的雾霾蓝和深蓝来搭配制作出房产广告的效果。

■ 主色

雾霾蓝是一个非常大气、迷人的颜色，蓝是一种最冷的色彩，也是非常纯净的。蓝色在心理学上可以使人冷静、豁达、沉稳，所以常常在商业设计中使用，如图2-25所示。

图2-25

■ 辅助色

我们使用同一色系的深蓝色搭配黑色和白色可以更加商务、严肃和谨慎，若添加其他色彩会让主题词不达意。

■ 其他配色方案

如图2-26所示是我们调整出的其他配色方案，由左到右来分析一下，绿色的logo可以给人清新的感觉，且绿色代表生机和从头开始；高级蓝时尚原色比较多，但蓝色所表达的心理它同样也可以表现出来，同时有让人眼前一亮的效果；用暗红色不用鲜红是因为鲜红给人的感觉太过火热，而暗红色给人的感觉就不一样了，它有热情和稳重的效果，可以根据客户的喜好来选择喜欢的色彩方案。

图2-26

2.2.3 形状设计

形状设计上我们采用了有棱有角的形状和图案来设计本案例的图像，因为有棱有角标志着严肃、谨慎、刚正的心理作用，如2-27所示。

图2-27

2.2.4 标志的表现形式

标志的整体表现形式采用均衡构图，以中间的文字来作为支点，支撑上部分和下部分，使设计的标志产生一种稳定的感觉，并采用了简约具象的表现形式来设计和绘制图案，如图2-28所示。

图2-28

2.2.5 同类作品欣赏

2.2.6 项目实战

■ 制作流程

本案例首先绘制三角形，复制并缩放三角形，设计出底图的效果；然后创建矩形并绘制烟筒和三角形下的长条；最后在三角形和长条之间创建公司名称，如图2-29所示。

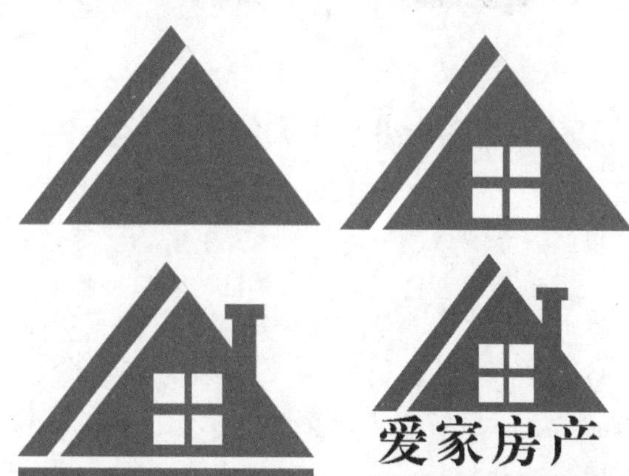

图2-29

■ 技术要点

使用“多边形工具”绘制三角形；

使用“矩形工具”绘制矩形；

使用“横排文字工具”添加名称。

■ 操作步骤

01 运行Photoshop软件，在“欢迎”界面中单击“新建”按钮，在弹出的“新建文档”对话框中设置“宽度”为3000像素、“高度”为2500像素，设置“分辨率”为300像素/英寸，单击“创建”按钮，如图2-30所示。

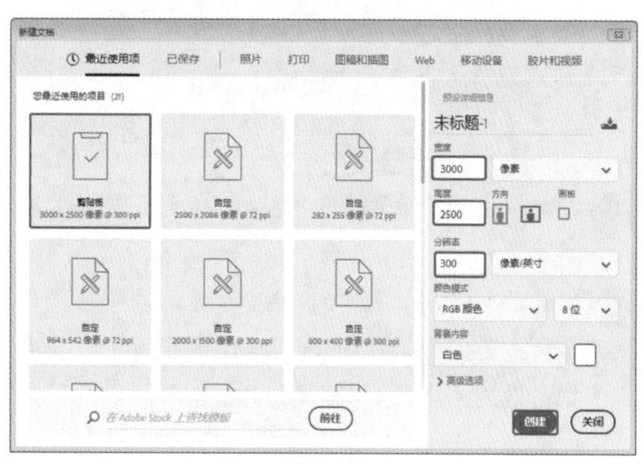

图2-30

02 在工具箱中按住鼠标左键单击“矩形工具”按钮，从中选择隐藏的工具“多边形工具”，在工具属性栏中设置“填充”色块的

RGB为62、118、167，设置“描边”为无，设置“边”为3像素，如图2-31所示。

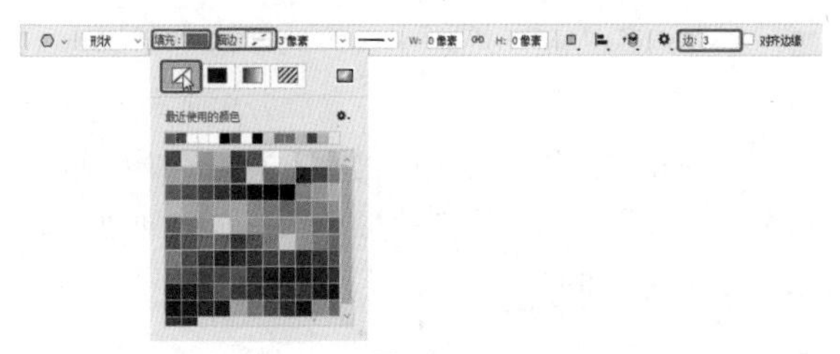

图2-31

设置形状的描边和填充提示和技巧

当使用形状工具时，在工具属性栏中会出现“填充”和“描边”两个色块，单击色块可以弹出一个预设的色块，如果在弹出的色块快捷菜单中没有自己需要的颜色，单击快捷菜单中右上角的（拾色器）按钮，弹出“拾色器（填充颜色）”对话框，从中可以设置需要的颜色，如图2-32所示。

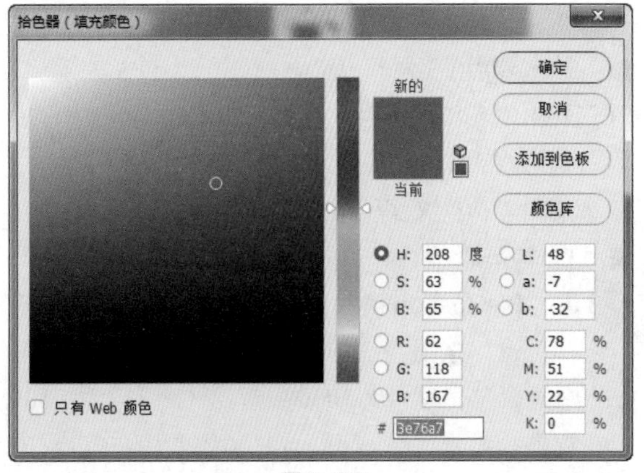

图2-32

除了设计纯色之外，还可以在弹出的快捷菜单中选择设置填充或轮廓为无、渐变、图案填充效果。

03 设置好之后，在舞台中绘制三角形，如图2-33所示。

04 创建三角形后，按Ctrl+T组合键，调整三角形至合适的大小，按Enter键确定调整变形，调整到合适的大小后，按Ctrl+J组合键，复制三角形图层，按Ctrl+T组合键，打开自由变换，按Shift键，同时按住鼠标左键拖动左上角的控制点，将其向右侧等比例缩放，如图2-34所示。

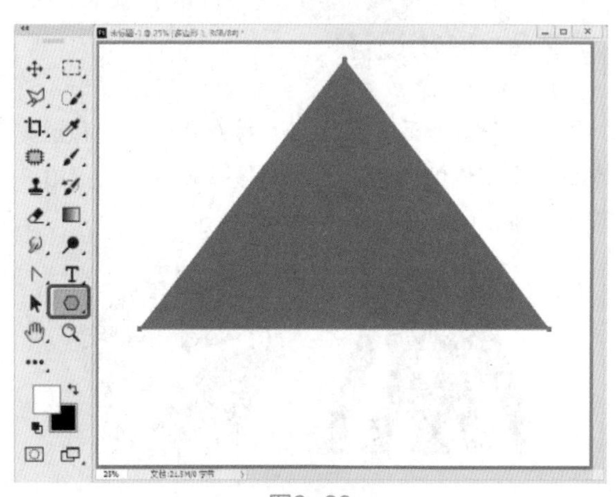

图2-33

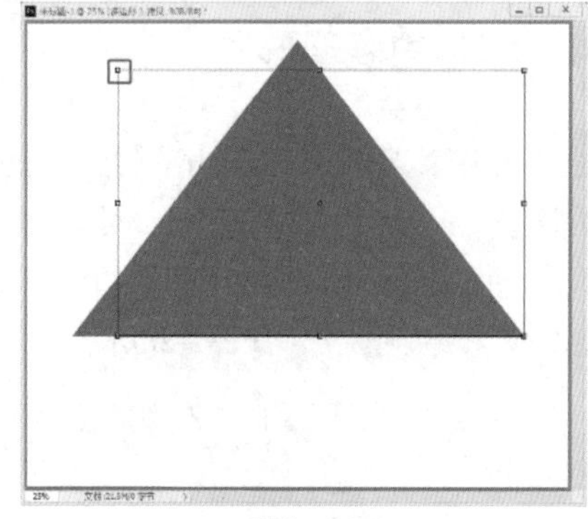

图2-34

05 在工具箱中选择“路径选择工具”，选择缩放后的三角形，在工具属性栏中设置“填充”为白色，如图2-35所示。

图2-35

06 使用同样的方法复制并等比例缩放三角形，设置“填充”色块的RGB为62、118、167，如图2-36所示。

图2-36

07 在工具箱中按住鼠标左键单击“多边形工具”，在弹出的隐藏工具中选择“矩形工具”□，在工具属性栏中设置“填充”为白色、“轮廓”为无，在舞台中创建白色矩形作为窗户，如图2-37所示。

图2-37

08 继续使用矩形工具，在工具属性栏中设置“填充”的RGB为62、118、167，绘制烟筒，如图2-38所示。

图2-38

09 使用“矩形工具”□创建矩形，如图2-39所示，在创建出一个矩形之后，使用“移动工具”✥按住Alt键移动复制矩形。

图2-39

10 使用“路径选择工具”▶，在舞台中选择底部的矩形，将其向下调整，使用“横排文字工具”T在如图2-40所示的位置创建公司名称，滑选选中文字，设置合适的字体、颜色以及大小。

图2-40

11 至此，房产标志制作完成。按Ctrl+S组合键，在弹出的“另存为”对话框中选择一个存储路径，为制作的标志命名，将完成的设计存储即可。

2.3 商业案例——传统川菜馆标志设计

2.3.1 设计思路

扫码看视频

■ 案例类型

本案例是设计一款传统川菜馆标志设计。

■ 设计背景

所谓川菜就是四川菜，是中国特色的传统八大菜系之一，川菜的味道相当丰富，号称百菜百味。其中最重要的特点就是麻辣，而在四川当地辣椒也是家家户户必备的一种调味剂，如图2-41所示。

图2-41

图2-41（续）

■ 项目诉求

根据菜馆的特色，客户想要做一个传统的标志，并且想在标志上放上辣椒的元素，该标志主要放置到网站上、菜单上、名片上、工作服上、围裙等一些地方。

■ 设计定位

根据川菜馆的特色，我们将在标志中放置辣椒团，通过修改，将绘制具有水墨特色的文字类型标志，利用文字装饰的形式来表现标志效果。

2.3.2 配色方案

根据客户要求我们初步定义水墨标志，水墨书法和画作是我国优秀的历史文化，所以可以根据菜馆的名称穿插进水墨效果，如图2-42所示。另外在水墨的基础上调整出红色辣椒。

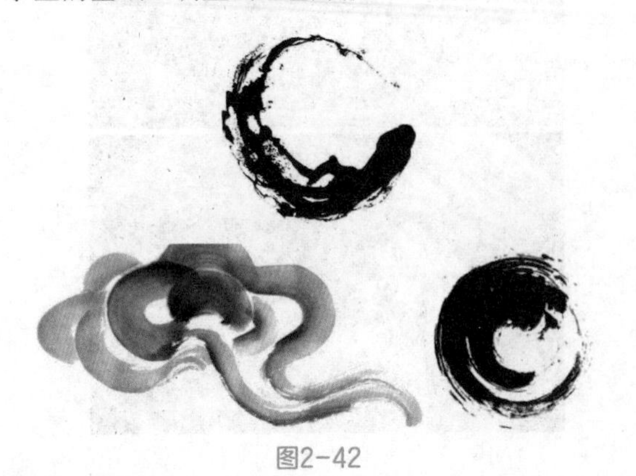

图2-42

■ 主色

主色使用黑色，原始的水墨画最主要的是水与墨，而墨是黑色的，随意绘制出的是黑白的水墨作品。

■ 辅助色

辅助色使用红色，因为需要绘制辣椒，所以会以水墨的形式来制作，红色代表着积极乐观，真诚主动、富有感染力，且红色非常喜庆，在中国红色是代表吉祥的颜色。红色与黑色搭配表现得更为传统和喜庆，如图2-43所示。

图2-43

2.3.3 标志的表现形式

在案例中我们将使用行楷字体制作标志，表现形式为文字表现形式，在文字表现过程中会使用图案来替代壁画，来作为装饰效果，如2-44所示。

图2-44

2.3.4 同类作品欣赏

2.3.5 项目实战

■ 制作流程

本案例首先创建文字，将文字图层栅格化；然后创建需要删除部分笔画区域，将不需要的笔画删除，并添加素材；最后创建副标题，如图2-45所示。

图2-45

图2-45（续）

■ 技术要点

使用“横排文字工具”创建文字；

使用“栅格化”命令栅格化文字图层；

使用“多边形套索工具”创建并删除选区中的内容；

使用“自由变换”命令调整素材的角度和大小；

使用“椭圆工具”绘制底纹。

■ 操作步骤

01 运行Photoshop软件，在“欢迎”界面中单击“新建”按钮，在弹出的“新建文档”对话框中设置“宽度”为800像素、“高度”为800像素，设置“分辨率”为72像素/英寸，单击“创建”按钮，如图2-46所示。

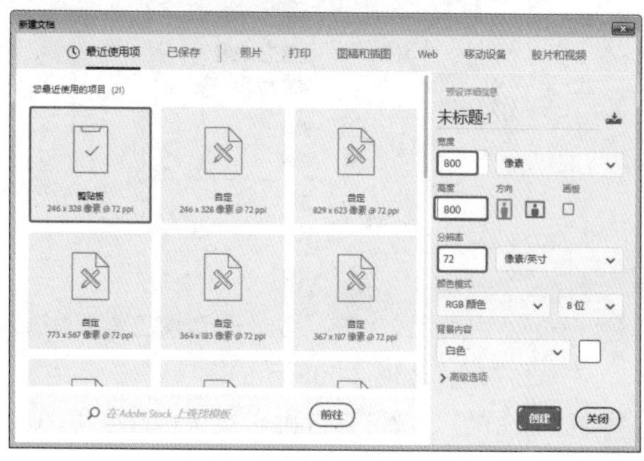

图2-46

02 在工具箱中选择“横排文字工具”T，在舞台中创建“川”字，如图2-47所示。

图2-47

03 在“图层”面板中双击文字图层的图层缩览图T字样，选择文字后，在工具属性栏中选择文字字体为“华文行楷”，设置字体的大小为350点，设置字体的颜色为黑色，如图2-48所示。

图2-48

04 在“图层”面板中，选择“川”字图层，鼠标右击，在弹出的快捷菜单中选择“栅格化文字”命令，如图2-49所示。

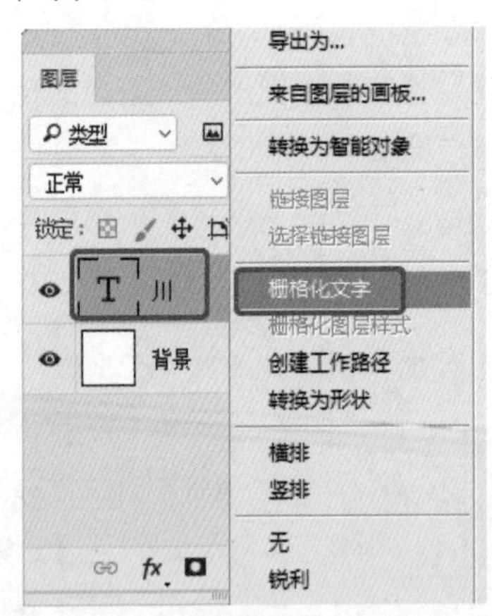

图2-49

05 栅格化图层后，使用“多边形套索工具”，在舞台中选择如图2-50所示的区域。

06 按Ctrl+T组合键打开自由变换，将选区中图像的高度进行缩放，如图2-51所示。

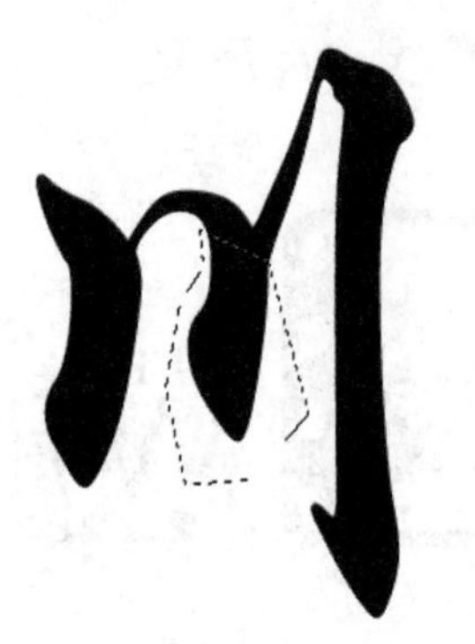

图2-50

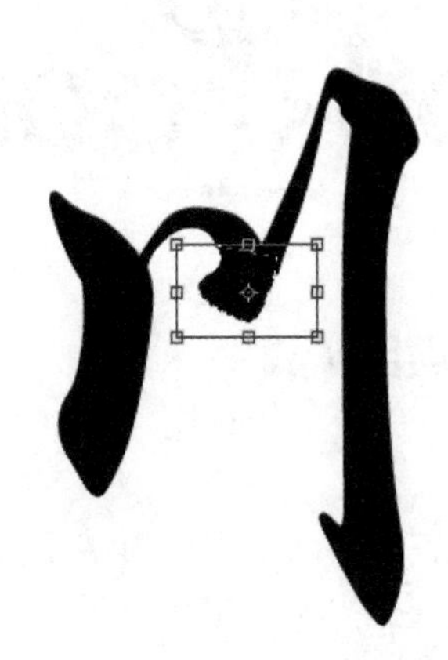

图2-51

07 调整好图像的大小后，按Enter键，确定自由变换参数，并按Ctrl+D组合键，取消选区的选择。

08 在菜单栏中选择“文件>打开”命令，在弹出的“打开”对话框中选择随书配备资源中的“撇.png”文件，单击“打开”按钮，如图2-52所示。

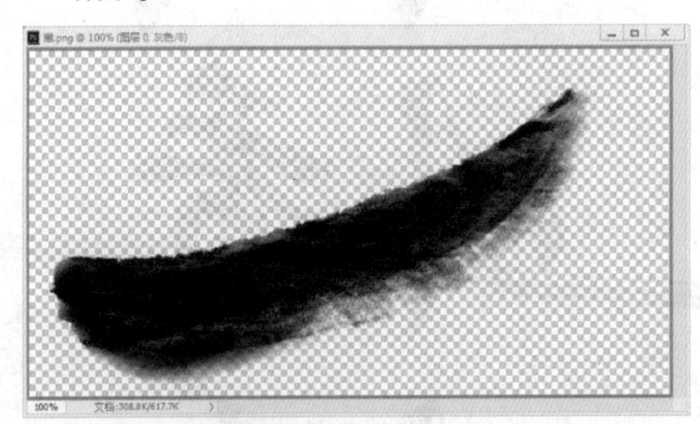

图2-52

09 使用“移动工具”，将打开的素材文件拖曳到标志文档舞台中，按Ctrl+T组合键，调整其大小和角度，如图2-53所示。

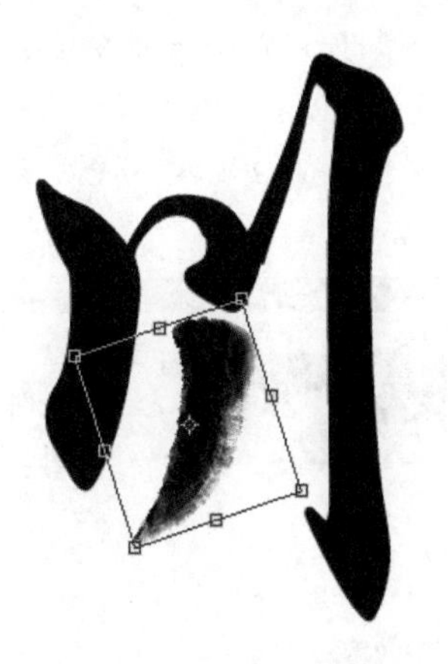

图2-53

10 调整合适的大小和角度后，在菜单栏中选择“图像>调整>色相/饱和度”命令，或按Ctrl+U组合键，在弹出的“色相/饱和度”对话框中勾选“着色”复选框，设置“饱和度”为81、“明度”为41，单击“确定”按钮，如图2-54所示。

图2-54

色相/饱和度的使用提示

“色相/饱和度”命令主要用于改变图像像素的色相、饱和度和亮度，还可以通过定义像素的色相及饱和度，实现灰度图像上色的功能，或创作单色调效果。

其中，勾选【着色】复选框后，彩色图像会变为单一色调。

11 调整色相/饱和度的效果，在工具箱中选择“多边形套索工具”，在舞台中选择如图2-55所示的区域，在菜单栏中选择“编辑>变换>变形”命令。

12 调整选区中的图像效果，如图2-56所示。

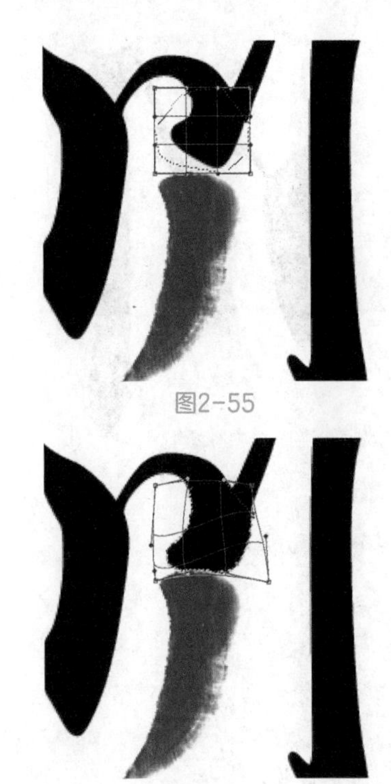

图2-55

图2-56

13 调整图像后按Enter键，确定调整图像的形状，确定选区处于选择状态，在工具箱中选择“渐变工具”，在工具属性栏中单击渐变色块，在弹出的“渐变编辑器”对话框中设置绿色到黑色的渐变，绿色到透明的渐变，如图2-57所示。

图2-57

14 在舞台中确定选区处于选择状态，由下到上填充渐变，如图2-58所示。

图2-58

渐变编辑器的使用技巧

选择“渐变工具”后，在工具属性栏中会出现渐变色块，单击这个渐变色块可以打开“渐变编辑器”对话框，在该对话框中可以看到预设中有许多系统提供的渐变类型，如图2-59所示。在预设中可以更改渐变类型，如图2-60所示，只需单击即可对单击的渐变进行编辑，且置为当前使用渐变。

图2-59

图2-60

在渐变色条上方的色标为透明度色标，选中左侧上方的色标可以看到对应色标的参数，通过该参数可以调整色标的位置和不透明度，如图2-61所示。

图2-61

在渐变色条下方的色标为颜色色标，选中左侧下方的色标，可以看到色标激活了对应的参数，从中可以调整渐变的颜色和位置，如图2-62所示。

图2-62

15 创建填充后，按Ctrl+D组合键，取消选区的选择，使用“横排文字工具”创建“香”字，如图2-63所示，在工具属性栏中设置字体为“华文行楷”，设置字体的大小为350点，字体颜色为黑色。

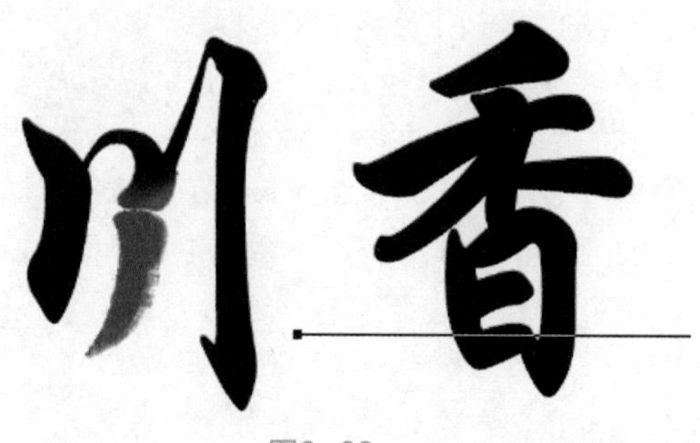

图2-63

16 在“图层”面板中鼠标右击“香”图层，在弹出的快捷菜单中选择“栅格化文字”命令，如图2-64所示。

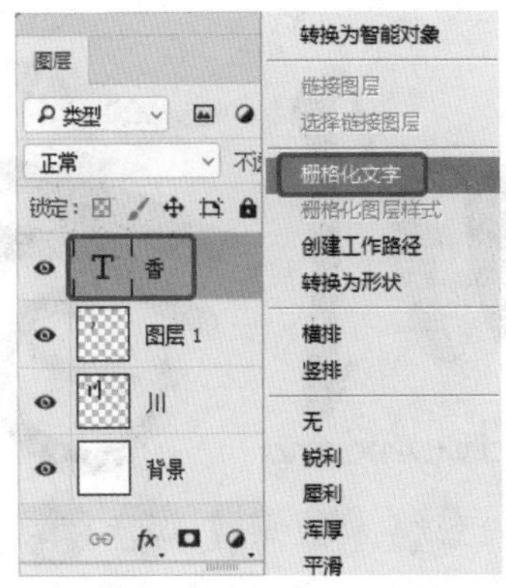

图2-64

17 栅格化文字后，使用“多边形套索工具”按钮在舞台中将如图2-65所示的区域选中并删除（按Delete键）。

图2-65

18 在菜单栏中选择“文件>打开”命令，在弹出的“打开”对话框中选择随书配备资源中的“圈.png”文件，单击“打开”按钮，如图2-66所示。

图2-66

19 使用“移动工具”按钮，将打开的素材文件拖曳到标志文档舞台中，按Ctrl+T组合键，调整其大小和角度，并使用“移动工具”按钮调整素材到合适的位置，如图2-67所示。

图2-67

20 使用同样的方法，将“香”字上的撇删掉，在“图层”面板中选择“川”字中的红色撇所在的图层，按Ctrl+J组合键，复制图像到新的图层中，调整图像的位置和角度，继续按Ctrl+J组合键复制撇，在菜单栏中选择“编辑>变换>变形”命令，调整图像的形状，如图2-68所示。

图2-68

21 调整变形后，按Enter键，确定调整，按Ctrl+U组合键，在弹出的“色相/饱和度”对话框中调整合适的参数，如图2-69所示。

图2-69

22 调整后，打开“撇.png”文件，将其拖曳到舞台中，使用“自由变换”命令调整其位置、角度和大小，如图2-70所示。

图2-70

23 使用“横排文字工具”T.在舞台中创建文字，如图2-71所示。

图2-71

24 双击“传统川菜馆”图层前的缩览图T字，选中文字后在“属性”面板中设置字体的大小和间距，如图2-72所示。

图2-72

25 在工具箱中用鼠标左键单击“矩形工具”□.，从中选择隐藏的“椭圆工具”○.，在舞台中绘制椭圆，并将其所的图层放置到文字图层的下方。

26 复制椭圆，复制的方法可以使用Ctrl+J组合键进行复制，并调整到合适的位置，完成本案例的制作，如图2-73所示。

图2-73

27 按Ctrl+S组合键，在弹出的“另存为”对话框中选择一个存储路径，为制作的标志命名，将完成的效果存储即可。

2.4 商业案例——古香古韵茶馆商标设计

2.4.1 设计思路

■ 案例类型

本案例是设计一款古香古韵的茶馆标志设计。

■ 设计背景

中国是茶的故乡，中国人饮茶可以追溯到神农时代，至今已有4700多年了。中国是茶文化的发源地，茶文化包括茶德、茶具、茶故事、茶艺、茶道等，如图2-74所示。

图2-74

■ 项目诉求

根据古老的茶文化，客户需要制作一个绿色的标志，可以穿插一些古老元素。

■ 设计定位

根据客户的需求，可以制作一个具象的茶壶或茶叶图像来代表茶文化的形象，再使用一些古老的图腾或图案来作为装饰，如图2-75所示。

图2-75

2.4.2 配色方案

根据客户需要，我们将设计标志的文字取绿色，绿色是茶的原始色，是大自然的颜色，表现为清新的感觉，绿色也代表轻松、舒适、平静、安逸、希望等。

2.4.3 标志的表现形式

在本案例中我们将使用均衡的表现形式来制作标志，在该标志中分为上下两部分，上部分为图像，下部分为文字，整体给人一种稳定的视觉感受，如图2-76所示。

图2-76

2.4.4 同类作品欣赏

2.4.5 项目实战

■ 制作流程

本案例首先绘制水墨笔画，并擦除一部分水墨笔画的区域，作为水墨的浅表墨水效果，再制作出水墨笔画的湿边效果；然后制作扭曲的笔画效果，调整图像的明暗对比，创建笔画部分选区，调整笔画的变形制作茶壶的水墨效果；最后创建文字注释，如图2-77所示。

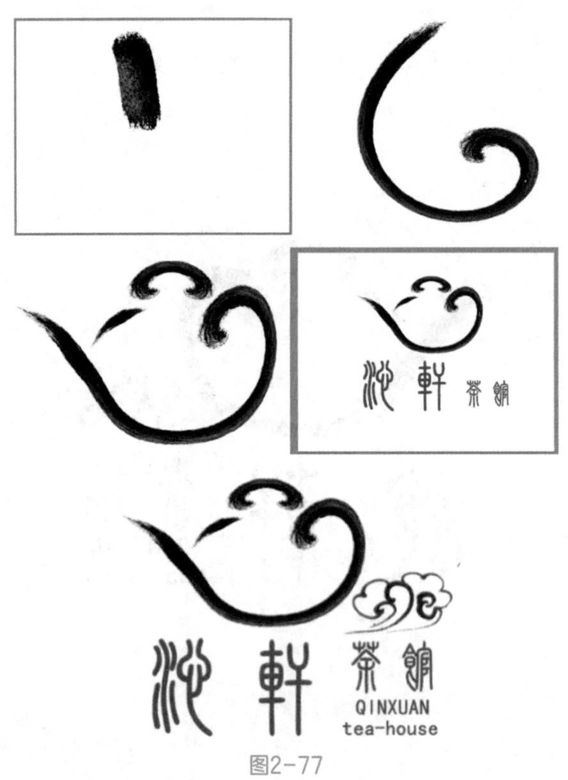

图2-77

■ 技术要点

使用“画笔工具”绘制水墨笔画；

使用“喷溅”和“扩散”滤镜制作出水墨笔画的湿边效果；

使用“色阶”命令调整图像的明暗对比；

使用“色彩范围”命令选择黑色笔画区域；

使用“变形”命令调整图像的笔画的变形制作出茶壶的水墨效果；

使用“横排文字工具”创建文字注释。

■ 操作步骤

01 运行Photoshop软件，在“欢迎”界面中单击“新建”按钮，在弹出的“新建文档”对话框中设置“宽度”为2000像素、“高度”为1500像素，设置“分辨率”为300像素/英寸，单击“创建”按钮，如图2-78所示。

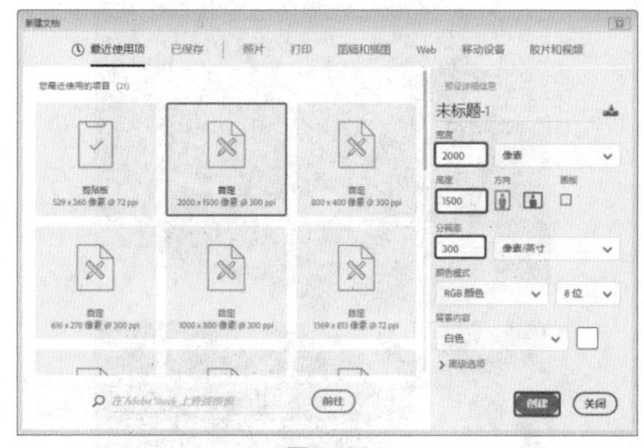

图2-78

02 在工具箱中选择“画笔工具”，在工具属性栏中单击画笔图标下的按钮，在弹出的下拉菜单中选择画笔类型，并设置“大小”为306像素，如图2-79所示。

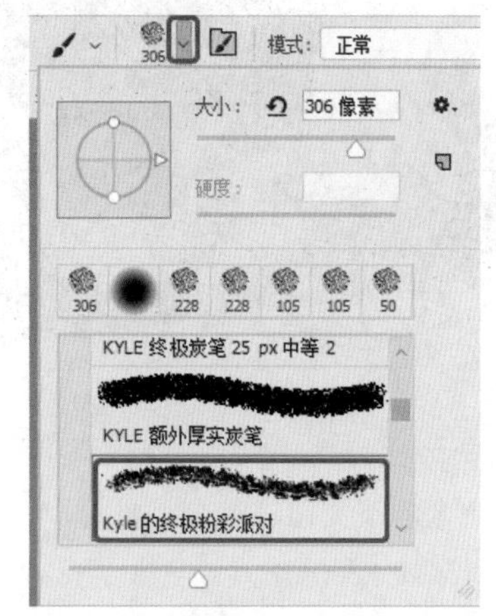

图2-79

03 设置前景色为黑色，绘制效果如图2-80所示。

04 在工具箱中选择“橡皮擦工具”，使用图2-79所示的画笔，设置“不透明度”为55%，擦除一部分的画笔区域，如图2-81所示。

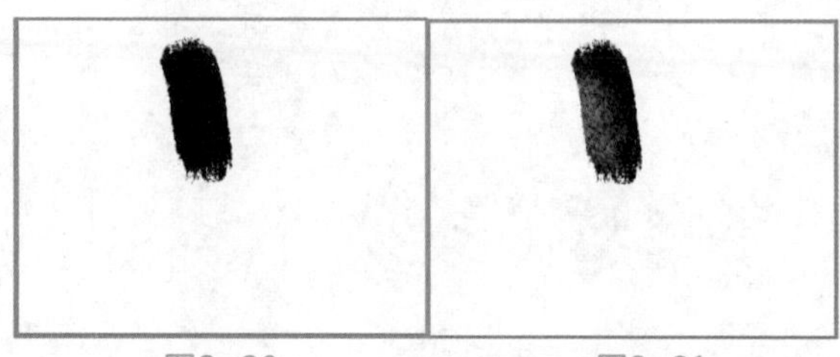

图2-80　图2-81

05 在菜单栏中选择“滤镜>滤镜库”命令，在弹出的滤镜库中选择“画笔描边”卷展栏中的“喷溅”效果，在右侧的参数面板中设置合适的参数，如图2-82所示。

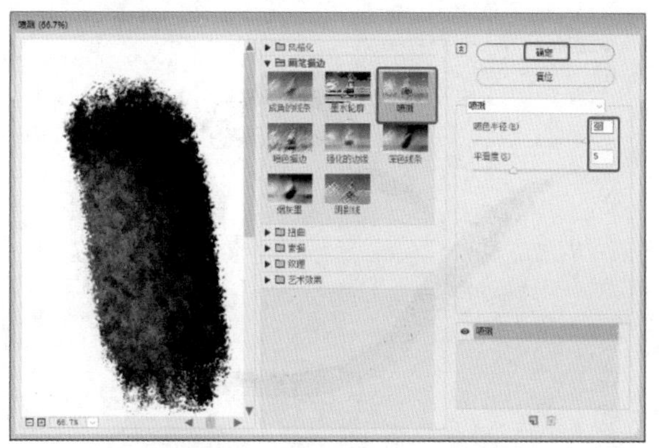

图2-82

06 设置滤镜参数后单击“确定”按钮，在菜单栏中选择“滤镜>风格化>扩散”命令，在弹出的“扩散”对话框中使用默认的参数，单击“确定”按钮，如图2-83所示。

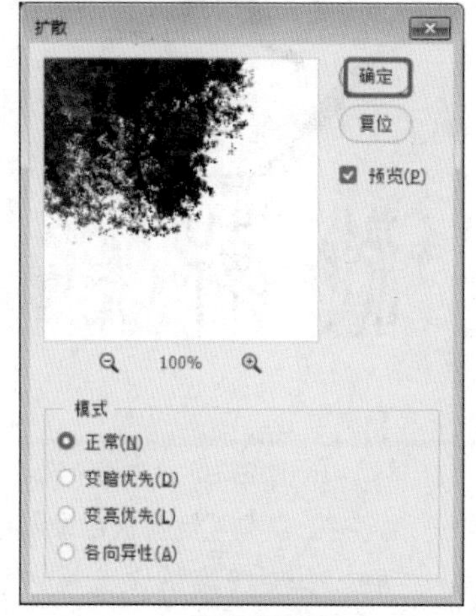

图2-83

07 在菜单栏中选择“滤镜>扭曲>旋转扭曲”命令，在弹出的“旋转扭曲”对话框中设置合适的参数，单击“确定”按钮，如图2-84所示。

图2-84

08 设置滤镜效果后，在菜单栏中选择“图像>调整>色阶”命令，在弹出的“色阶”对话框中调整合适的参数，如图2-85所示。

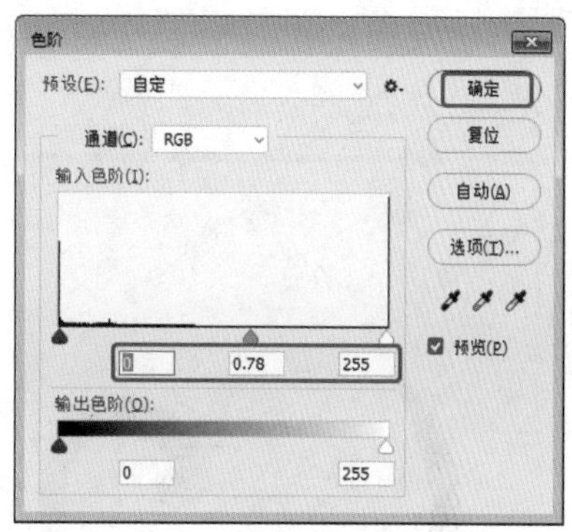

图2-85

09 在菜单栏中选择“选择>色彩范围”命令，在弹出的“色彩范围”对话框中选择黑色的区域，如图2-86所示。

图2-86

10 此时会在处于黑色的区域创建选区，按Ctrl+J组合键，将选区中的图像复制到新的图层中，如图2-87所示。选择“背景”图层，在菜单栏中选择“编辑>填充”命令，在弹出的“填充”对话框中设置填充为白色，单击“确定”即可。

图2-87

11 选择“图层1”，在菜单栏中选择“编辑>变换>变形”命令，可以看到在舞台中出现网格，可以对控制点和方块区域进行拖动调整，还可以通过控制手柄调整图像的形状，直至调整到合适的效果，如图2-88所示。

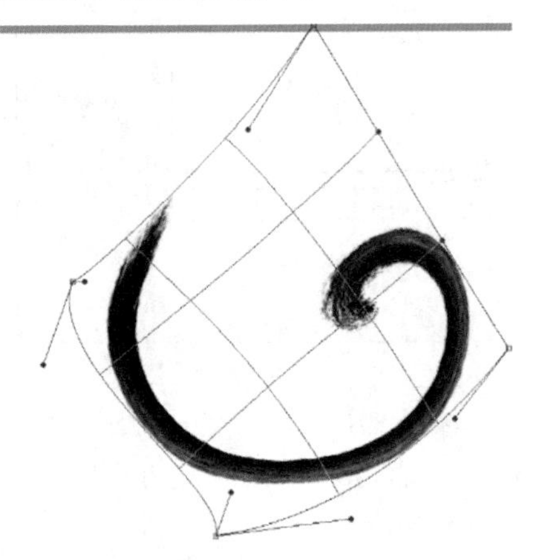

图2-88

12 使用“矩形选框工具”[icon]在舞台中左侧的末梢部位创建选取，通过使用“变形工具”，调整其形状和效果，如图2-89所示。调整好之后按Enter键，确定调整，按Ctrl+D组合键取消选区的选择。

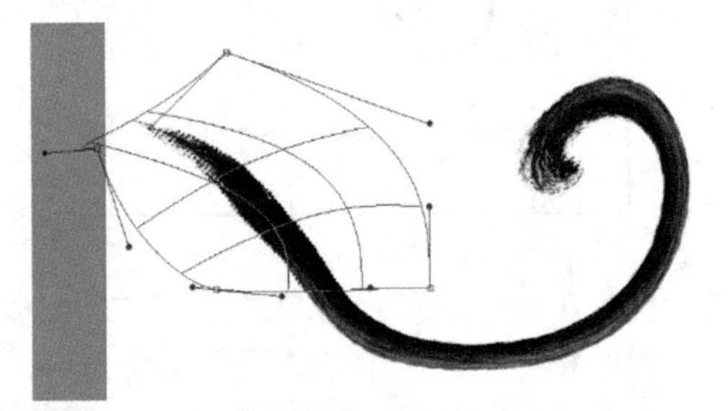

图2-89

13 使用“矩形选框工具”[icon]选择右侧图像回旋的区域，按两次Ctrl+J组合键，复制选择，调整复制的图像至如图2-90所示的效果，并调整其位置和大小。

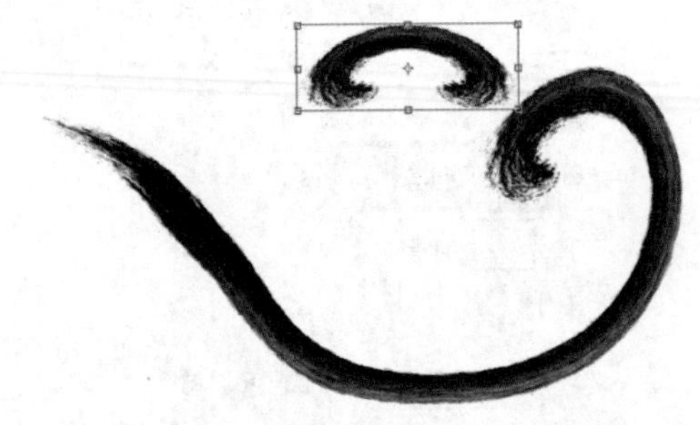

图2-90

14 选择“图层1”，使用“矩形选框工具”[icon]选择左侧末梢处的图像区域，按Ctrl+J组合键复制选区中的图像，调整图像的变形和大小及位置，如图2-91所示。

图2-91

15 使用“横排文字工具”T在舞台中创建文本，选择一种古文字体，调整字体的颜色为深绿色，调整文字的大小，如图2-92所示。

图2-92

16 创建文字后，在“图层”面板中鼠标右击文字图层，在弹出的快捷菜单中选择“栅格化文字”命令，如图2-93所示。

图2-93

17 使用“横排文字工具”T继续创建文字，设置合适的字体和大小，调整文字的位置，如图2-94所示。

图2-94

18 在菜单栏中选择“文件>打开”命令，在弹出的“打开”对话框中选择随书配备资源中的“祥云.psd”文件，单击“打开”按钮，如图2-95所示。

图2-95

19 使用“移动工具”按钮将祥云图像拖曳到标志舞台中，如图2-96所示，在舞台中调整合适的位置和大小。

图2-96

20 至此，本案例制作完成。

2.5 优秀作品欣赏

03

第 3 章

名片设计

名片是承载人或公司信息的一种卡片，用来与人们进行信息交流，是展现自我或公司的常用途径。如何更好地呈现人或公司的信息，以将信息传达给需要传达的人，是名片设计中的重点。

本章主要从名片的常用类型、基本组成、常用尺寸、构图方式制作工艺上来学习名片的设计。

3.1 名片设计概述

名片又称卡片，在卡片中显示持有者的姓名、职业、工作单位、联系方式等，是介绍自己、公司、认识朋友最有效、最快速的方法，是一种向外传播的媒体。

名片是每个人生活和工作以及学习中不可分离的一种信息方式，名片以其持有者的形式传递企业、个人业务等信息，很大程度上方便了我们的生活。

3.1.1 常用的名片类型

名片根据其应用的类型不同可以分为商业名片、个人名片以及公用名片三大类型。

（1）商业名片：商业名片是指用于企业形象宣传的媒介之一，公司或企业进行业务活动使用的名片大多以盈利为目的。商业名片的主要特点为常使用标注、商标、公司的业务范围等。在设计商业名片时，最重要的是突出公司的品牌，使其在潜移默化中影响受众对品牌的认知和印象，如图3-1所示。

图3-1

图3-1（续）

（2）个人名片：个人名片主要用于朋友间交流感情，结识新朋友。在该类名片中主要标识了持有者的姓名、职位、单位名称、联系方式等信息，是传递个人信息为主要目的的名片，如图3-2所示。

图3-2

图3-2（续）

（3）公用名片：公用名片主要用于团体或机构等，其主要内容有标志、个人名称、职务、头衔。公用名片的设计风格较为简单，强调实用性，主要是以对外交往和服务为目的，如图3-3 所示。

图3-3

3.1.2 名片的构成元素

所谓构成元素，也就是名片中显示的内容，名片的主体是名片上所提供的信息，名片信息主要由文字、图片（图案）、标志所构成，数码信息也是其中的一种，如图3-4所示。

图3-4

文字：文字信息包含单位名称、名片持有人名称、头衔和联系方法。

标志：如果您所在的公司有标志，大多会印到名片上。

图片：可选择名片中印上个人照片、图片、底纹、书法作品和简单地图，使名片更具个人风格。

3.1.3 名片的常用尺寸

名片标准尺寸：90mm×54mm、90mm×50mm、90mm×45mm。

但是加上出血上下左右各2mm，所以制作尺寸必须设定为：94mm×58mm、94mm×54mm、94mm×49mm。

横版：90mm×55mm<方角> 85mm×54mm<圆角>，如图3-5所示，横版也是最常见的一种名片尺寸类型。

图3-5

竖版：50mm×90mm<方角>、54mm×85mm<圆角>，竖版是最近几年比较流行的一种名片尺寸，如图3-6所示。

图3-6

图3-6（续）

方版：90mm×90mm、95mm×95mm

折卡式：该名片是一种较为特殊的名片形式，国内常见折卡名片尺寸为90mm×108mm，欧美常见折卡名片尺寸为90mm×100mm，如图3-7所示。

图3-7

3.1.4 名片的构图方式

名片的版面空间较小，需要排布的内容相对来说比较格式化，所以在版面的构图上需要花些心思，使名片更加与众不同。下面就来了解常见的构图方式。

（1）左右构图：标志、文案左右分开明确，但不一定是完全对称，如图3-8所示。

（2）椭圆形构图：椭圆形构图是指信息方式和背景图像是以椭圆形的方式进行布置的，如图3-9所示。

图3-8

图3-9

（3）半圆形构图：如图3-10所示标志、主题、辅助说明文案构成于一个圆形范围内。

图3-10

（4）对称构图：对称构图包括左右对称和上下对称，如图3-11所示。

图3-11

（5）不对称轴线形构图：该构图方式是最为灵活的一种方式，可以任意放置信息和标题等内容，如图3-12所示。

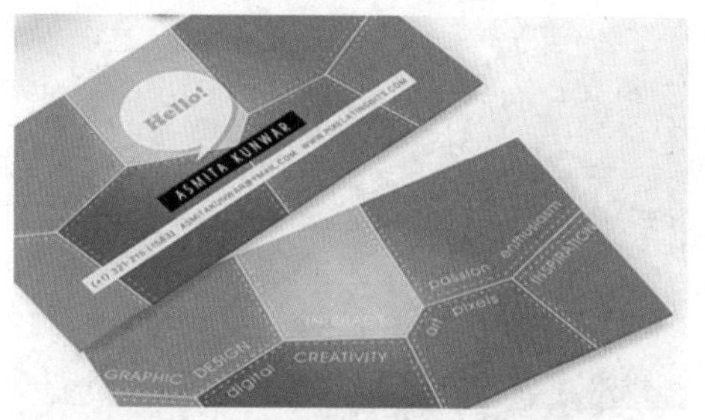

图3-12

（6）斜角构图：这是一种强力的动感构图，主题、标志、辅助说明文案按区域斜置，如图3-13所示。

图3-13

（7）三角形构图：三角形构图是指主题、标志、辅助说明文案构成相对完整的三角形的外向对齐的构图，如图3-14所示。

图3-14

（8）稳定形构图：画面的中上部分为主题和标志，下面为辅助说明，这种构图方式比较稳定，如图3-15所示。

图3-15

（9）中心形构图：标志、主题、辅助文案以画面中心点为准，聚集在一个区域范围内居中排列，如图3-16所示。

图3-16

3.1.5 名片的制作工艺

为了使名片更吸引人眼球，在印刷名片时往往会使用一些特殊的工艺，例如模切、打孔、UV、凹凸、烫金等，以制作出更加丰富的效果。

模切工艺：品牌个性的表达来自时尚，塑造独特主张的名片印刷就是多边裁剪，创意设计可以别出心裁，完全让你尽情发挥想象，夸张的表现会让客户立刻记忆。不过此工艺往往会使名片很新颖，是一些追求新颖、创意人士的理想选择，如图3-17所示。

图3-17

打孔：一般为圆孔和多孔，多用于较为个性化的名片设计制作。打孔的名片充分满足了视觉需要，具有一定的层次感和独特感，如图3-18所示。

图3-18

UV工艺：利用专用UV 油墨在UV 印刷机上实现UV印刷效果，使得局部或整个表面光亮凸起。UV 工艺名片突出了名片中的某些重点信息并使得整个画面呈现一种高雅形象，如图3-19所示。

图3-19

凹凸工艺：名片图形凹凸能够达到视觉精致的效果，尤其针对简单的图形和文字轮廓，能增加印刷图案的层次感，使之更生动美观，如图3-20所示。

图3-20

烫金工艺：局部烫金或烫银在名片中应用恰当能起到画龙点睛的效果，其中有金色、银色、镭射金、镭射银、黑色、红色、绿色等多种样式，如图3-21所示。

图3-21

3.2 商业案例——简约清新的名片设计

3.2.1 设计思路

扫码看视频

■ 案例类型

本案例是设计一款简约清新的名片。

■ 设计背景

本案例设计一款带有科技清新背景的名片模板。设计好名片模板后，可以先让客户看模板，确定模板后可以在模板中更改信息，这样既方便了用户，也节省了制作时间。

■ 设计定位

本案例将使用一款色彩比较丰富的科技几何体背景，制作的方案体系也是一个比较积极清新的效果，适用于新兴的比较前沿和超前的年轻行业中。

3.2.2 配色方案

因为针对新兴和比较超前的年轻行业和年轻人，所以用色上我们将采用较为丰富的色彩，以红色、蓝色和紫色搭配作为梦幻科技的色彩背景，可以使用到科技和广告多媒体的行业中。

3.2.3 名片的构图方式

本案例的构图方式将采用中心形构图，将标志、主题、辅助文案以画面中心点为准，聚集在一个区域范围内居中排列，并使用新兴的竖版名片尺寸和类型。

3.2.4 同类作品欣赏

3.2.5 项目实战

■ 制作流程

本案例首先设置填充颜色；然后设置文本下的留白；最后创建文字注释，如图3-22所示。

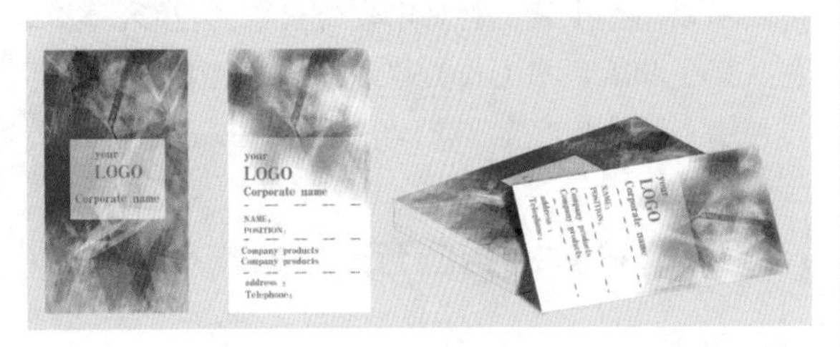

图3-22

■ 技术要点

使用“拾色器”设置颜色，并填充颜色；

使用“矩形工具”绘制矩形；

使用“横排文字工具”添加注释。

■ 操作步骤

01 运行Photoshop软件，在“欢迎”界面中单击“新建”按钮，在弹出的“新建文档”对话框中设置“宽度”为1200像素、“高度”为1200像素，设置“分辨率”为300像素/英寸，单击“创建”按钮，如图3-23所示。

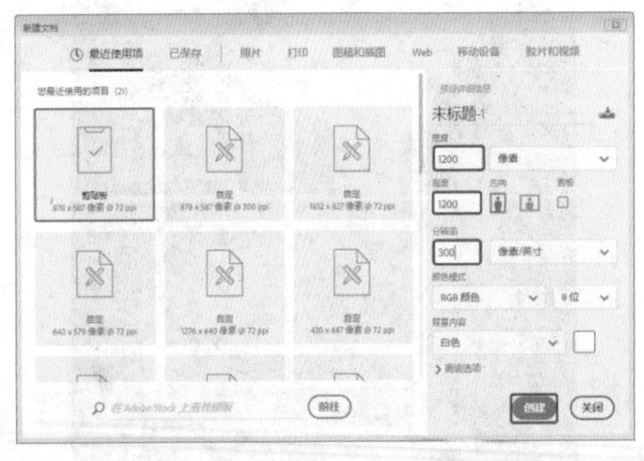

图3-23

02 在工具箱中单击前景色色块，在弹出的“拾色器（前景色）”对话框中设置前景色的RGB为237、237、237，单击“确定”按钮，如图3-24所示。

03 按Alt+Delete组合键，填充文件为前景色，使用“矩形工具”□在舞台中创建矩形，如图3-25所示，选择创建的矩形，在工具属性栏中设置填充为白色，轮廓为无。

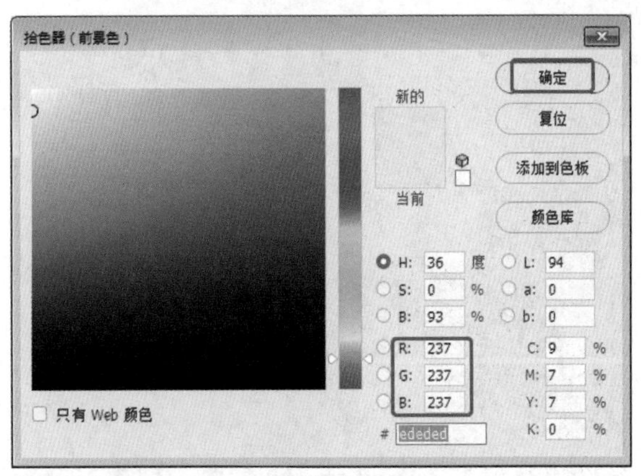

图3-24

图3-25

04 在菜单栏中选择“文件>打开”命令，在弹出的“打开”对话框中选择随书配备资源中的“炫彩背景.png”文件，单击“打开”按钮，如图3-26所示。

图3-26

05 将其拖曳到舞台中，调整大小与刚创建的矩形大小相同即可，如图3-27所示。

06 使用“矩形工具”□在舞台中如图3-28所示的位置创建矩形，设置矩形的填充为白色、轮廓为无，设置图层的“不透明度”为50%。

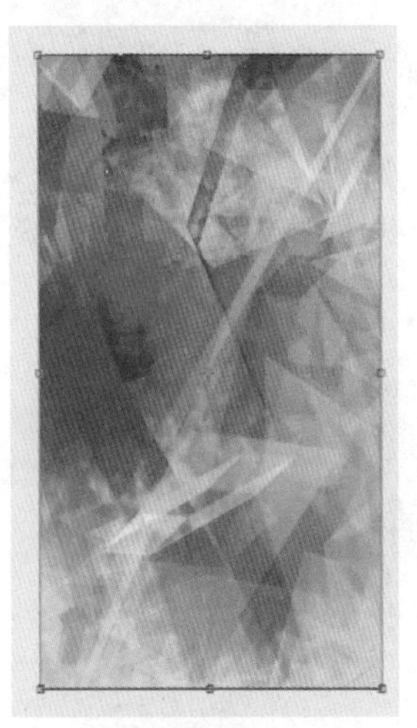

图3-27

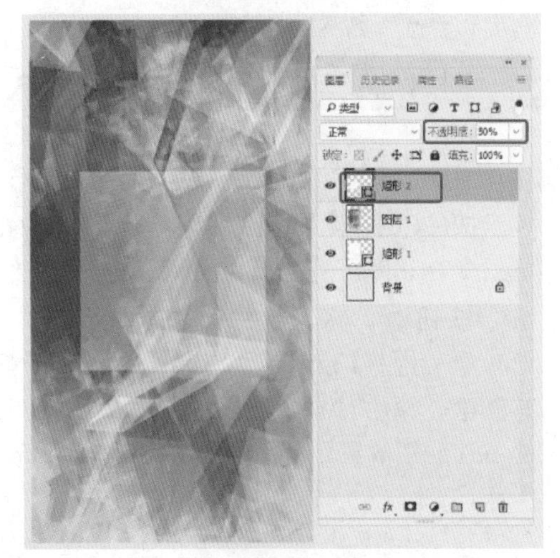

图3-28

07 使用“横排文字工具”T在舞台中创建文字，在工具属性栏中设置文字的大小和颜色，如图3-29所示。

图3-29

08 在“图层”面板中选择“矩形1”和“图层1”图层，使用移动工具并按住Alt键向右移动复制图像，如图3-30所示。

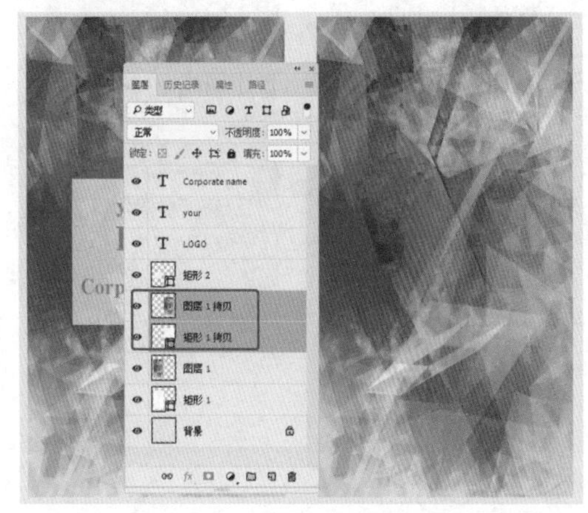

图3-30

09 复制图像的图层后，选择复制出的图像所在图层，在菜单栏中选择“选择>色彩范围”命令，在弹出的“色彩范围”对话框中选取橘色，设置“颜色容差”为200，单击“确定”按钮，如图3-31所示。

图3-31

10 创建选区后，在菜单栏中选择“选择>修改>羽化”命令，在弹出的“羽化”对话框中设置“羽化半径”为20像素，单击“确定”按钮，如图3-32所示。

11 选择复制出的背景图像图层处于选择状态，按Ctrl+Shift+I组合键，反选区域，按Delete键，删除选择区域，使用“横排文字工具”T创建文字，在工具箱中选择“直线工具”，在如图3-33所示位置创建直线。

图3-32

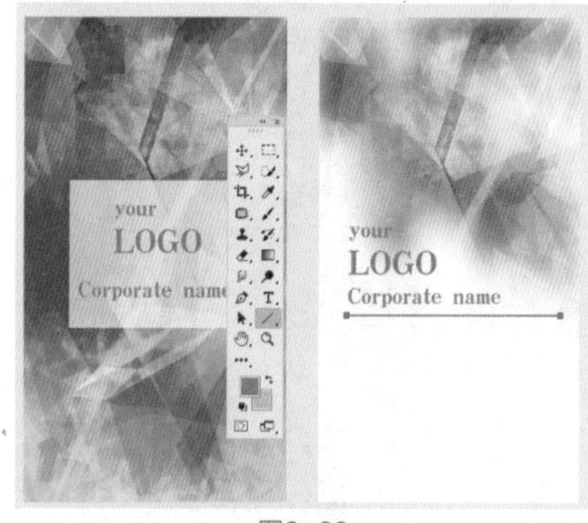

图3-33

⑫在工具属性栏中设置填充为无，设置描边颜色、宽度和高度，如图3-34所示。

图3-34

⑬在舞台中复制线，作为文字注释的分割线，如图3-35所示。

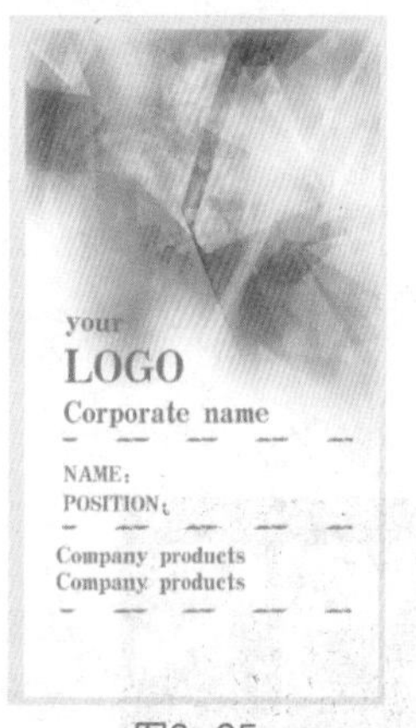

图3-35

⑭继续创建文字，完成另一面名片的制作，如图3-36所示。

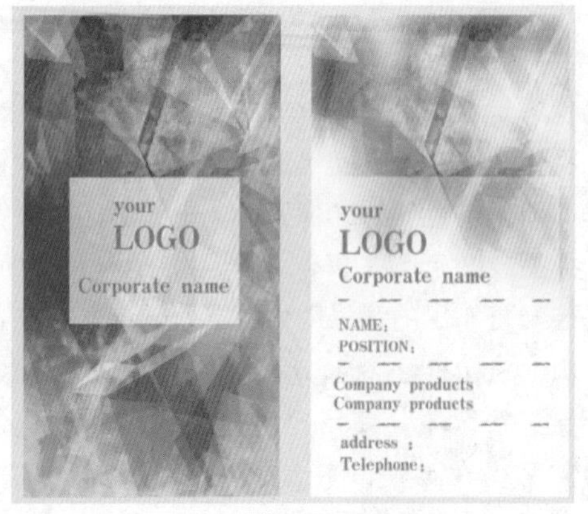

图3-36

⑮在“图层”面板中选择正面的图像所在图层，可以按住Ctrl键选择多个图层。选择正面的图层后，在“图层”面板的底部单击“创建新组”按钮，将选择的图层放置到一个组中；使用同样的方法，选择另一面名片的所有图层，单击“创建新组”按钮，将两面的名片分别放置到不同的图层组中，如图3-37所示。

图3-37

图层组的使用技巧和提示

创建图层组是管理和归类图层的有效方法。

如何创建图层组？创建图层组的方法有下面常用的两种，一种是按住Ctrl键选择需要放置到同一图层组中的图层，如图3-38所示，按Ctrl+G组合键，创建图层组，如图3-39所示。

图3-38

图3-39

另一种方法是在“图层”面板底部单击“创建新组”按钮。

创建组之后，单击组前的 》按钮，可以展开图层组中的内容，如图3-40所示，选中图层组中的内容，单独对对象进行编辑，编辑对象的前提就是选中对应的图层。

图3-40

除了管理方便外，还可以对图层组整组的图层进行移动、图层样式等操作，这样可以避免一个一个图层地进行调整的烦琐步骤。

16 确定“组1”为标志面，“组2”为信息面，选中“组1”图层组，在舞台中使用“移动工具”，按住Alt键移动复制组内容，使用“自由变换”命令，调整图像的透视效果，如图3-41所示。

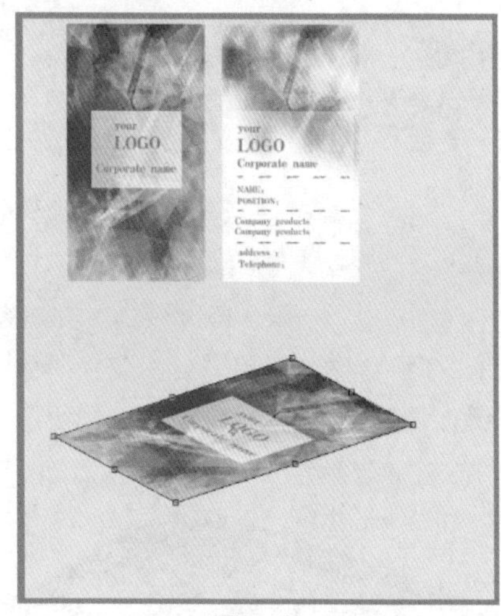

图3-41

17 在“图层”面板中单击“创建新图层”按钮，创建一个新的图层，使用“矩形选框工具”，在舞台中创建矩形选区，设置前景色为白色，按Alt+Delete组合键，填充前景色，如图3-42所示。

图3-42

18 在菜单栏中选择“滤镜>杂色>添加杂色”命令，在弹出的“添加杂色”对话框中设置合适的参数，单击“确定”按钮，如图3-43所示。

19 在菜单栏中选择“滤镜>模糊>动感模糊”命令，在弹出的“动感模糊”对话框中设置合适的角度和距离，如图3-44所示。

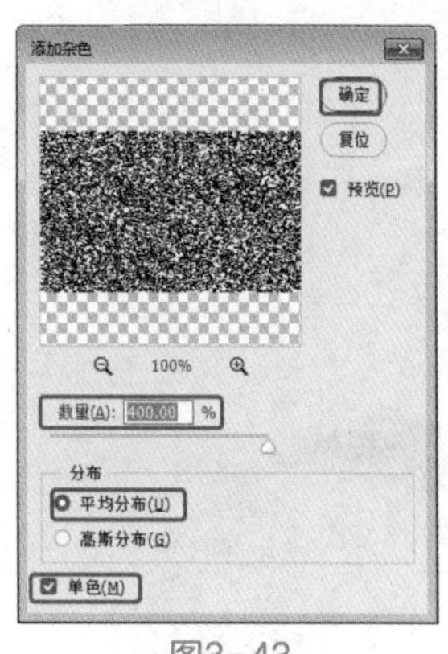

图3-43

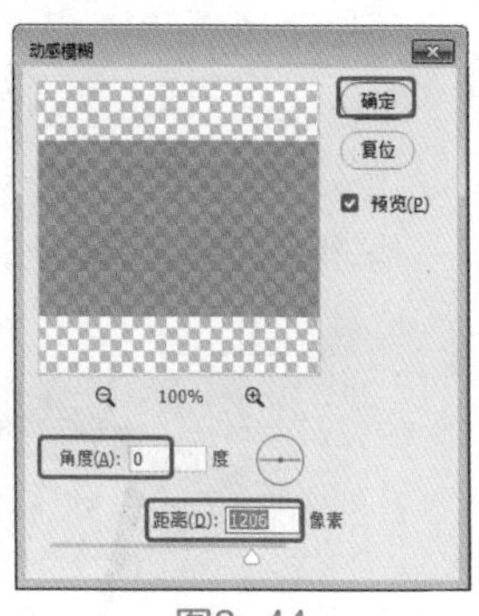

图3-44

20 调整图像的效果，按Ctrl+J组合键复制一个图像，如图3-45所示。

图3-45

21 按Ctrl+T组合键，使用“自由变换”命令并按Ctrl键，调整图像的变形，如图3-46所示。

图3-46

22 调整好图像的变形后按Enter键，确定操作。选择复制出的另外一个没有变形的图像所在图层，并对其进行调整，如图3-47所示。

图3-47

23 选择另一面名片的图层组，使用“移动工具”，按住Alt键，移动复制图像，使用“自由变换”命令，调整图像的变形效果，如图3-48所示。创建一个新图层，使用“多边形套索工具”，创建多边形选区，设置前景色为黑色，按Alt+Delete组合键，填充选区为黑色，将填充后的图层放置到该名片图层组。

图3-48

调整图层的位置、顺序的提示和技巧

在创作过程中难免会遇到图层、图层组太多的问题。例如，我们需要将一个图层放置到图层组中，只需选择相应的图层并按住图层拖曳到对应的图层组，这时可以看到图层组出现一个虚框，如图3-49所示，释放鼠标即可将图层放置到图层组中。展开图层组可以看到拖曳到图层组中的图层位于该图层组的最上方，如图3-50所示。

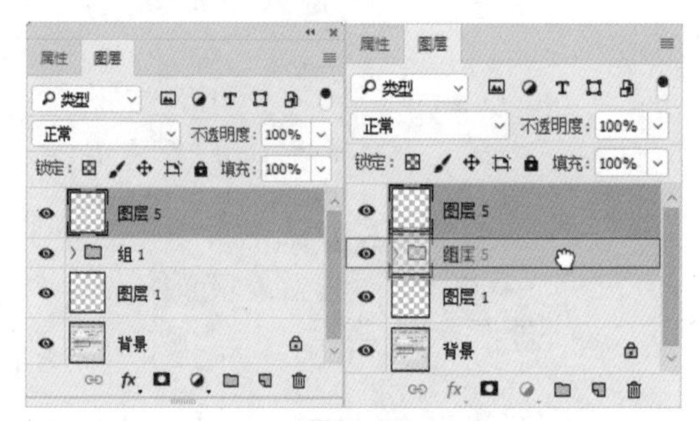

图3-49

图3-50

如果要将图层放置到图层组下方，可以拖曳对应的图层，当图层组下方出现一条黑线时，释放鼠标，即可拖曳到图层组的下方，如图3-51所示。

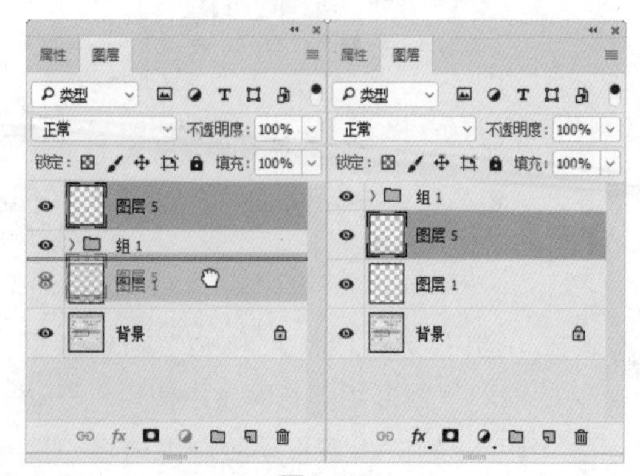

图3-51

24 确定填充黑色的图像所在的图层处于选中状态，在菜单栏中选择“滤镜>模糊>高斯模糊”命令，在弹出的“高斯模糊”对话框中设置“半径”为5像素，单击“确定”按钮，如图3-52所示。

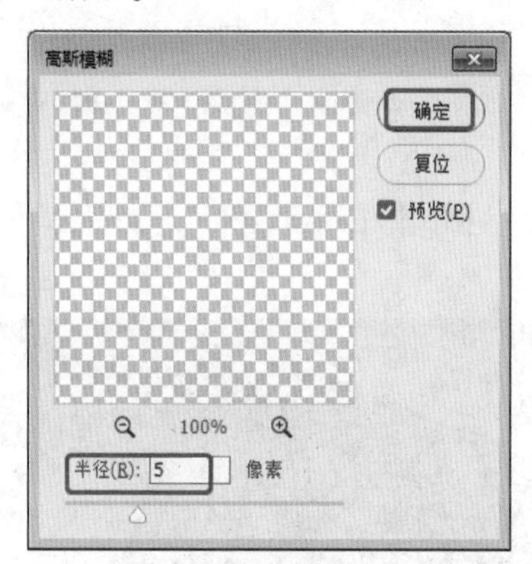

图3-52

25 设置该图层的图层混合模式为“叠加”，如图3-53所示。

图3-53

26 按Ctrl+J组合键，复制阴影图像，可以使阴影效果更加明显，如图3-54所示。

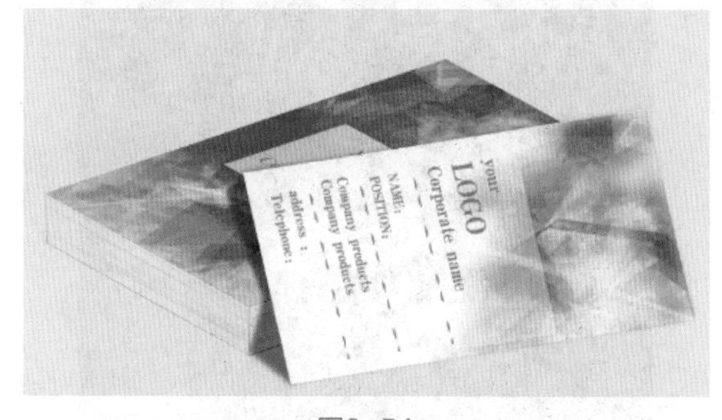

图3-54

27 至此本案例制作完成，最终效果如图3-55所示。

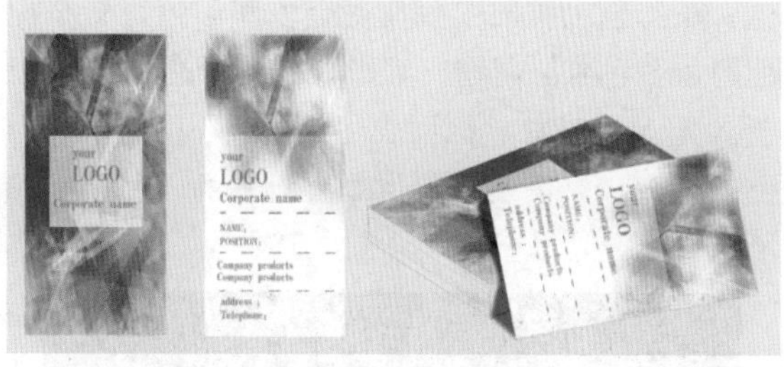

图3-55

3.3 商业案例——VIP黑色质感名片设计

3.3.1 设计思路

扫码看视频

■ 案例类型

本案例是设计一款VIP黑色质感名片。

■ 设计背景

本案例是一个VIP名片模板，该款名片定义为美容美发沙龙的VIP卡片。美容美发行业是可以让人形象改变的一种造型艺术，随着我国的经济不断发展，美容美发行业也逐渐发展起来，通常会使用VIP优惠的手段来促使人们到店消费。

■ 设计定位

根据设计背景，我们将名片的背景设计为拉丝效果，既模拟了柔顺的头发又产生了金属的质感，达到高大上的即视感。

3.3.2 配色方案

在主色上我们主要使用金色和黑色进行搭配使用，金色象征高贵、辉煌，使用金色可设计出至高无上的感觉，侧面表达出VIP是我们至高无上的客户，是需要我们用真心对待的，如图3-56所示。

图3-56

3.3.3 名片的构图方式

本案例采用稳定性构图，信息放置到分割线的上方，虽然分割线下方没有放置信息，但作为分割线的花纹已经丰满了底部的区域，使其下方没有太多的空白，不会让整个构图有太多的留白而显得空旷。正面采用中心构图，主要体现VIP标志。

3.3.4 同类作品欣赏

3.3.5 项目实战

■ 制作流程

本案例首先设置拉丝背景和图像的金属质感；然后创建并调整路径，调整图像的明暗度；最后载入路径选区后填充图像颜色，创建文字注释，如图3-57所示。

图3-57

■ 技术要点

使用“滤镜”命令中的“添加杂色”和“动感模糊”设置背景纹理；

使用“钢笔工具”和“路径”面板绘制和调整路径并调整图案；

使用“图层”面板和“图层样式”调整层次和图层样式效果；

使用“横排文字工具”添加注释并设置注释的图层样式。

■ 操作步骤

01 运行Photoshop软件，在“欢迎”界面中单击“新建”按钮，在弹出的“新建文档”对话框中设置“宽度”为9厘米、“高度”为5.4厘米，设置“分辨率”为350像素/英寸，单击“创建”按钮，如图3-58所示。

图3-58

02 创建新文档后，在“图层”面板中单击“创建新图层”按钮，创建新图层“图层1”，如图3-59所示。

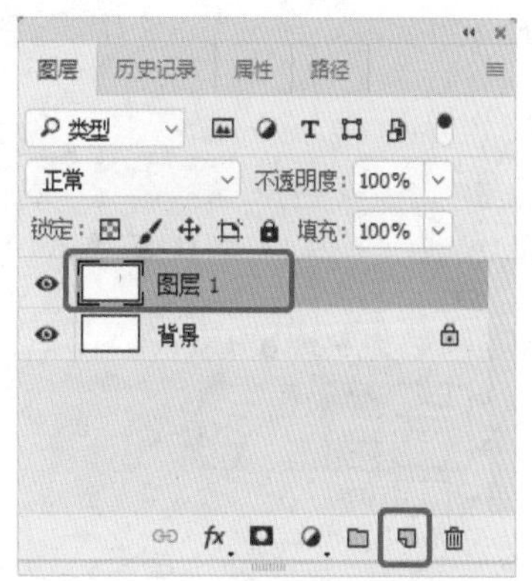

图3-59

03 创建新图层后，在菜单栏中选择“滤镜>杂色>添加杂色”命令，在弹出的“添加杂色”对话框中设置合适的参数，如图3-60所示。

04 在菜单栏中选择“滤镜>模糊>动感模糊”命令，在弹出的“动感模糊”对话框中设置合适的参数，如图3-61所示。

图3-60

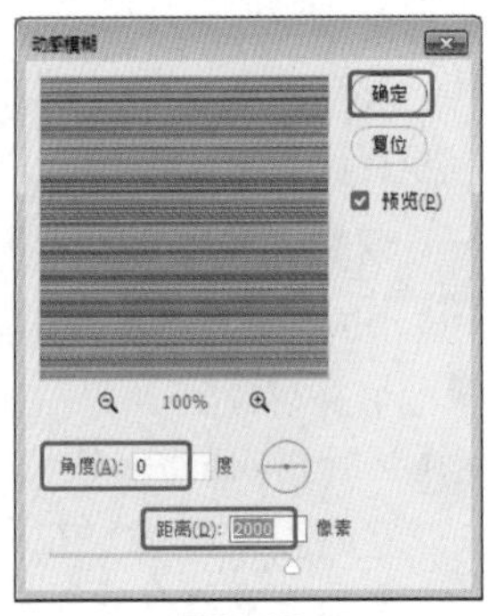

图3-61

05 设置好动感模糊后，按Ctrl+T组合键，调整图像的高度，将其纹理密一些，如图3-62所示。

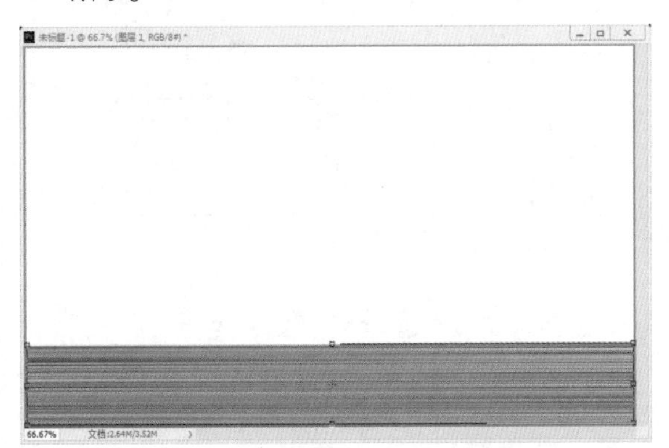

图3-62

06 在舞台中按住Alt键，向上移动复制图像，可以在“图层”面板中按住Ctrl键，选择两个图层，按Ctrl+E组合键，合并为一个图层，如图3-63所示。

图3-63

07 继续移动复制图像，复制图像后将图像所在的图层合并为一个图层，如图3-64所示，调整其至合适的大小。

图3-64

08 在“图层”面板中双击纹理图层，在弹出的“图层样式”对话框中选择“渐变叠加”样式，在右侧的设置面板中设置合适的参数，单击渐变色块，如图3-65所示。

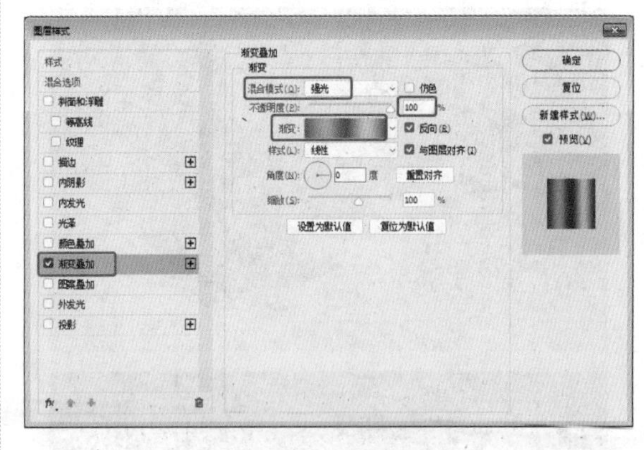

图3-65

09 在弹出的“渐变编辑器”对话框中在渐变色块上双击即可添加色标，设置第一个色标的RGB为131、99、77，第二个色标的RGB为238、214、165，第三个色标的RGB为134、103、79，第四个色标的RGB为209、182、132，第五个色标的RGB为143、111、84，如图3-66所示，单击“确定”按钮，返回到“图层样式”对话框。

图3-66

⑩ 在“图层样式”对话框中选择“颜色叠加”样式，在右侧的设置面板中设置“混合模式”为“叠加”，设置颜色的红蓝绿为134、122、112，如图3-67所示。

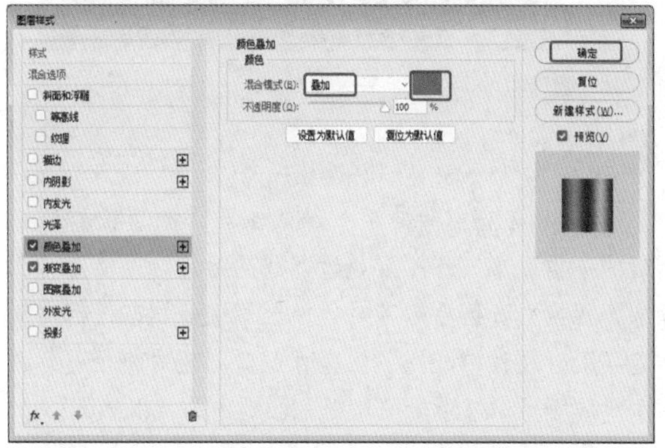

图3-67

⑪ 单击“确定”按钮，在“图层”面板中按Ctrl+J组合键，对拉丝的图像进行复制，如图3-68所示。

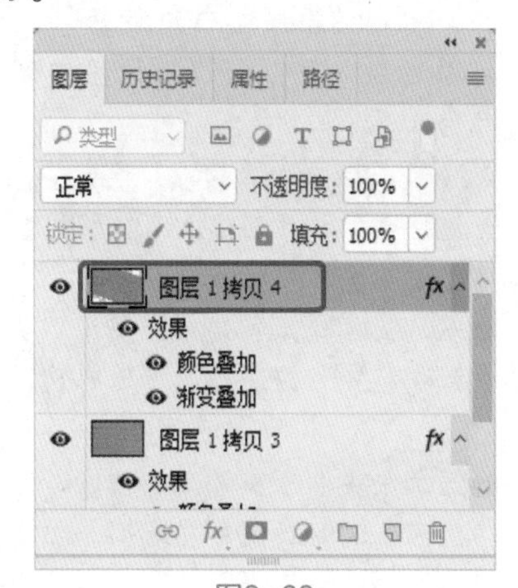

图3-68

⑫ 复制图像后，按Ctrl+T组合键，调整图像的角度，如图3-69所示，按Enter键，确定调整。

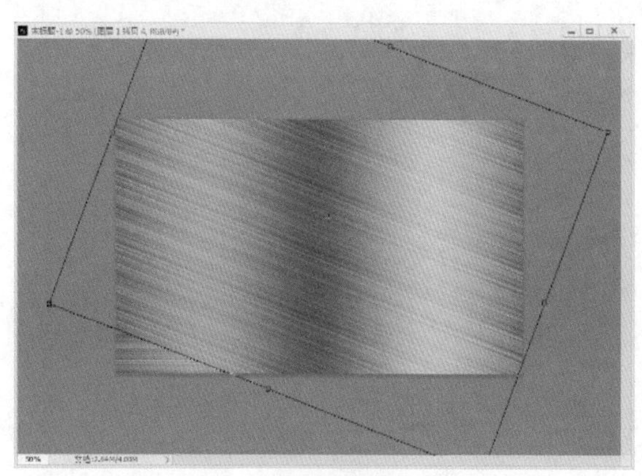

图3-69

⑬ 双击调整角度后的图层，在弹出的“图层样式”对话框中调整“渐变叠加”图层样式，设置合适的参数，单击渐变色块，如图3-70所示。

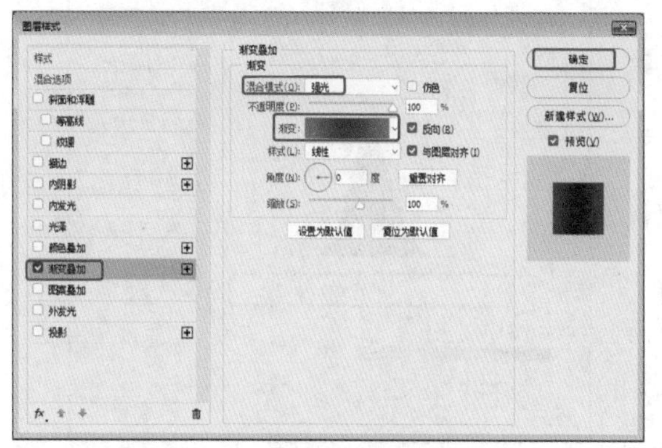

图3-70

⑭ 在弹出的“渐变编辑器”对话框中双击，添加一个色标，设置第一个色标的RGB为130、130、130，设置第二个色标的RGB为82、82、82，设置第三个色标的RGB为130、130、130，如图3-71所示，单击“确定”按钮后返回到“图层样式”对话框，取消“颜色叠加”图层样式的勾选。

图3-71

15 调整后的效果如图3-72所示。

图3-72

16 在菜单栏中选择“图像>调整>色阶”命令，在弹出的“色阶”对话框中设置合适的参数，如图3-73所示。

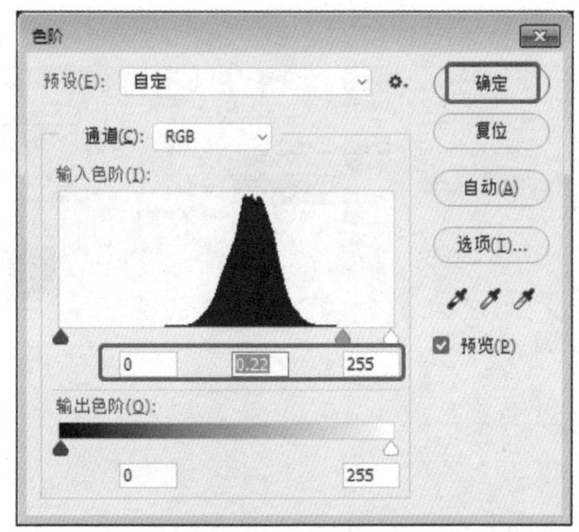

图3-73

17 在工具箱中选择“钢笔工具”，在舞台中绘制如图3-74所示的路径。

图3-74

18 使用“转换点工具”在路径的控制点上按住鼠标左键，拖曳出控制点，调整控制点，调整曲线路径，如图3-75所示。

19 调整好路径的形状后，按Ctrl+Enter组合键，将路径载入选区，如图3-76所示。

图3-75

图3-76

路径工具的使用技巧和提示

Photoshop中的使用“钢笔工具”可以绘制精确的矢量图形，还可以通过创建的路径对图像进行选取，转换成选区后即可对选择区域进行相应编辑或创建蒙版，通过“路径”面板可以对创建的路径进行进一步的编辑，以下是“路径”面板中的常用工具：

- 用前景色填充路径：确定当前创建的路径，单击“用前景色填充路径”按钮，可以填充路径为前景色。
- 用画笔描边路径：确定当前创建的路径，单击“用画笔描边路径”按钮，可以为当前路径创建描边，描边为前景颜色。
- 将路径作为选区载入：单击“将路径作为选区载入”按钮，可以将当前绘制的路径载入选区。
- 从选区生成工作路径：使用“从选区生成工作路径”按钮，可以将选区转换为路径。
- 添加矢量蒙版：该工具按钮与图层面板中的添加矢量蒙版按钮相同。都是为选区添加一个蒙版层。
- 创建新路径：单击“创建新路径”按钮，可以创建新的路径层。

- 删除当前路径：选择一个路径层，单击“删除当前路径”按钮，即可删除当前的路径层。

通常路径需要使用路径工具来进行绘制和编辑，下面是工具箱中的路径常用的路径绘制和编辑工具。

- 钢笔工具：以锚点方式创建区域路径，主要用于绘制矢量图形和选取对象。
- 自由钢笔工具：用于绘制比较随意的图形，使用方法与套索工具非常相似。
- 添加锚点工具：将光标放在路径上，单击即可添加一个锚点。
- 删除锚点工具：删除路径上已经创建的锚点。
- 转换点工具：用来转换锚点的类型（角点和平滑点）。
- 路径选择工具：在路径浮动窗口内选择路径，可以显示出锚点。
- 直接选择工具：只移动两个锚点之间的路径。

---

20 选择黑色拉丝的图像所在的图层，在“图层”面板底部单击“添加图层蒙版”按钮，设置图层的遮罩，如图3-77所示。

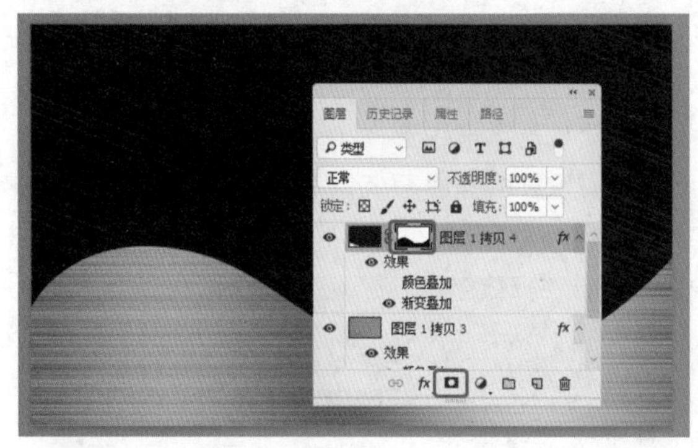

图3-77

21 创建遮罩后，遮罩层会处于选择状态，这时要对黑色纹理图像进行调整，我们需要选择黑色纹理图层的图层缩览窗，选择图像状态，按Ctrl+M组合键，在弹出的“曲线”对话框中调整曲线，如图3-78所示。

22 在菜单栏中选择“文件>打开”命令，在弹出的“打开”对话框中选择随书配备资源中的“花边素材.png”文件，单击“打开”按钮，如图3-79所示。

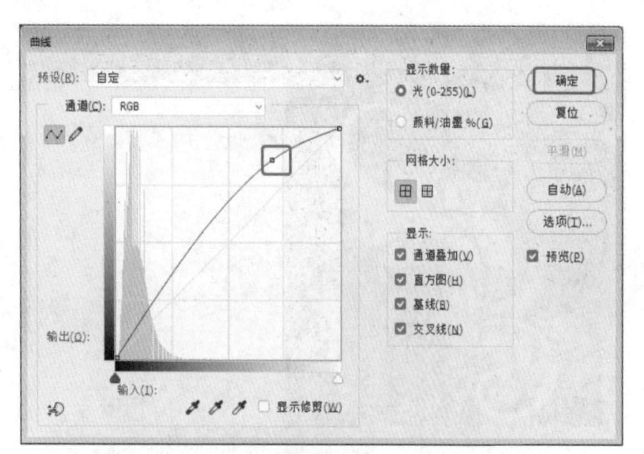

图3-78

图3-79

23 使用“移动工具”，将打开的素材拖曳到舞台中，选择所在的图层，使用“魔棒工具”，在工具属性栏中取消勾选“连续”复选框，选择白色区域，如图3-80所示。

图3-80

24 创建选区后，在“路径”面板中单击“从选区生成工作路径”按钮，将选区转换为路径，如图3-81所示。

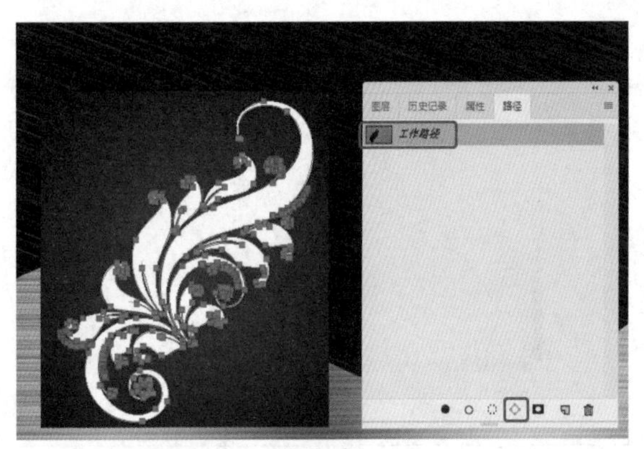

图3-81

25 将添加的素材隐藏，使用“自由变换”命令调整路径的角度，使用“转换点工具”调整路径的形状，如图3-82所示。

图3-82

26 调整好路径的形状后，按Ctrl+Enter组合键，将路径载入选区。在“图层”面板中创建新图层，在工具箱中单击前景色，设置前景色的RGB为154、108、57，按Alt+Delete组合键填充颜色，如图3-83所示。

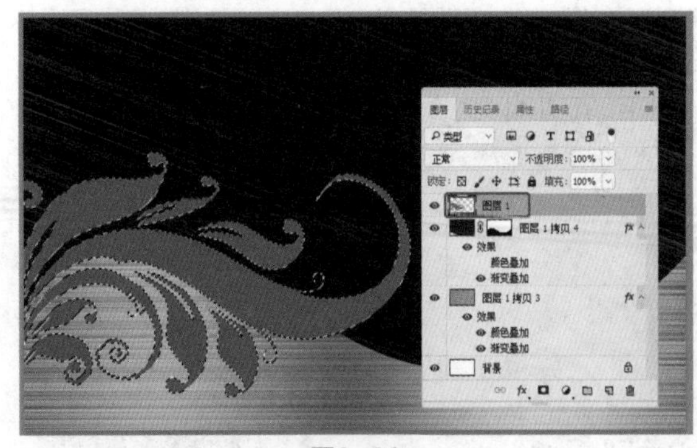

图3-83

27 使用“椭圆工具”创建圆，设置圆的填充，如图3-84所示。

28 将作为装饰的图层按住Ctrl键全部选中，按Ctrl+E组合键，将其合并为一个图层，如图3-85所示。

图3-84

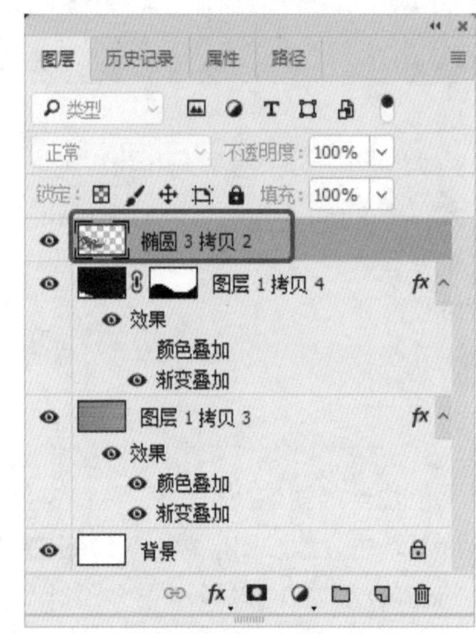

图3-85

29 双击合并后的装饰图案图层，在弹出的“图层样式”对话框中选择“渐变叠加”样式，参考前面设置的渐变颜色，设置金属质感的渐变，如图3-86所示。

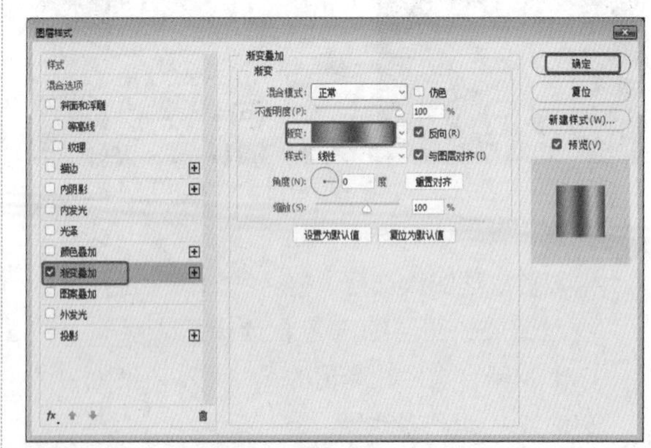

图3-86

30 选择“斜面和浮雕”样式，设置合适的参数，如图3-87所示。

31 使用“钢笔工具”，在舞台中创建路径，如

图3-88所示。

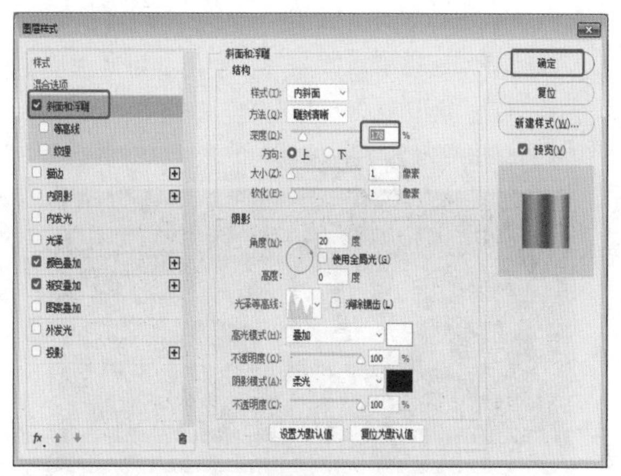
图3-87

图3-88

32 使用“转换点工具”调整路径的形状，按Ctrl+Enter组合键，将其载入选区，创建一个新图层，设置前景色的RGB为154、108、57，按Alt+Delete组合键填充前景色，如图3-89所示。

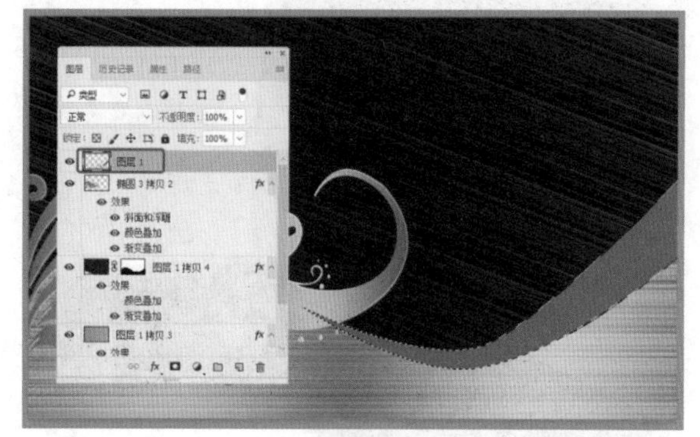
图3-89

33 参考前面装饰花纹的图层样式，设置该图像的图层样式，完成装饰花纹的制作，如图3-90所示。

34 双击图层，在弹出的“图层样式”对话框中选择“投影”选项，设置合适的投影效果，单击“确定”按钮，如图3-91所示。

图3-90

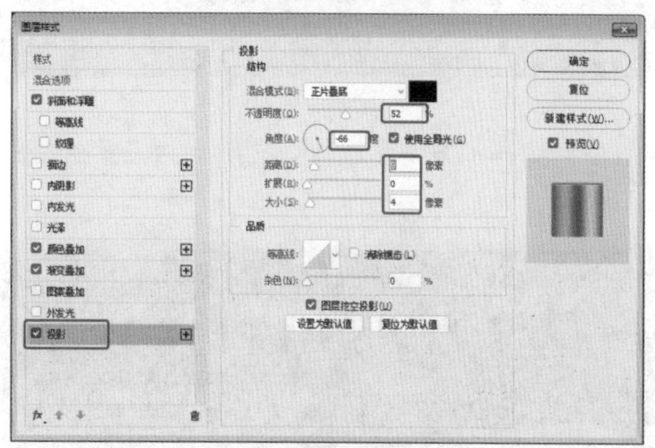
图3-91

35 使用同样的方法制作另一个花纹的投影效果，如图3-92所示。

图3-92

36 使用“横排文字工具”，在舞台中创建文字，如图3-93所示。

图3-93

37 参考花纹的图层样式，添加到文字图层上，如图3-94所示。

图3-94

38 使用同样的方法创建其他文字，并设置合适的效果，如图3-95所示。

图3-95

39 按Ctrl+S组合键，在弹出的“另存为”对话框中选择一个存储路径，为文件命名“正面”，单击“保存”按钮，如图3-96所示。

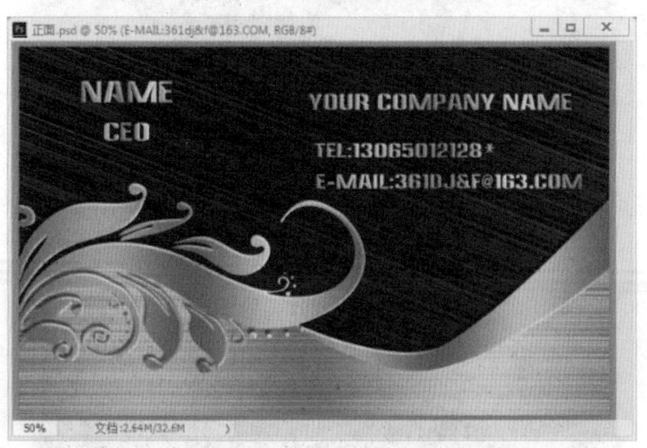

图3-96

40 按Ctrl+Shift+S组合键，在弹出的“另存为”对话框中选择一个存储路径，为文件命名“背面”。

41 确定存储了正面和背面两个文件，当前文档为背面文档，在舞台中删除除纹理外的所有素材，调整黑色纹理的角度，创建VIP文字，并设置文字的图层样式，如图3-97所示，在“图层”面板中新建图层，使用“矩形选框工具”，创建选区后填充选区颜色。

图3-97

42 设置一个金属质感的图层样式，如图3-98所示，对矩形效果进行复制。

图3-98

43 新建一个文件，并将正面和背面的两个名片复制到新的文档舞台中，使用“自由变换”命令调整其图像的角度，如图3-99所示。

图3-99

44 将每个单独的名片合并为一个图层，并复制一个图层的副本，设置图层的颜色为黑色，如图3-100所示。

图3-101

设置图像为黑色或白色的技巧与提示

按Ctrl+U组合键，在弹出的“色相/饱和度”对话框中设置“明度”为-100时，当前选择图层中的图像为黑色，当设置“明度”为+100时，当前选择图层中的图像为白色。

45 设置厚度后的效果如图3-101所示。

图3-101

46 使用“多边形套索工具”，创建矩形选区，新建图层，并填充选区为黑色，设置图层合适的“不透明度”，作为倒影效果，如图3-102所示。

47 使用同样的方法创建并填充选区到新的图层，设置图层的“不透明度”，并使用“橡皮擦工具”，擦除一部分区域，如图3-103所示。

48 继续设置另外两个名片的阴影效果，如图3-104所示。

图3-102

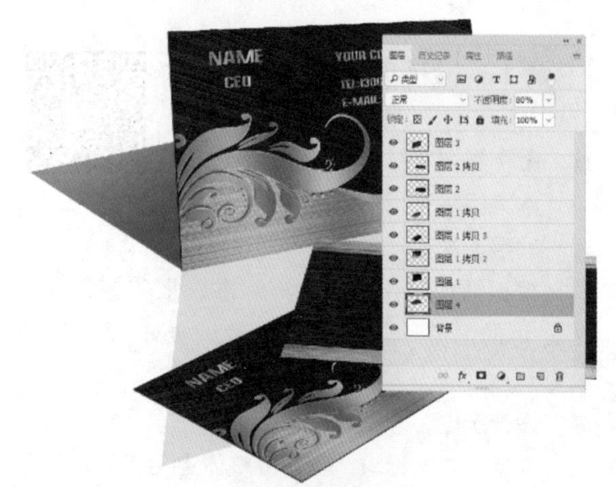

图3-103

图3-104

49 至此，本案例制作完成。

3.4 商业案例——商务名片设计

3.4.1 设计思路

扫码看视频

■ 案例类型

本案例是设计一款纯商务名片。

■ 项目诉求

根据前面制作的房地产标志，来配套设计一款公司的名片，属于商务名片，要求设计简洁大方。

■ 设计定位

根据客户的诉求，我们将整体定义为代表商务的棱角几何体图案，配合蓝色及白色的商务颜色。

3.4.2 配色方案

配色方案上将会使用大多数的留白，但根据留白的情况我们会使用几何体来平衡，在商务氛围的基础上添加一些类似红色的点缀色，使其不会太过于沉闷，使整体稳定的前提下辅以鲜活的色调。

3.4.3 名片的构图方式

本案例使用对称构图，将名片的内容上下对称构图，上部分为名称和职位，下部分为一些基本信息，这样的构图是属于中规中矩的构图方式，适用于商务名片的设计。

3.4.4 同类作品欣赏

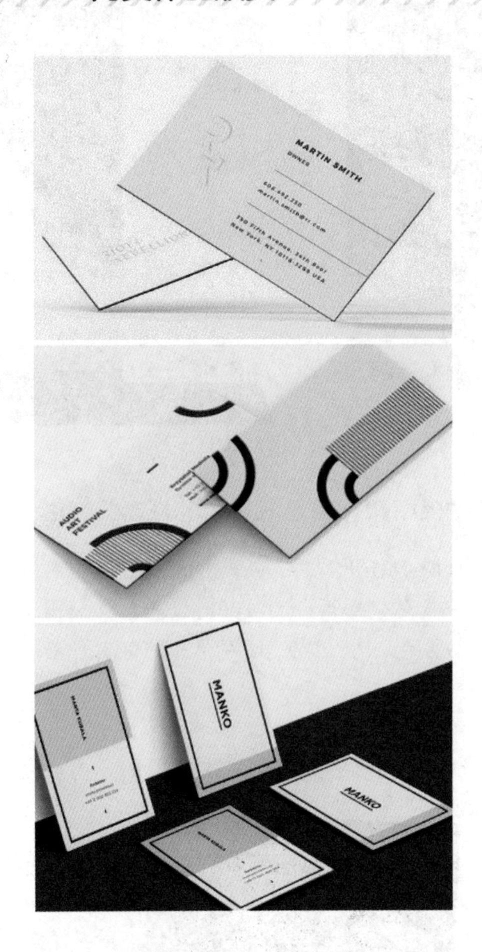

3.4.5 项目实战

■ 制作流程

本案例首先调整标志，填充相应选区的颜色；然后创建矩形，调整矩形的形状；最后创建文字注释，如图3-105所示。

图3-105

图3-105（续）

■ 技术要点

使用“魔棒工具”创建颜色选区；
使用“矩形工具”创建矩形选区；
使用“前景色”设置填充的颜色；
使用“矩形工具”创建矩形；
使用“直接选择工具”调整矩形形状；
使用“自由变换”命令调整变形；
使用“置入嵌入对象”命令导入图标；
使用标尺添加辅助线。

■ 操作步骤

01 运行Photoshop软件，在“欢迎”界面中单击“新建”按钮，在弹出的“新建文档”对话框中设置“宽度”为9.53厘米、“高度”为5.72厘米，设置“分辨率”为300像素/英寸，单击“创建”按钮，如图3-106所示。

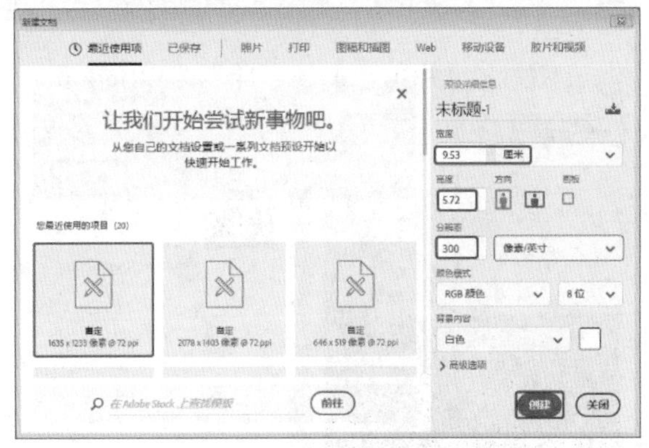

图3-106

02 打开前面设计的房产标志图像，将其所有图层选中（除“背景”图层外），使用“移动工具”拖曳到新建的舞台中，如图3-107所示。

03 将标志所在的图层全部选中，按Ctrl+E组合键，合并选中的图层为一个图层，如图3-108所示。

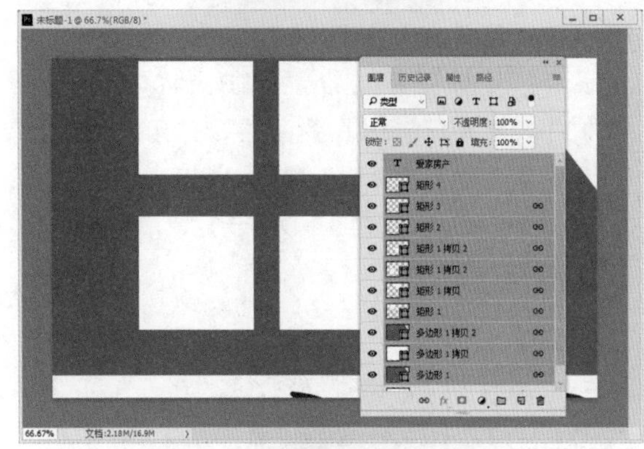

图3-107

图3-108

04 选择合并为一个图层后的标志，按Ctrl+T组合键，打开“自由变换”命令，调整图像的大小，如图3-109所示。

图3-109

05 使用“矩形选框工具”创建文本的区域，按Ctrl+U组合键，在弹出的“色相/饱和度”对话框中调整文字的明度，调整标志的效果为浅色，如图3-110所示。

图3-110

06 在工具箱单击前景色，在弹出的“拾色器（前景色）”对话框中设置RGB为107、187、233，选择标志所在的图层，使用“魔棒工具”创建蓝色区域，按Alt+Delete组合键填充一个前景色，按Ctrl+D组合键取消选择，如图3-111所示。

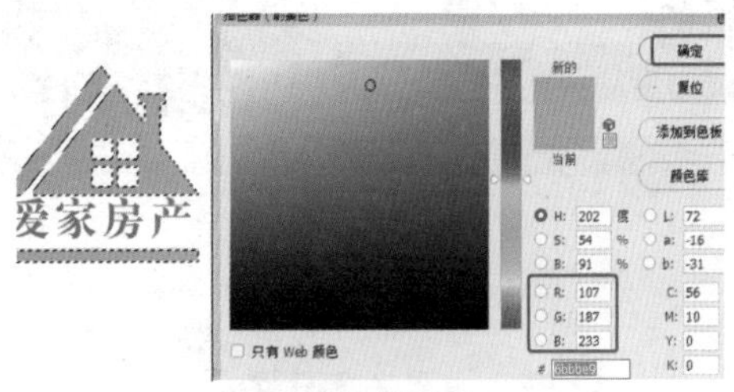

图3-111

07 在工具箱中单击前景色，在弹出的“拾色器（前景色）”对话框中设置前景色的RGB为243、243、243，如图3-112所示。

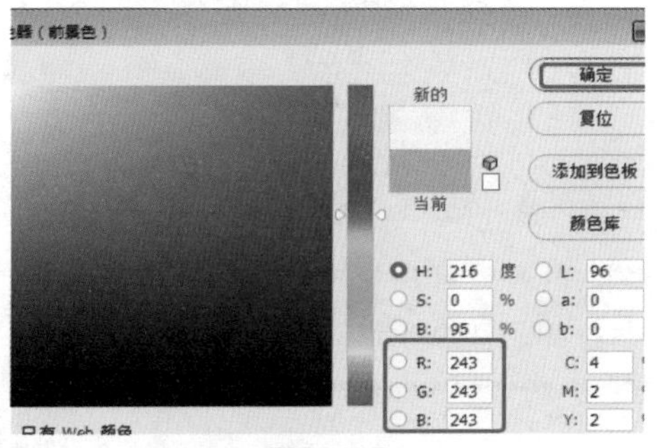

图3-112

08 选择“背景”图层，按Alt+Delete组合键，填充前景色，如图3-113所示。

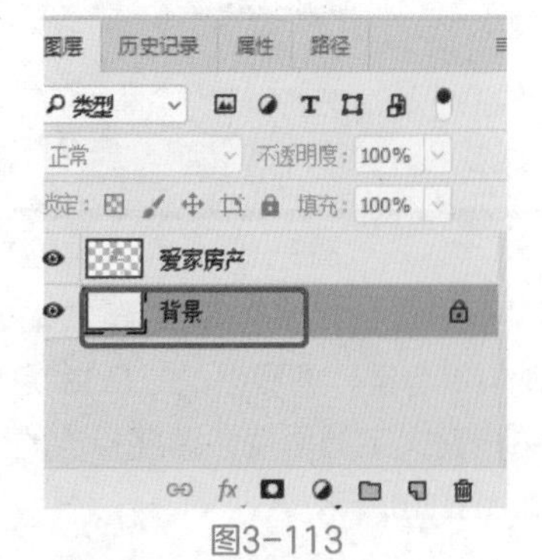

图3-113

09 继续设置前景色的RGB为232、232、232，如图3-114所示。

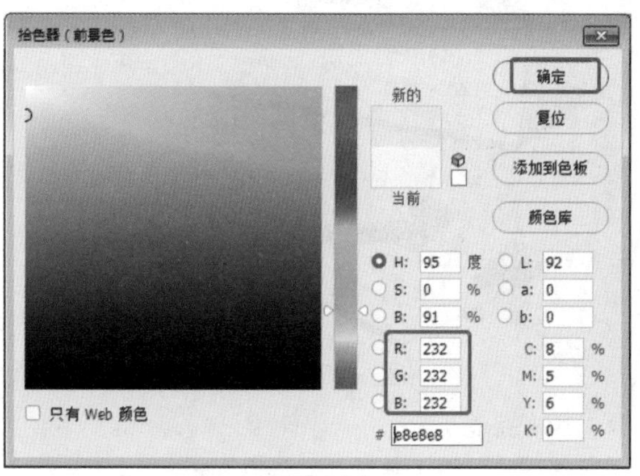

图3-114

10 使用“矩形选框工具”在舞台中如图所示的位置创建矩形选区，确定“背景”图层处于选择状态，按Alt+Delete组合键，填充前景色，如图3-115所示。

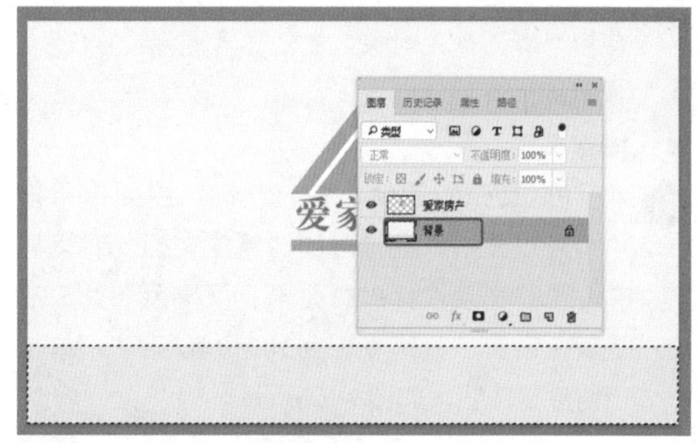

图3-115

11 设置前景色的RGB为50、59、74，如图3-116所示。

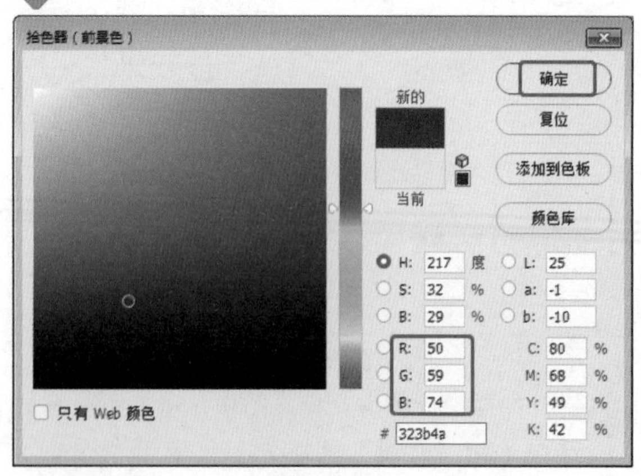

图3-116

12 使用“矩形选框工具”在舞台中的位置创建矩形选区，按Alt+Delete组合键，填充前景色，如图3-117所示 。

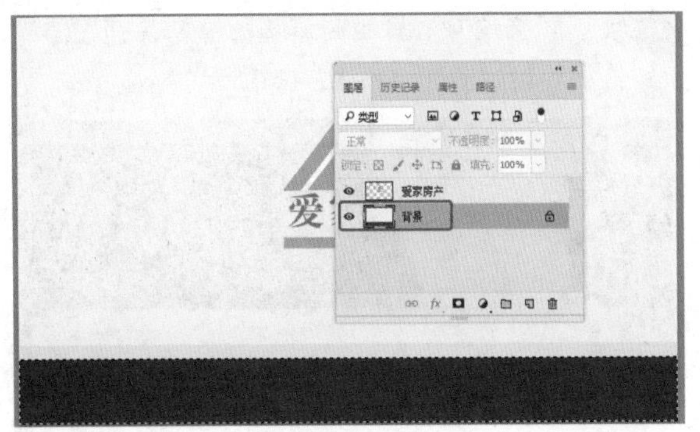

图3-117

13 设置前景色的RGB为239、63、95，如图3-118所示。

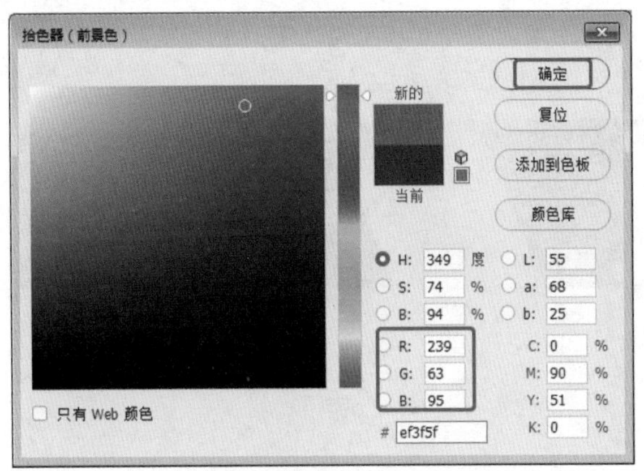

图3-118

14 使用“矩形选框工具”在舞台中创建矩形选区，在“图层”面板中新建一个图层，按Alt+Delete组合键，填充前景色选区如图3-119所示。

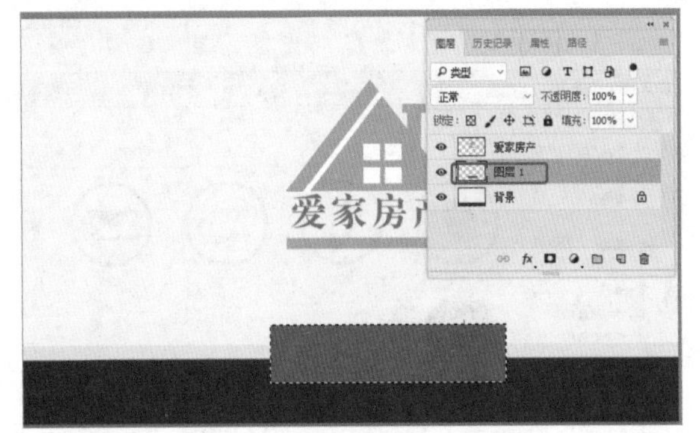

图3-119

选区的使用提示

需要注意的是，在每次执行完选区后，需要进行下一步操作时，需按Ctrl+D组合键取消选区的选择。

15 按Ctrl+T组合键，打开自由变换，调整图像的效果，如图3-120所示。

图3-120

16 使用“横排文字工具” T，在舞台中创建文字，如图3-121所示。

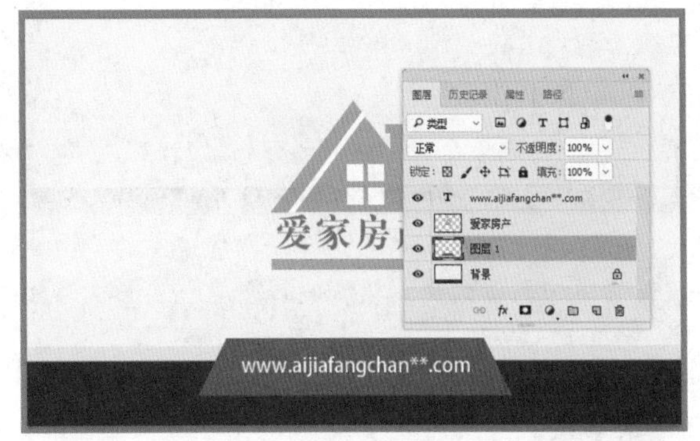

图3-121

17 在“图层”面板中选择“背景”图层，按Ctrl+J组合键，复制一个图层，选择名片所有的图层（除“背景”图层外），将选择的图层放置到同一个图层组中。

18 使用“裁剪工具”，在舞台中出现一个裁剪框，将鼠标放置到右侧中心的调整中心，按住向右移动，移动出另外一个名片的区域，按Enter键，确定裁剪，如图3-122所示。

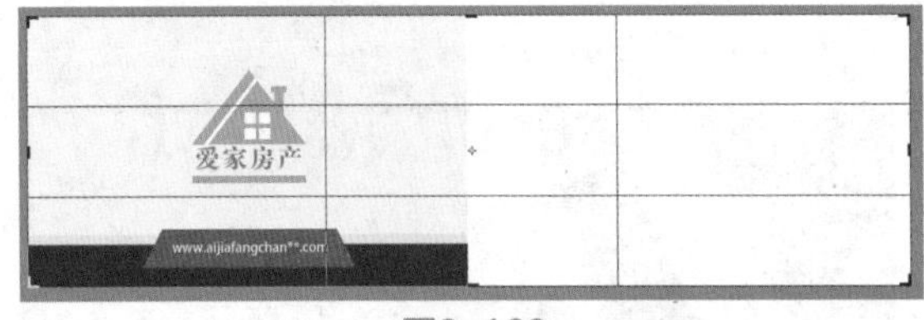

图3-122

19 展开图层组，在图层组中复制出需要的背景图层，复制出图层后，将图层放置到图层组外，使用“矩形选框工具”创建选区，如图3-123所示，设置前景色的RGB为236、236、236，按Alt+Delete组合键，填充选区为前景色。

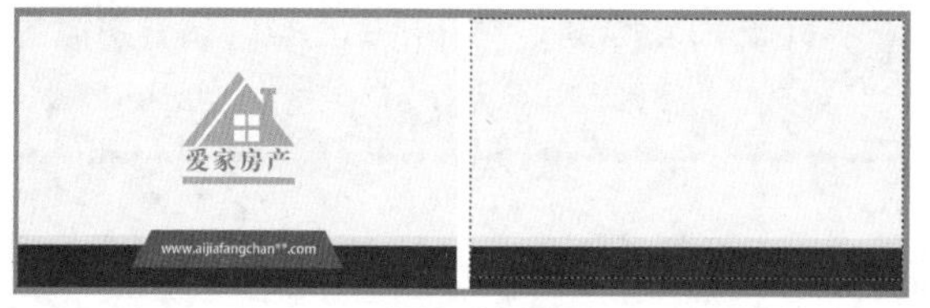

图3-123

20 按Ctrl+R组合键，在舞台的上方和左侧出现标尺，在标尺上拖曳出辅助线，使用“矩形工具”▭创建矩形，设置矩形的填充RGB为239、63、95，如图3-124所示。

图3-124

21 使用“直接选择工具”↖调整矩形的形状，如图3-125所示。

图3-125

22 使用“移动工具”✥，移动复制形状，调整形状，如图3-126所示。

图3-126

23 使用同样的方法复制并调整图像，并在工具属性栏中设置填充，如图3-127所示。

图3-127

24 使用“横排文字工具”T，创建文字注释，如图3-128所示。

图3-128

25 在菜单栏中选择“文件>置入嵌入对象”命令，在弹出的“置入嵌入的对象”对话框中选择随书配备资源中的“地址.png”文件，单击“置入”按钮，如图3-129所示。

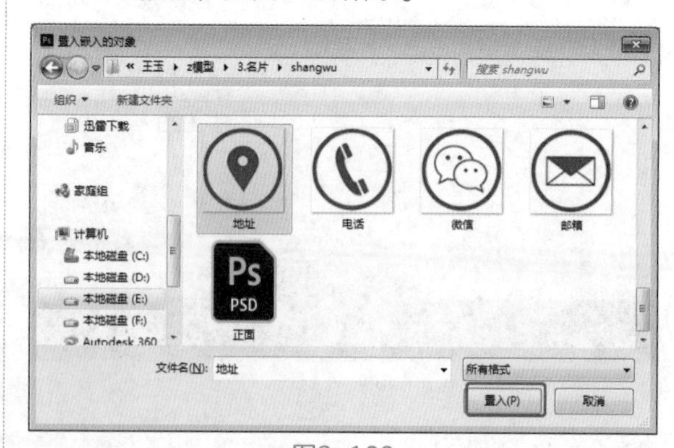

图3-129

26 置入素材到舞台中后，调整素材的大小，如图3-130所示，按Enter键确定调整。

27 使用同样的方法置入其他素材，如图3-131所示。

图3-130

图3-131

28 使用“横排文字工具”T，在舞台中创建文字，并使用“矩形选框工具”[ ]创建矩形并填充底部的色块，如图3-132所示。

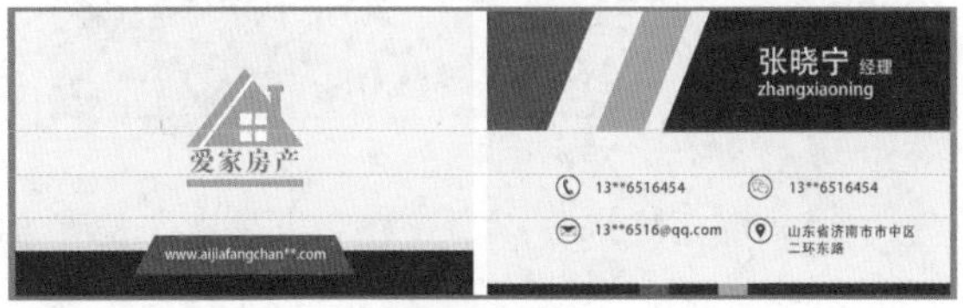

图3-132

29 参考前面案例的立体名片的制作，制作本案例的名片立体效果如图3-133所示。

图3-133

3.5 优秀作品欣赏

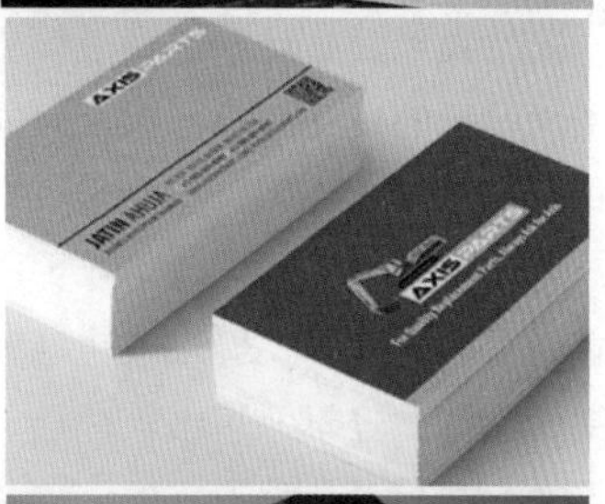

04 第 4 章 户外广告设计

户外广告涵盖的范围非常广，包括广场等室外公共场所设立的霓虹灯、广告牌、车体等。

本章主要介绍户外广告的形式、类型、优点与缺点、设计原则等内容。

4.1 户外广告概述

户外广告（Out Door，OD），主要是指城市的道路两侧，建筑物墙面、楼顶，商业区的门前、路边等户外场地设置的发布信息的媒介，主要的广告形式包括招贴、海报、路牌、霓虹灯、电子屏、灯箱、气球、飞艇、车厢、大型充气模型等。

随着人们生活空间的扩展以及生活水平的不断提升，地铁、公交、轻轨、超市、药店、商场、机场等地方，都会充斥着各种形式的广告媒体，且无处不在。

4.1.1 户外广告的常用类型

根据户外传播媒介的不同，可以分为以下几种常见的户外广告类型。

（1）射灯广告：射灯广告是指在广告牌四周装有射灯或其他照明装备的广告牌，通过射灯或其他照明照射到广告牌，可以使广告牌产生非常好的效果，且能清晰地看到广告内容，如图4-1所示。

图4-1

（2）霓虹灯广告：霓虹灯广告是指由弯曲的霓虹灯管组合成的文字或图案，可以使用不同的霓虹灯管颜色，制作出五彩缤纷的效果，如图4-2所示。

图4-2

（3）单立柱广告：单立柱广告是指广告牌置于特设的支撑柱上，以立柱式T形或P形较为常见，多放置在交通的主干道等车流密集的地方，如图4-3所示。

图4-3

（4）灯箱广告：置于建筑物外墙、楼顶或裙楼等位置，白天是彩色的广告牌，晚上则是发光的灯箱广告，如图4-4所示。

图4-4

户外广告根据材质和分布可分为平面和立体两大类：平面的有路牌广告、招贴广告、壁墙广告、海报、条幅等。立体广告分为霓虹灯、广告柱以及广告塔灯箱广告、户外液晶广告机等。在户外广告中，路牌、招贴是最重要的两种形式，影响很大。设计制作精美的户外广告带成为一个地区的象征。

4.1.2 户外广告的优点与缺点

户外广告是一种最为常见的宣传手段，能够将品牌和宣传内容快速地传达到户外活动的人们，下面针对户外广告来分析户外广告的优点与缺点。

优点：户外广告能够创造出理想的传达率。据调查显示，户外媒体的传达率仅次于电视媒体广告，位居第二。户外广告在一些公共场所中会起到很好的视觉冲击效果，户外广告在人们闲散漫步、轻松的时刻出现，能起到使其容易接受的营销效果，有些知名的户外广告牌，也会因为它的持久和突出而成为当地的标志，特别是气球广告和灯箱广告，这些广告都有自己的特色，更加使人印象深刻。另外，户外广告相对电视等媒体广告来说成本费较低，且发布时间段长，会让许多人重复看到。

缺点：缺点就是位置不能变换，覆盖面积较小，宣传面积小。由于户外的对象不能精确预估，所以针对的人群会有些偏差，有时人们在同一时间可能接触到许多广告，所以给人们留下的印象就会平淡很多。

4.1.3 户外广告的设计原则

在现代设计中，户外设计作为最普遍的艺术设计形式，不仅与传统的图形设计相关，更与当代社会生活紧密联系。在追求广告带来的利益的同时，还要遵循一些基本的户外设计原则，从而创造出独一无二，具有高价值的户外广告。

（1）独特性。每个品牌都有其各自的特色，其标志也必须彰显其独一无二的文化特色。

（2）提示性。户外广告的受众是流动的行人，所以在设计中要考虑到受众经过广告时的效果，只有简洁明了的画面和提示性的形式才会引起行人注意，才能吸引到受众观看广告。

（3）简洁性。户外广告能避免其他内容及竞争广告的干扰。

（4）计划性。有计划的设计者有一定的目标和广告战略，广告设计的方向才不会迷失。

（5）遵循图形设计的美学原则。户外广告都有图像和文字，以推销产品为目的进行设计能吸引人们的注意。

4.2 商业案例——户外家装广告设计

4.2.1 设计思路

扫码看视频

■ 案例类型

本案例为室内装修公司的一款户外广告。

■ 设计背景

室内装修包括房间设计、装修、布置等。偏重于建筑物里面的装修设计。随着社会的快速发展，人们生活水平的提高，在居住的环境上也是格外注重的，室内装修行业拥有巨大的市场空间。

■ 设计定位

由于是户外广告设计，所以内容方面一定要突出主题和公司的标志，如果主题不太突出，标志非常小的话广告也就失去了其意义，所以，在本实例中我们将主要突出公司的标题和公司的标志。

4.2.2 配色方案

配色上我们将采用浅蓝色，并使用蓝色油漆涂料作为背景，油漆也是室内装修不可缺少的材料。蓝色代表了一种非常单纯的颜色，可以使人眼前一亮，并采用白色作为辅助色，整体色调会更加清晰、冷静。

4.2.3 户外广告的构图方式

本案例将采用中心构图方式，将主要内容放置到中心位置，将其他内容根据主要内容依次向四周排列，这样的构图方式会把人们的注意力吸引到突出的中心位置。

4.2.4 同类作品欣赏

4.2.5 项目实战

■ 制作流程

本案例首先创建并填充选区为留白文字注释区域；然后创建路径并填充选区颜色，设置图层的立体感，创建并填充路径为白色作为高光；最后创建文字注释，制作文字的3D效果，如图4-5所示。

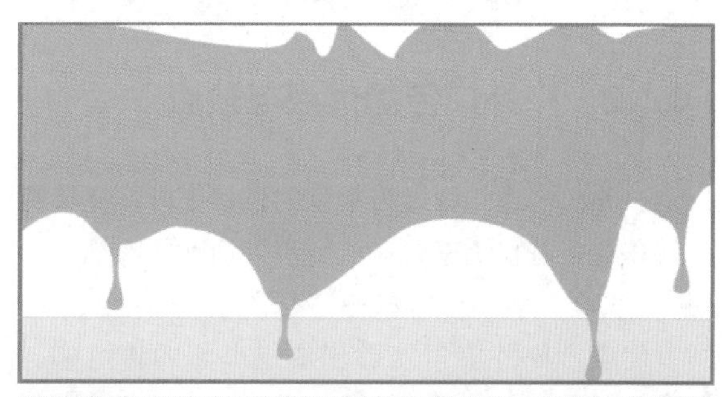

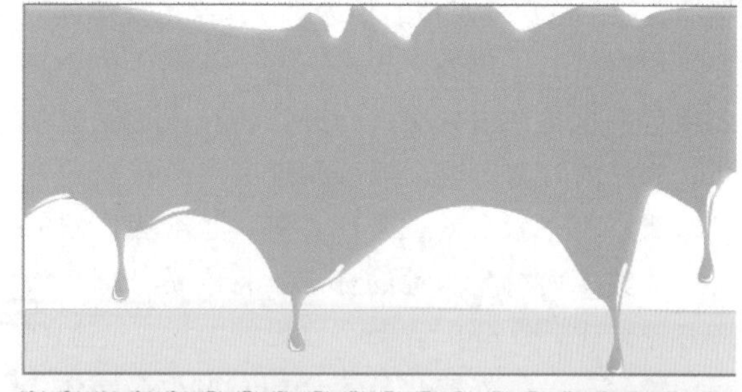

图4-5

图4-5（续）

■ 技术要点

使用“矩形工具”创建并填充区域；
使用“钢笔工具”创建油漆形状和高光区域；
使用“图层样式”设置图层样式效果；
使用“横排文字工具”创建文字注释；
使用3D命令制作文字的3D效果；
使用“置入嵌入对象”命令置入素材；
使用“色相/饱和度”调整图像的色彩。

■ 操作步骤

01 运行Photoshop软件，在“欢迎”界面中单击“新建”按钮，在弹出的“新建文档”对话框中设置“宽度”为40厘米、“高度”为20厘米，设置“分辨率”为72像素/英寸，单击“创建”按钮，如图4-6所示。

图4-6

02 创建文档后，按Ctrl+R组合键，在文档的周围出现标尺，在上方的标尺上拖曳出辅助线，拖曳至合适的位置，如图4-7所示。

03 在工具箱中单击前景色，在弹出的“拾色器（前景色）”对话框中设置RGB为237、237、237，如图4-8所示。

04 创建辅助线后，使用“矩形选框工具”创建辅助线以下的矩形区域，按Alt+Delete组合键，填充前景色，如图4-9所示。

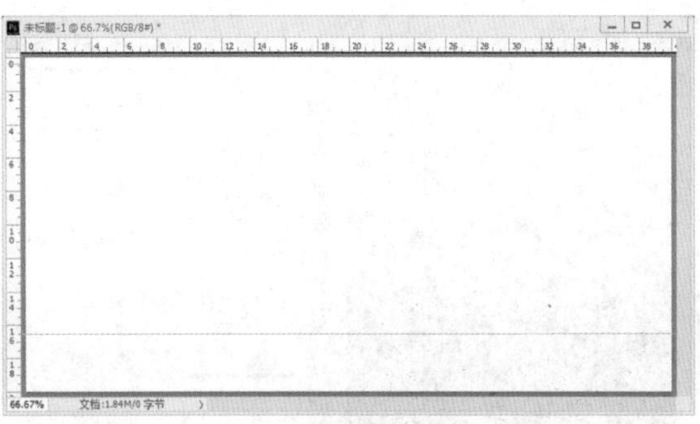

图4-7

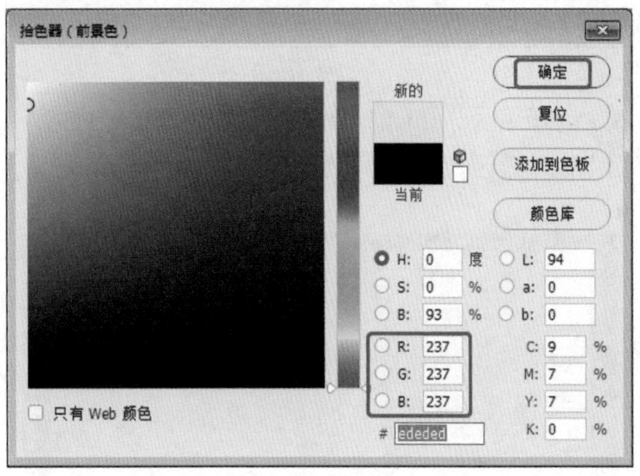

图4-8

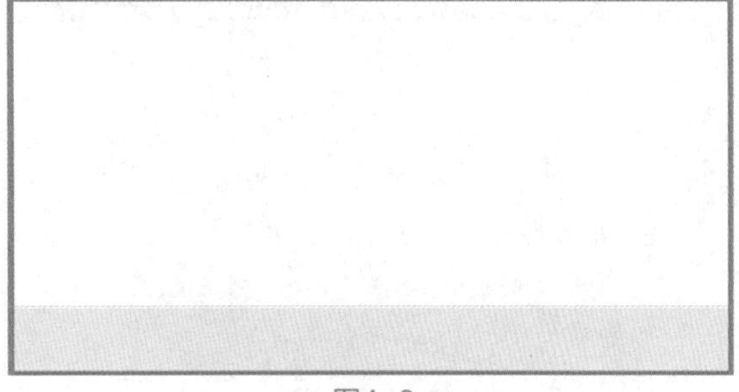

图4-9

05 使用“钢笔工具”和“转换点工具”，创建并调整路径，如图4-10所示。

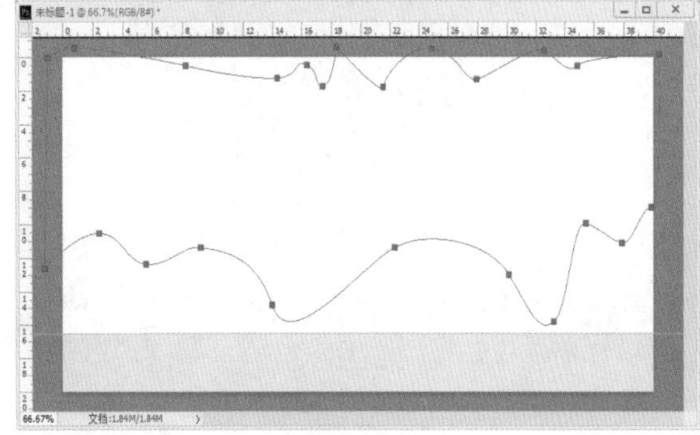

图4-10

06 设置前景色的RGB为108、204、232，如图4-11所示。

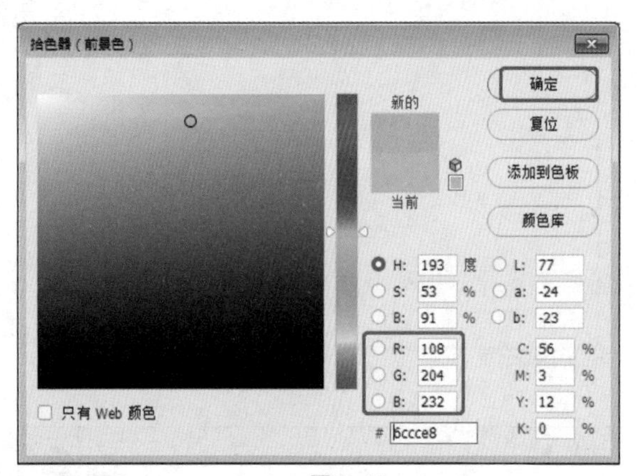

图4-11

07 选择路径，按Ctrl+Enter组合键，将创建的路径载入选区，如图4-12所示。

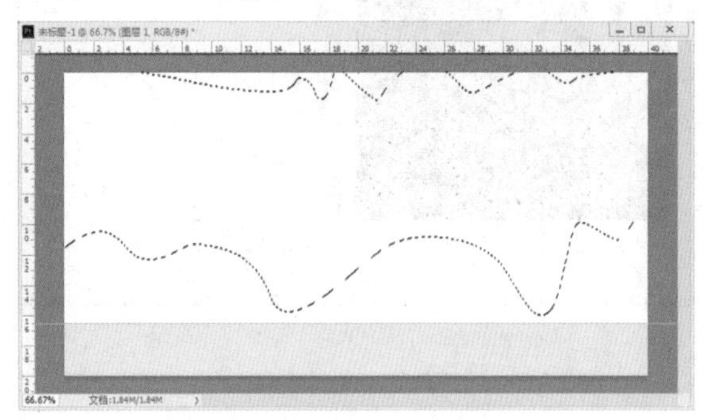

图4-12

08 按Alt+Delete组合键，填充前景色。

09 使用“钢笔工具”和“转换点工具”，创建并调整路径，如图4-13所示的路径。

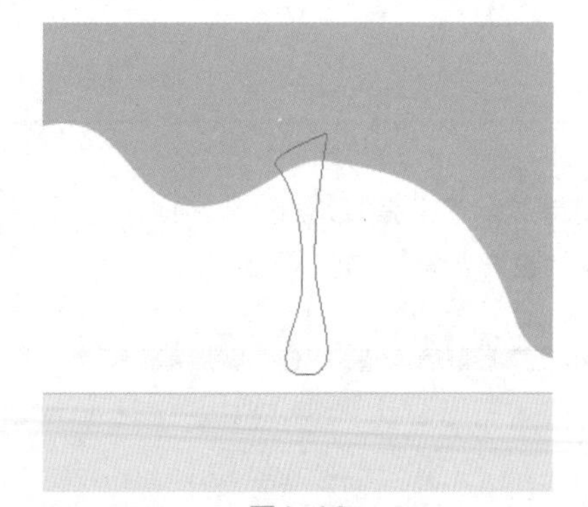

图4-13

10 创建路径后，按Ctrl+Enter组合键，将创建的路径载入选区，新建图层，按Alt+Delete组合键，填充前景色，按Ctrl+D组合键，取消选区的选择，使用“移动工具”移动复制图像，如图4-14所示。

11 移动复制后可以发现出现了许多的图像图层，如图4-15所示。

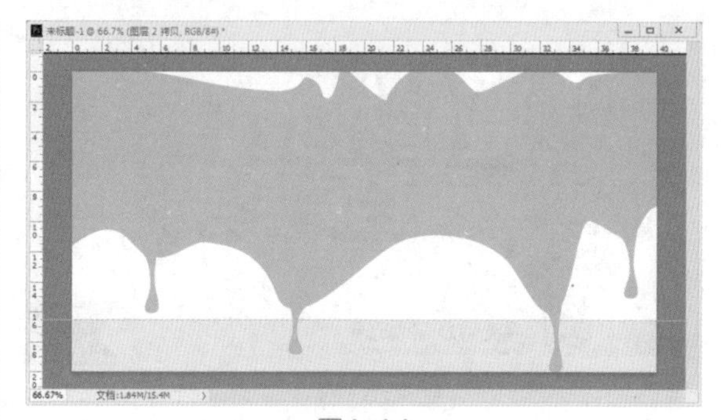

图4-14

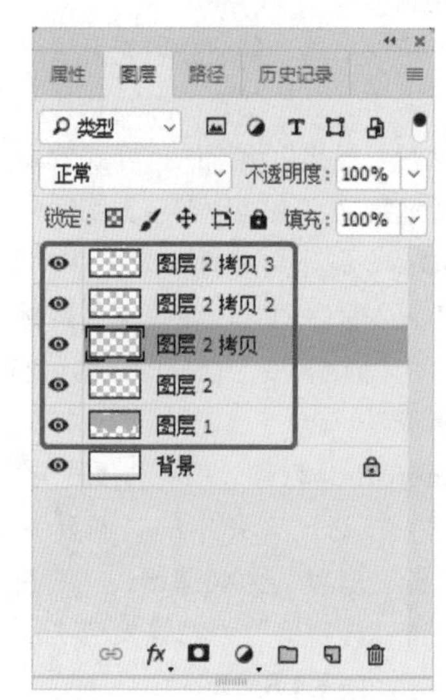

图4-15

12 选择除“背景”图层外的所有图层，按Ctrl+E组合键，合并为一个图层，如图4-16所示。

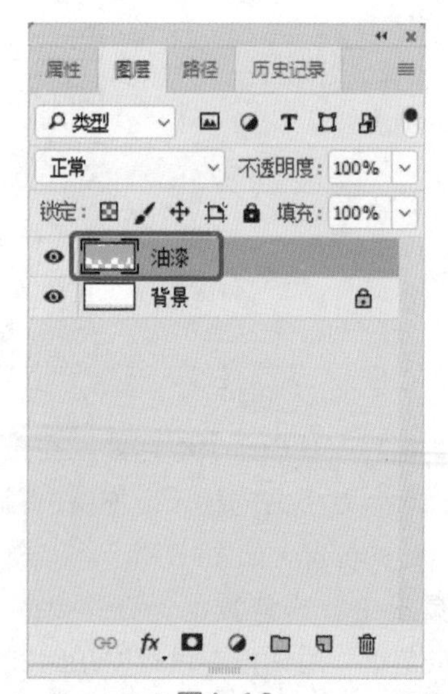

图4-16

13 双击合并后的图层，在弹出的“图层样式”对话框中勾选“斜面和浮雕”复选框，设置合适的参数，单击“确定”按钮，如图4-17所示。

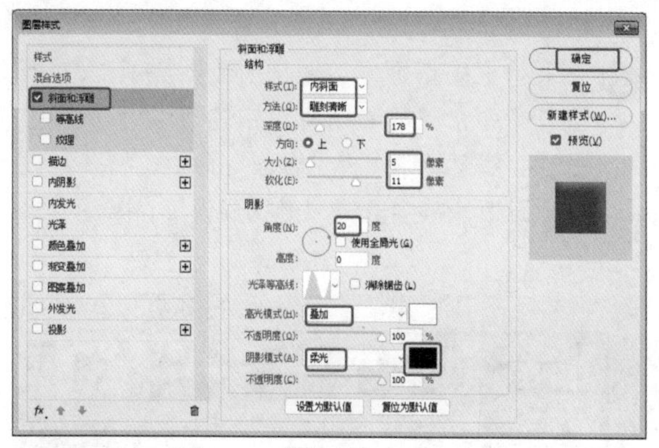

图4-17

14 使用“钢笔工具”和“转换点工具”，创建并调整路径，如图4-18所示。

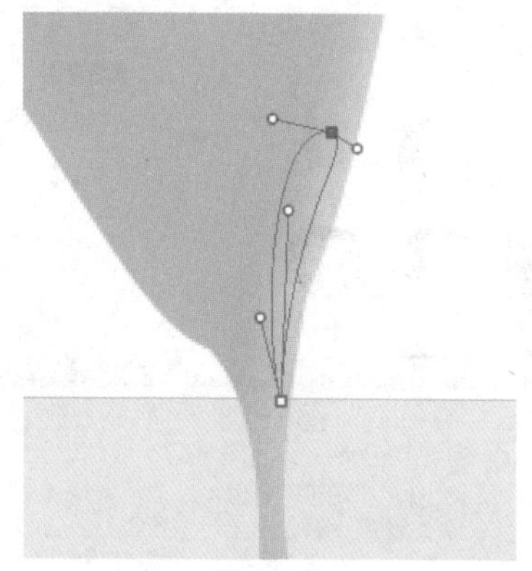

图4-18

15 按Ctrl+Enter组合键，将创建的路径载入选区，创建新图层，确定背景色为白色，按Ctrl+Delete组合键，将选区填充为白色，如图4-19所示，填充后按Ctrl+D组合键，取消选区的选择。

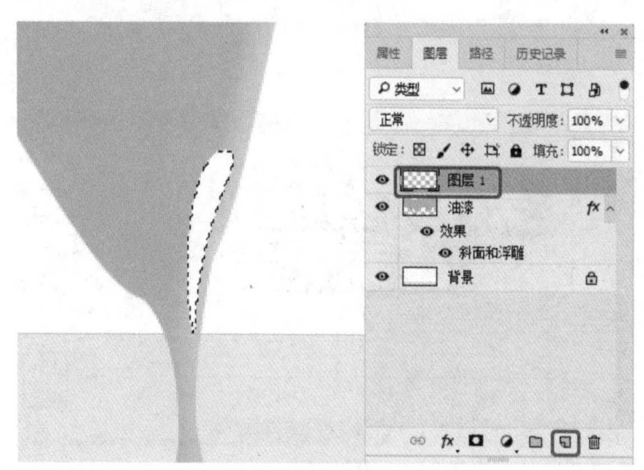

图4-19

16 继续创建新图层，创建新路径，并填充为白色，按Ctrl+D组合键，取消选区的选择，如图4-20所示。

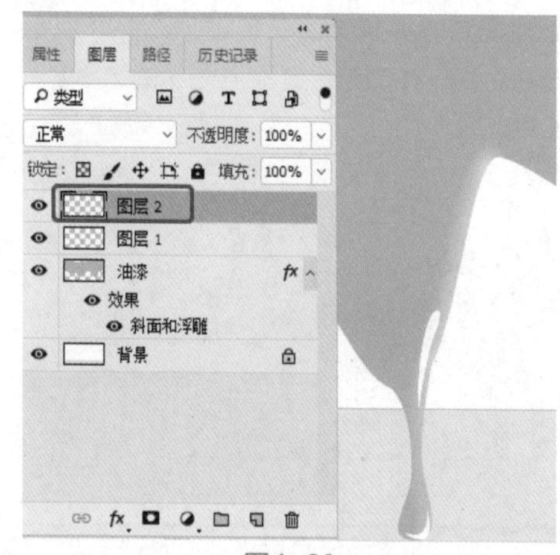

图4-20

17 复制作为高光的白色图像，在复制的过程中一定要选择相对应的图层，如图4-21所示。

图4-21

18 选择所有的高光图层，按Ctrl+E键，合并为一个图层，双击图层的名称，命名图层为“油漆高光”，使用同样的方法命名“油漆”图层，如图4-22所示。

19 合并图层后，选择“油漆高光”图层，在菜单栏中选择“滤镜>模糊>高斯模糊”命令，在弹出的“高斯模糊”对话框中设置合适的模糊参数，如图4-23所示。

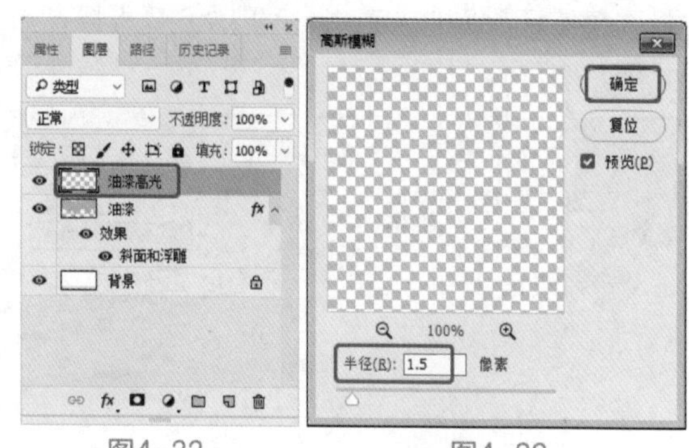

图4-22　　图4-23

20 模糊后的高光效果如图4-24所示。

21 在舞台中创建顶部的路径，将路径载入选区，新建图层，并填充为白色，如图4-25所示，填充后，按Ctrl+D组合键取消选区的选择。

图4-24

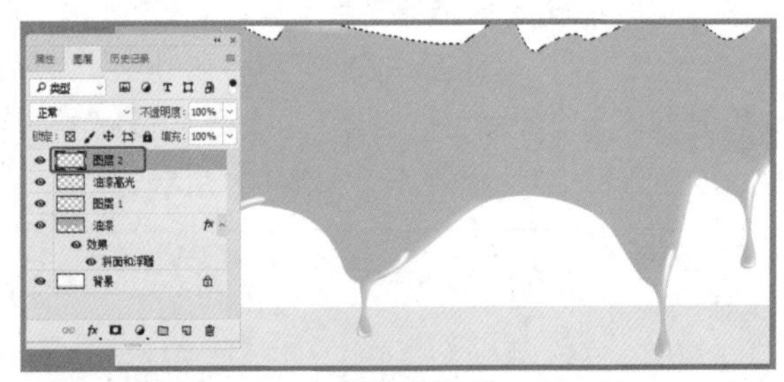

图4-25

22 使用“横排文字工具”T，在舞台的左上角处创建文字，如图4-26所示。

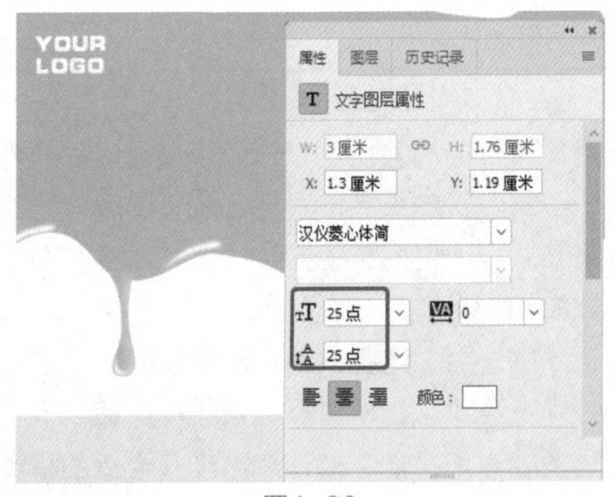

图4-26

23 继续使用“横排文字工具”T，创建标题，如图4-27所示。

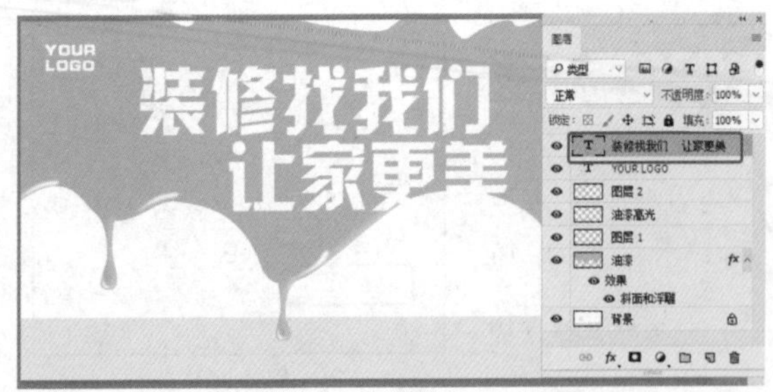

图4-27

24 按Ctrl+J组合键，复制标题文本图层，鼠标右击标题文字图层，在弹出的快捷菜单中选择“栅格化”命令，栅格化文字为普通图层。

25 在菜单栏中选择“3D>从所选图层新建3D模型”命令，鼠标右击舞台中的3D文字，在弹出的快捷菜单中选择“预设”命令，打开预设浮动面板，从中选择“形状预设”，如图4-28所示。

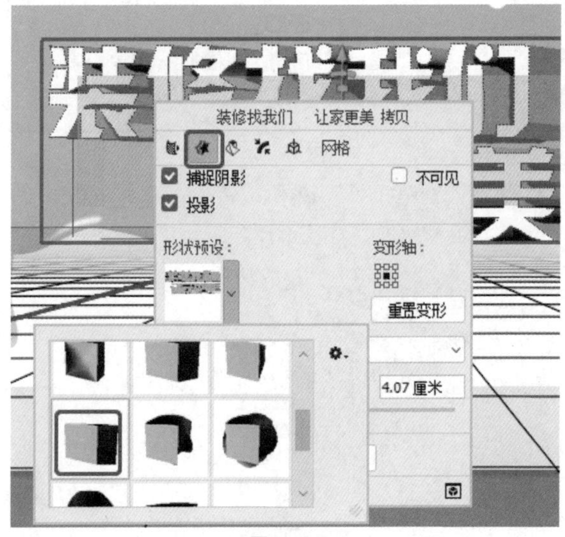

图4-28

使用3D的提示

Photoshop 能够设定 3D 模型的位置并将其制成动画、编辑纹理和光照，以及从多个渲染模式中进行选择，3D模型的详细内容可以参考“Photoshop帮助”中的3D概念和工具的介绍，由于内容较多，这里就不详细介绍了。

26 选择预设后，设置合适的参数，如图4-29所示。

图4-29

27 选择设置3D效果后的图层，鼠标右击，在弹出的快捷菜单中选择“渲染3D图层”和“栅格化3D”命令，如图4-30所示。

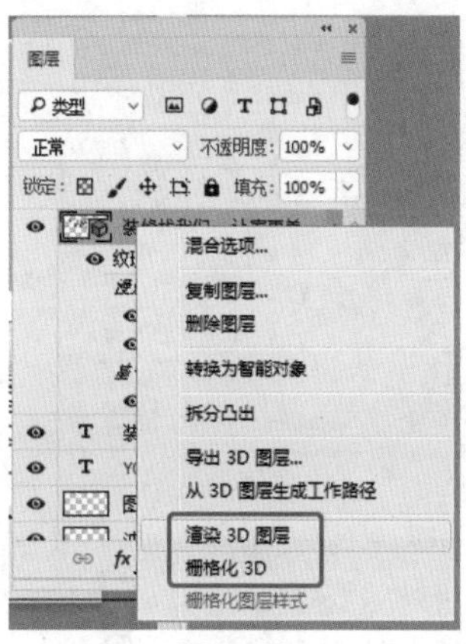

图4-30

28 将文本标题图层放置到文字3D图层的上方，如图4-31所示。

图4-31

29 按住Ctrl键，单击3D文字图层前的缩览图，载入选区，在3D图层的上方创建新的图层，按Alt+Delete组合键，填充前景色，设置图层的混合模式为“滤色”，如图4-32所示。

图4-32

30 按Ctrl+J组合键，复制图像到新的图层，设置新图层的混合模式为“正片叠底”，如图4-33所示。

图4-33

31 选择设置3D文字的图层，按Ctrl+J组合键，复制图像到新的图层，设置图层的混合模式为“叠加”，如图4-34所示。

图4-34

32 在菜单栏中选择“文件>置入嵌入对象”命令，在弹出的“置入嵌入对象”对话框中选择随书配备资源中的“刷子.psd”文件，单击“置入”按钮，如图4-35所示。

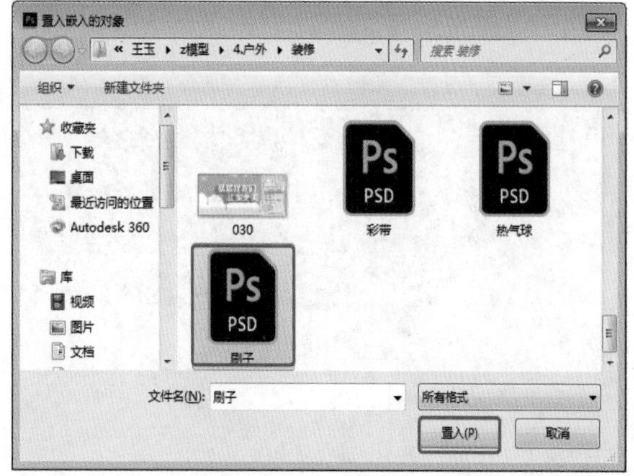

图4-35

33 置入刷子图像后，按Ctrl+U组合键，在弹出的“色相/饱和度”对话框中设置合适的参数，如图4-36所示。

图4-36

34 将“热气球.psd”文件置入舞台中，按Ctrl+U组合键，在弹出的“色相/饱和度”对话框中设置合适的参数，如图4-37所示。

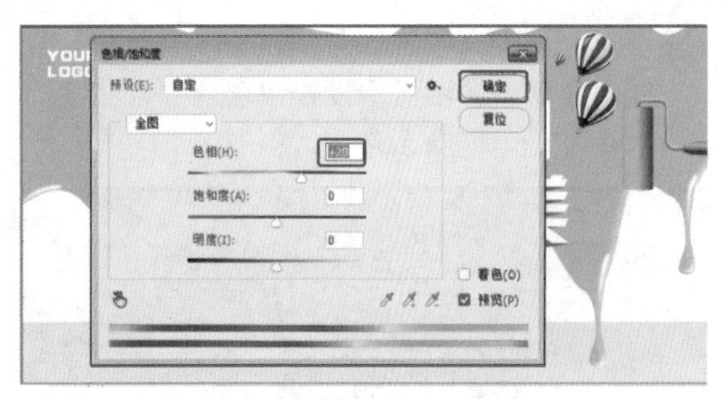

图4-37

35 复制并调整气球，创建如图4-38所示的气球选区，按Delete键，将选区中的气球删除。

图4-38

36 置入“彩带.psd”文件，调整其大小，如图4-39所示。

图4-39

37 置入“房子.psd”文件，调整合适的大小，如图4-40所示。

38 双击置入的房子图层，在弹出的“图层样式”对话框中勾选“投影”复选框，设置合适的参数，如图4-41所示。

图4-40

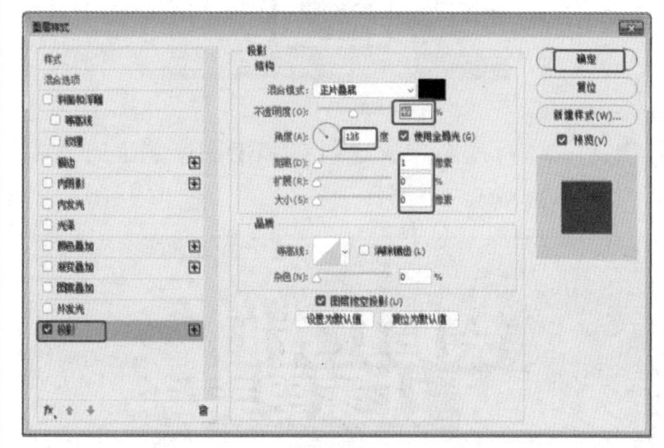

图4-41

39 调整房子后的效果如图4-42所示。

图4-42

40 设置前景色的RGB为226、26、68，如图4-43所示。

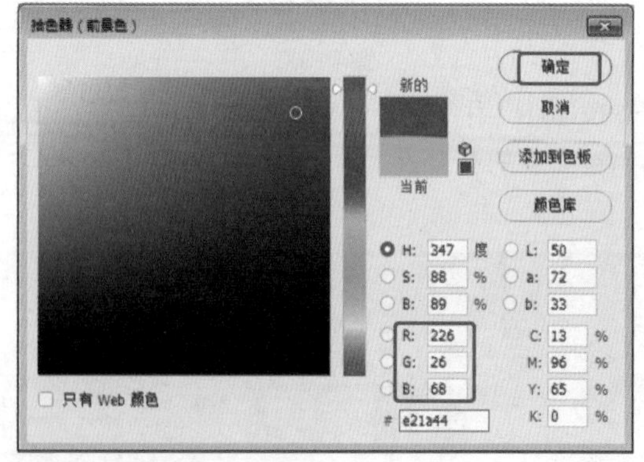

图4-43

41 创建新图层，在舞台中创建如图4-44所示的形状，并填充前景色。

图4-44

42 双击填充的红绿图层，在弹出的“图层样式”对话框中设置合适的“投影”参数，如图4-45所示。

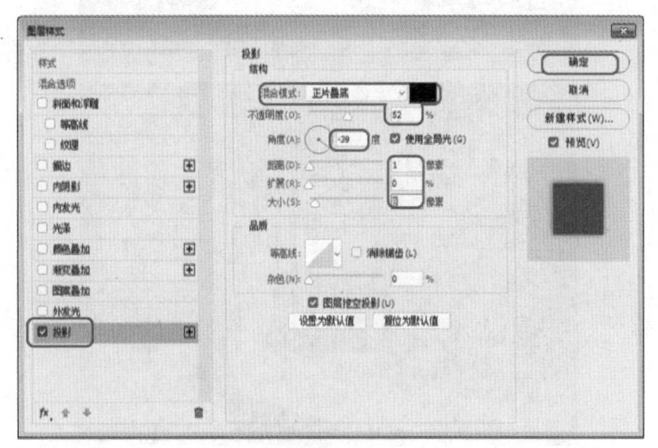
图4-45

43 使用“横排文字工具”创建底部的一些相关信息，如图4-46所示。

图4-46

44 至此，本案例制作完成。

4.3 商业案例——户外楼盘广告设计

4.3.1 设计思路

扫码看视频

■ 案例类型

本案例为楼盘招商的一款户外广告。

■ 项目诉求

本实例要求制作一张具有豪装大宅气质的户外大型广告，通过提供的建筑素材来制作一张具有推广价值的楼盘广告效果。

■ 设计定位

根据客户要求，我们将提供的建筑素材进行调整，使其搭配得更加自然。想要表现豪华的装饰，使用欧式花纹是必不可少的，因为欧式风格比较复杂、丰富，且欧式风格代表了富丽堂皇。所以在本案例中我们采用了欧式底纹表现豪华装修的效果，如图4-47所示。

图4-47

4.3.2 配色方案

配色上我们将采用金色和蓝色作为主色调，金色会在蓝色的底纹背景上显示，金色属于暖色，金色代表尊贵、华丽和辉煌，配上欧式的花纹，能起到衬托和突出主题的效果，如图4-48所示。

图4-48

4.3.3 楼盘广告的构图方式

本案例的构图方式为左右构图，标志标题和信息都分布在左侧偏中心的位置，而图像分布在右侧的位置，左右构图可以不用完全对称。

4.3.4 同类作品欣赏

4.3.5 项目实战

■ 制作流程

本案例首先置入图像并调整图像的颜色，填充渐变色，调整图形的形状，设置蒙版效果；然后创建路径并调整路径；最后创建文字注释并设置文字的金属质感，如图4-49所示。

图4-49

■ 技术要点

使用“置入嵌入对象”命令置入素材；
使用“色相/饱和度”命令调整图像的颜色；
使用“渐变填充工具”填充渐变色；
使用“变形”命令调整图形的形状；
使用“添加蒙版”设置蒙版效果；
使用“钢笔工具”创建路径；
使用“转换点工具”调整路径；
使用“镜头光晕”命令设置光晕效果；
使用“横排文字工具”创建文字；
使用“图层样式”设置文字的金属质感。

操作步骤

01 运行Photoshop软件，在“欢迎”界面中单击“新建”按钮，在弹出的“新建文档”对话框中设置“宽度”为180厘米、“高度”为60厘米，设置“分辨率”为100像素/英寸，单击“创建”按钮，如图4-50所示。

图4-50

02 在菜单栏中选择“文件>置入嵌入对象”命令，在弹出的“置入嵌入的对象”对话框中选择随书配备资源中的“背景.png”文件，单击“置入”按钮，如图4-51所示。

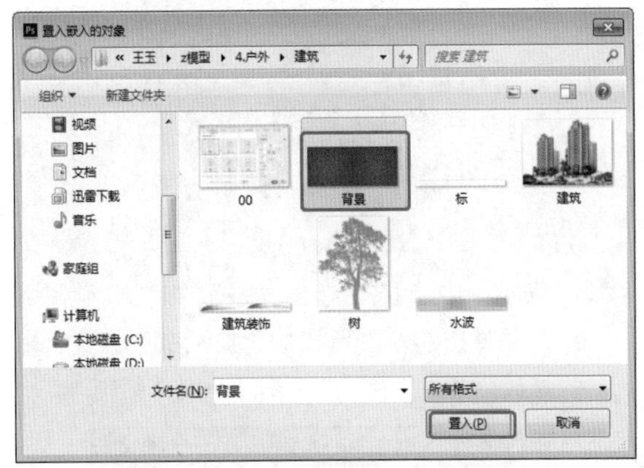

图4-51

03 置入素材到舞台后，调整素材的大小，如图4-52所示。

图4-52

04 按Ctrl+U组合键，在弹出的“色相/饱和度”对话框中调整参数，设置着色效果，如图4-53所示。

图4-53

05 调整背景的色彩后，使用“移动工具”按住Alt键，移动复制素材，如图4-54所示。

图4-54

06 在菜单栏中选择“文件>置入嵌入对象”命令，在弹出的“置入嵌入的对象”对话框中选择随书配备资源中的“建筑.png”文件，单击“置入”按钮，如图4-55所示。

图4-55

07 在菜单栏中选择“文件>置入嵌入对象”命令，在弹出的“置入嵌入的对象”对话框中选择随书配备资源中的“树.png”文件，单击“置入”按钮，在舞台中调整建筑和树以及图层，如图4-56所示。

图4-56

08 在工具箱中单击“渐变工具”按钮，在工具属性栏中单击渐变色块，在弹出的“渐变编辑器”对话框中设置渐变，第一个色标的RGB为197、239、253，第二个色标的RGB为11、197、248，第三个色标的RGB为34、45、101，单击“确定”按钮，如图4-57所示。

图4-57

09 在“图层”面板中创建新图层，使用“渐变工具”由下向上填充渐变，如图4-58所示。

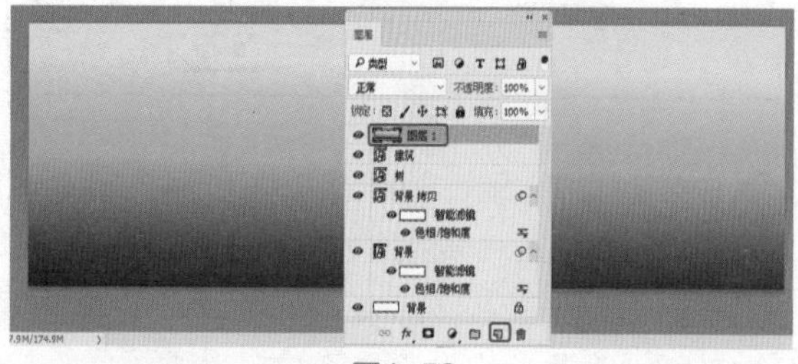

图4-58

10 在菜单栏中选择“编辑>变换>变形”命令，使用变形命令调整图像的形状，如图4-59所示。

图4-59

11 按Ctrl+J组合键，复制变形后的图像，如图4-60所示，调整到变形图层的下方。

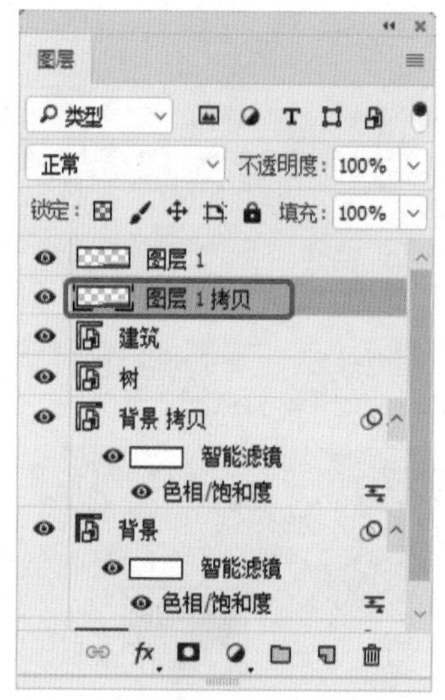

图4-60

12 在菜单栏中选择“滤镜>模糊>高斯模糊”命令，在弹出的“高斯模糊”对话框中设置合适的参数，单击“确定”按钮，如图4-61所示。

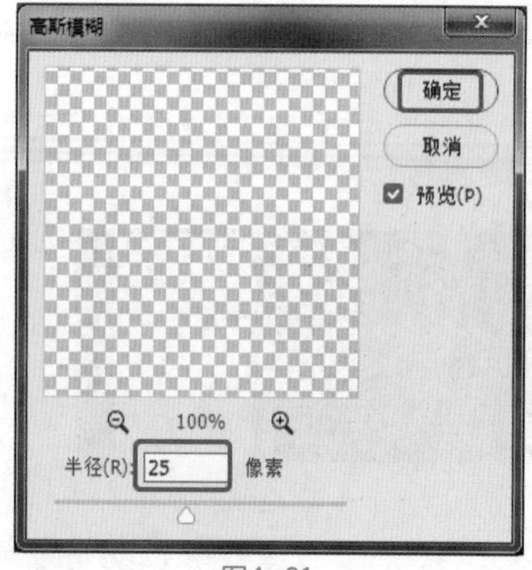

图4-61

13 设置模糊后的效果如图4-62所示。

图4-62

14 在菜单栏中选择“文件>置入嵌入对象”命令，在弹出的“置入嵌入的对象”对话框中选择随书配备资源中的“建筑装饰.png”文件，单击“置入”按钮，如图4-63所示。

图4-63

15 鼠标右击图层，在弹出的快捷菜单中选择“栅格化”命令，栅格化图层。使用“多边形套索工具”选择一处的建筑装饰区域，按Ctrl+J组合键，复制选区中的图像到新的图层中，并设置图层的“不透明度”为50%，按Ctrl+U组合键，在弹出的“色相/饱和度”对话框中设置“明度”为-44，如图4-64所示。

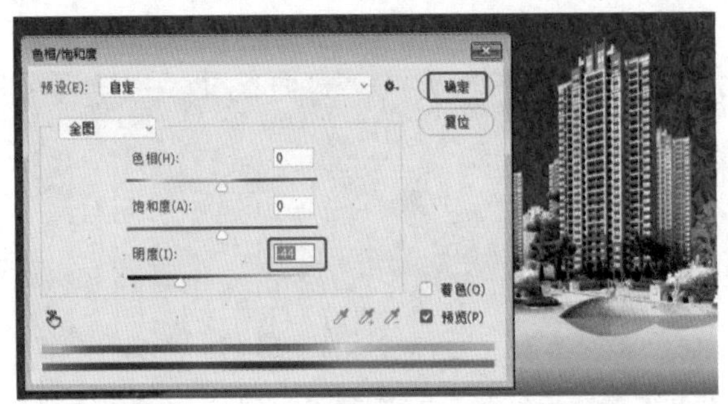

图4-64

16 使用同样的方法制作另外两个区域的倒影，置入“水波.png”素材文件，将其放置到“建筑装饰”图层的下方，按住Ctrl键，单击“图层1”缩览图，将其载入选区，如图4-65所示。

图4-65

17 创建选区后，确定“水波”图层处于选择状态，在“图层”面板底部单击“添加图层蒙版”按钮，创建蒙版，如图4-66所示。

图4-66

18 使用“钢笔工具”在如图4-67所示的位置创建路径，并使用“转换点工具”调整路径。

19 在工具箱中单击“渐变工具”按钮，在工具属性栏中单击渐变色块，在弹出的“渐变编辑器”对话框中设置渐变，第一个色标的RGB为19、51、167，第二个色标的RGB为4、4、39，第三个色标的RGB为0、7、43，单击“确定”按钮，如图4-68所示。

图4-67

图4-68

20 创建路径后按Ctrl+Enter组合键，将路径载入选区，新建一个图层，使用“渐变工具”按钮，由下向上进行填充，如图4-69所示。

图4-69

21 创建填充后，按Ctrl+D组合键取消选区的选择，按住Ctrl键单击“图层1”前的缩览图，将其载入选区，再返回到填充后的图层，单击图层下的“添加图层蒙版”按钮，设置遮罩效果，如图4-70所示。

图4-70

22 新建一个图层，并填充黑色，如图4-71所示。

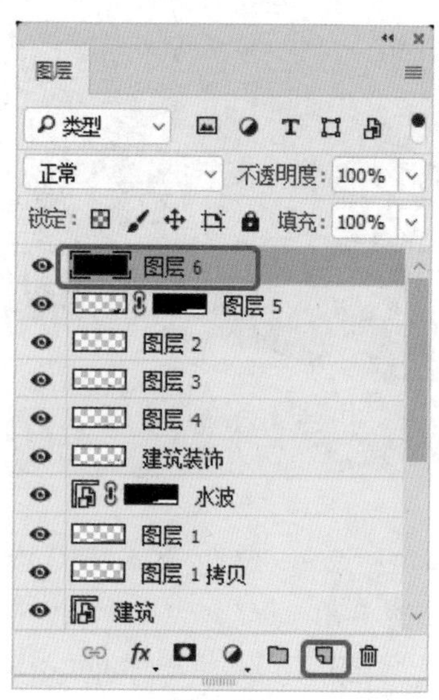

图4-71

23 在菜单栏中选择“滤镜>渲染>镜头光晕”命令，在弹出的“镜头光晕”对话框中设置合适的参数，单击“确定”按钮，如图4-72所示。

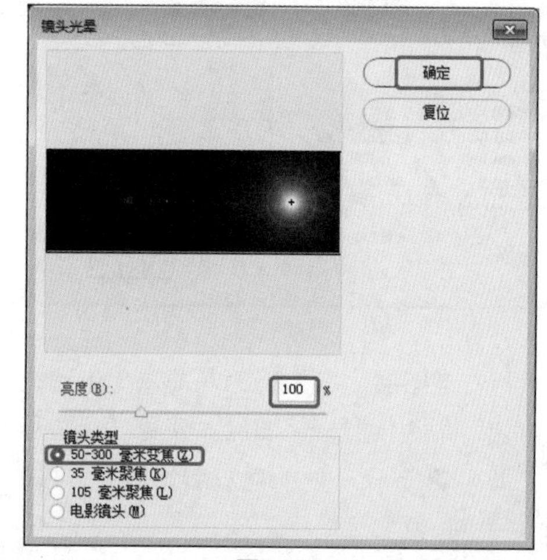

图4-72

24 设置镜头光晕图层的混合模式为“变亮”，并调整图层的位置，按Ctrl+T组合键，使用“自由变换”调整素材的大小和位置，如图4-73所示。

图4-73

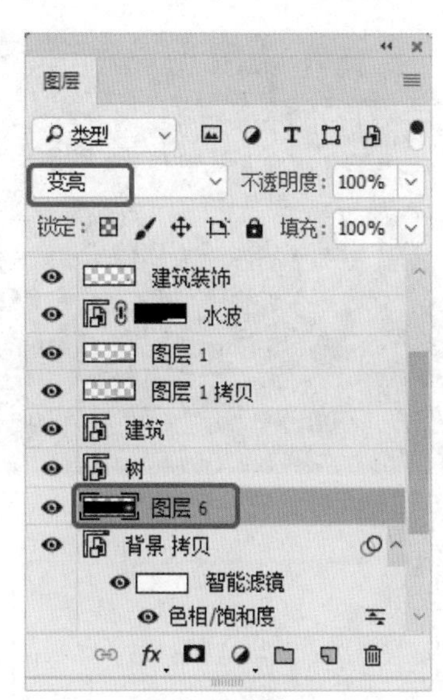

图4-73（续）

25 创建新图层，使用“椭圆形工具”◯，在舞台中创建多个椭圆图形，并填充白色，设置图层的不透明度，合适即可，如图4-74所示。

图4-74

26 在舞台中复制云彩效果，如图4-75所示。

图4-75

27 在菜单栏中选择“文件>置入嵌入对象”命令，在弹出的“置入嵌入的对象”对话框中选择随书配备资源中的“标.png”文件，单击“置入”按钮，如图4-76所示。

图4-76

28 使用“横排文字工具”T，在舞台中创建文字注释，如图4-77所示。

图4-77

29 在“图层”面板中双击文字注释，在弹出的“图层样式”对话框中勾选“渐变叠加”复选框，在右侧的面板中设置渐变叠加的参数，如图4-78所示。

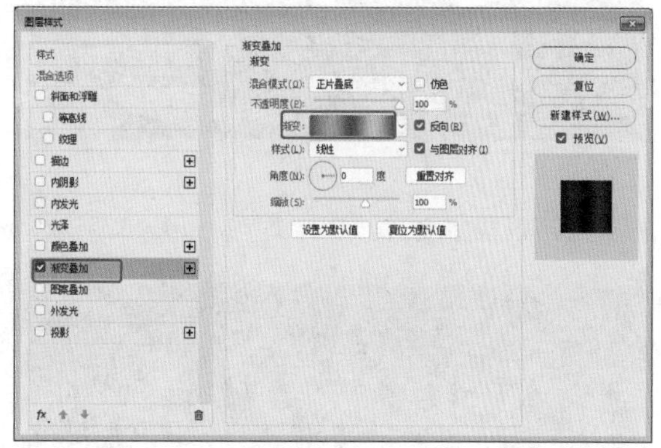

图4-78

30 继续勾选“投影”复选框，设置合适的参数，如图4-79所示。

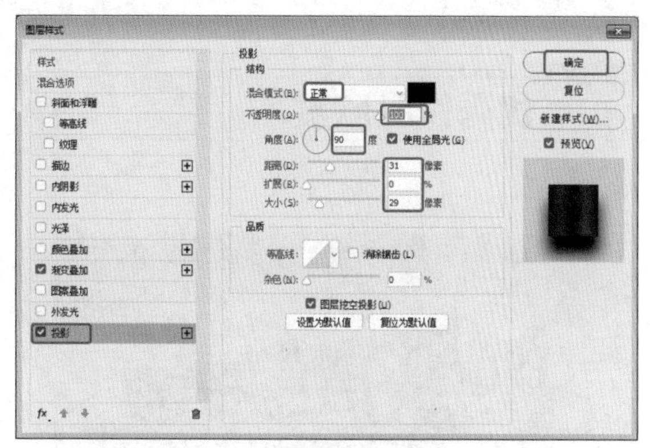

图4-79

31 按住Ctrl键，单击文字前的T字，将文字载入选区，单击“图层”面板底部的“创建新的填充或调整图层”按钮，在弹出的菜单中选择“色彩平衡”命令，设置合适的参数，如图4-80所示。

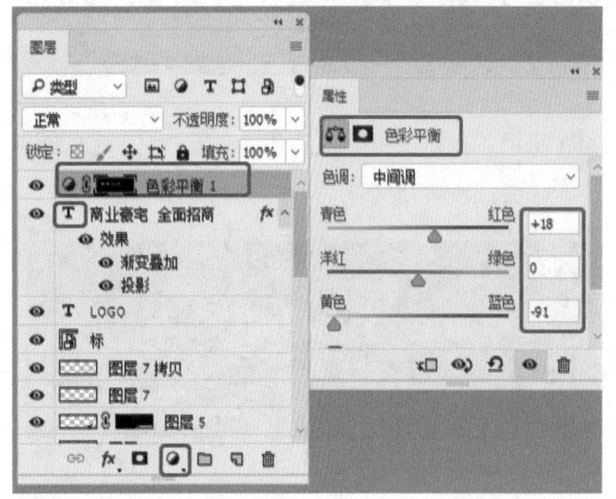

图4-80

32 调整后的效果如图4-81所示。

图4-81

33 使用同样的方法继续创建文字，如图4-82所示。

图4-82

4.4 优秀作品欣赏

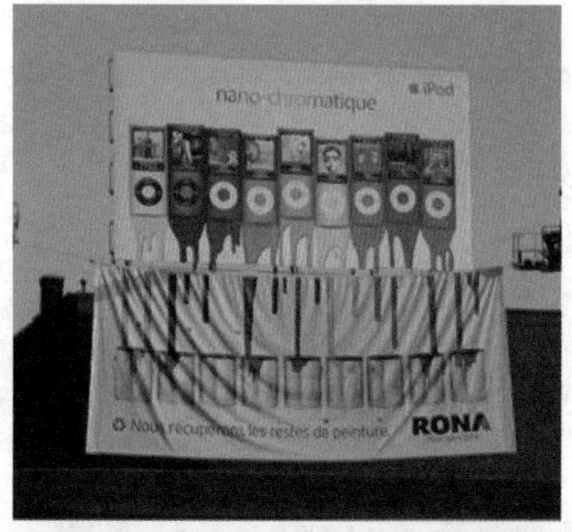

05
第 5 章
海报设计

海报也称为宣传画，是一种吸引人注意的张贴图像，是日常生活中最为常见的广告信息传达方式之一。海报的内容广泛丰富，既可以作为商业宣传也可以作为公益用途，其艺术表现力独特、视觉冲击力强烈。

本章节主要分析和介绍海报的设计和一些相关内容。

5.1 海报概述

海报是张贴在公共场合中吸引人们注意的一种广告形式，作为传播信息的广告媒介形式，多张贴于闹市街头、公路、车站、机场等公共场景中，引导大众参与其广告中的活动。

海报最早可追溯到埃及的寻人广告，在我国最早的招贴广告出现于宋朝，当初主要是用来张贴一些官家公告信息，这种招贴方式延续至今。招贴设计相比于其他设计而言，其内容更加广泛且丰富、艺术表现力独特、创意独特、视觉冲击力非常强烈。招贴主要扮演推销员的角色，代表了企业产品的形象，可以提升竞争力并且极具审美价值和艺术价值，如图5-1所示。

图5-1

5.1.1 海报的常见类型

招贴海报广告按主题可分为以下三类。

（1）公益招贴海报：例如社会公益、社会政治、社会活动等用以宣传推广节日、活动、社会公众关注的热点或社会现象以及政府的某种观点、立场、态度等的招贴，属于非营利性宣传，如图5-2所示。

（2）商业招贴海报：包括各类产品信息、企业形象和商业服务等，主要用于宣传产品而产生一定的经济效益，以盈利为主要目的，如图5-3所示。

图5-2

图5-3

（3）主题招贴海报：主要是满足人类精神层次的需要，强调教育、欣赏、纪念，用于精神文化生活的宣传，包括文学艺术、科学技术、广播电视等招贴，如图5-4所示。

图5-4

5.1.2 招贴海报的构成要素

招贴海报的构成要素主要有以下几种。

（1）图像：图像是招贴海报中重要的“视觉语言”，在大多数海报作品中，图像都占有重要的地位。图像具有吸引受众注意广告版面的“吸引”功能，可以把受众的视线引至文字的“诱导”上。

（2）标志：标志在商业海报广告中是品牌的象征，标志的出现是塑造商品、企业的最可靠的保证，使消费者可以很快识别商品。

（3）文字：文字的使用能够直接快速地点明主题。在招贴设计中，文字的选用十分重要，应精简而独到地阐释设计主旨。字体的表现形式也非常重要，对于字体、字号的选用是十分严格的，不仅仅要突出设计理念，还要与画面风格匹配，形成协调的版面。

（4）留白：在一般情况下，人们只对广告上的图形和文字感兴趣，至于空白则很少有人去注意。但实际上，正因为有了空白才使得图形和文字显得突出。

（5）广告语：广告语，又称广告词。广义的是指通过各种传播媒体和招贴形式向公众介绍商品、文化、娱乐等服务内容的一种宣传用语，包括广告的标题和广告的正文两部分。狭义的是指通过宣传的方式来扩大企业的知名度。广告语也是市场营销中必不可少的使商家获得利润的手段及方式。

5.1.3 招贴海报的创意手法

招贴海报的创意手法主要有以下几种。

（1）展示：展示法是一种最为常见的手法，展示是指直接将商品展示在消费者的面前，给人以逼真的感受，使消费者对所宣传的产品有一种亲切感和信任感，如图5-5所示。

（2）联想：联想是指由某一事物而想到另一事物，或是由某事物的部分相似点或相反点而与另一事物相联系。联想分为类似联想、接近联想、因果联想、对比联想等。在招贴海报设计中，联想法是最基本也是最重要的一个手法，通过联想事物的特征，并通过艺术的手段进行表现，使信息的传达委婉而具有趣味性，如图5-6所示。

图5-5

图5-6

（3）比喻：比喻是将某一事物比作另一事物以表现主体的本质特征的方法。比喻法间接地表现了作品的主题，具有一定的神秘性，充分地调动了观者的想象力，更加耐人寻味，如图5-7所示。

（4）象征：象征是用某个具体的图形表达一种抽象的概念，用象征物去反映相似的事物从而表达一种情感。象征是一种间接的表达，强调一种意象，如图5-8所示。

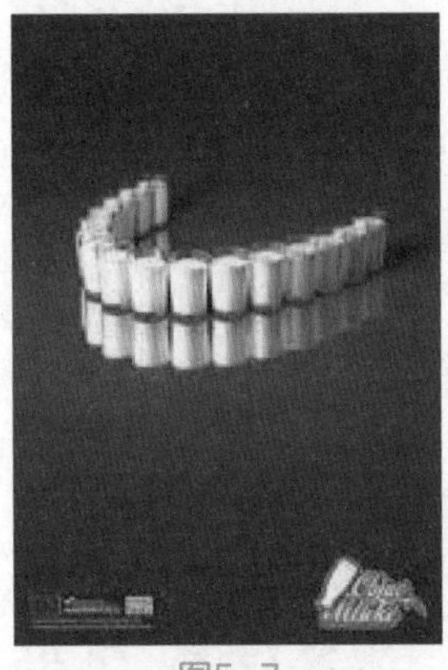

图5-7

图5-8

（5）拟人：拟人是将动物、植物、自然物、建筑物等生物和非生物赋予人类的某种特征，将其人格化，从而使整个画面形象生动。在招贴设计中经常会用到拟人的表现手法，与人们的生活更加贴切，不仅能吸引观者的目光，更能拉近与观者的距离，更具亲近感，如图5-9所示。

（6）夸张：夸张是依据事物原有的自然属性条件而进行进一步的强调和扩大，或通过改变事物的整体、局部特征更鲜明地强调或揭示事物的实质，而创造一种意想不到的视觉效果，如图5-10所示。

图5-9

图5-10

（7）幽默：幽默是运用某些修辞手法，以一种较为轻松的表达方式传达作品的主题，画面轻松愉悦，却又意味深长，如图5-11所示。

（8）讽刺：讽刺是运用夸张、比喻等手法揭露人或事的缺点。讽刺有直讽和反讽两种类型，直讽手法直抒胸臆，鞭挞丑恶；而反讽的运用则更容易使主题的表达独具特色，更易打动观者的内心，如图5-12所示。

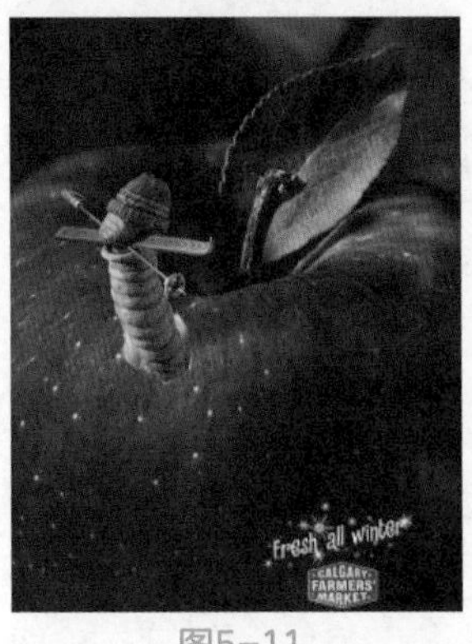

图5-11

图5-12

（9）重复：重复是使某一事物反复出现，从而起到一定的强调作用，如图5-13所示。

（10）矛盾空间：矛盾空间是指在二维空间表现出一种三维空间的立体形态。其利用视点的转换和交替，显示一种模棱两可的画面，给人造成空间的混乱。矛盾空间是一种较为独特的表现手法，往往会使观者久久驻足观看，如图5-14所示。

图5-13

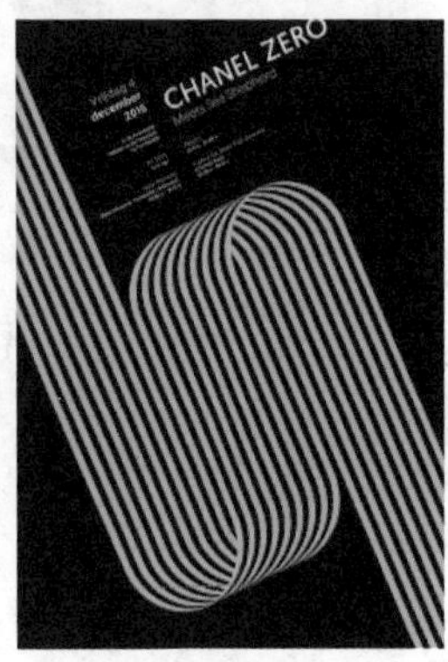

图5-14

5.1.4 招贴海报的表现形式

招贴海报的表现形式主要有以下几种。

（1）摄影：摄影是海报最常见的一种表现形式，主要以具体的事物为主，如人物、动物、植物等。摄影表现形式的招贴多用于商业宣传。通过摄影获取图形要素再进行后期的制作加工，这样的招贴更具有现实性、直观性。

（2）绘画：在数字技术并不发达的年代，招贴往往需要通过在纸张上作画来实现。通过绘画所获得的图形元素更加具有创造性。绘画本身具有很高的艺术价值，在招贴设计中使用绘画的表现形式，是一种将设计与艺术完美相融的表现。

（3）电脑设计与合成：电脑设计所表现的图形元素更具原创性、独特性。既可以利用数字技术完成招贴画面的设计，也可以结合数码照片来实现创意的表达，是绝大多数招贴设计所采用的手段。

5.2 商业案例——旅游海报设计

5.2.1 设计思路

扫码看视频

■ 案例类型

本案例为旅游公司的一款江南行海报。

■ 项目诉求

春暖花开，是出行的好季节，在这个季节公司将推出畅游江南的七日游项目，并想在海报上放一些江南的古镇照片，着重突出古镇的特色。

■ 设计定位

根据客户需求，我们初步定义为一款现代中式的海报效果，在海报的底部我们将根据客户需求添加一张江南照片，并添加一些彩色水墨画装饰丰富一下画面。

5.2.2 旅游海报的构图方式

本案例会采用中心构图方式，将主要内容放置到中心位置，将其他内容根据安排依次进行上下排列，这样的构图方式会吸引人们的眼光到突出的中心标题处。

5.2.3 同类作品欣赏

5.2.4 项目实战

■ 制作流程

本案例首先置入素材并遮住不自然的边缘，调整明暗层次；然后创建矩形，设置描边；最后创建文字注释，设置图层样式效果，如图5-15所示。

图5-15

技术要点

使用“置入嵌入对象”命令置入素材；
使用“添加图层蒙版”遮住不自然的边缘；
使用“色阶”命令调整明暗层次；
使用图层的混合模式调整出合适的混合效果；
使用“矩形选框工具”创建矩形；
使用“描边”命令设置描边；
使用“横排文字工具”创建文字注释；
使用“图层样式”设置图层样式效果；
使用“矩形工具”创建红色的矩形文字背景。

操作步骤

01 运行Photoshop软件，在“欢迎”界面中单击“新建”按钮，在弹出的“新建文档”对话框中设置“宽度”为60厘米、“高度”为90厘米，设置“分辨率”为72像素/英寸，单击“创建”按钮，如图5-16所示。

图5-16

提示

由于海报的尺寸较大，因而需要较大的内存，尺寸的大小是根据客户需求来设定的，这里我们设置了一个较小的分辨率，若打印大图会较模糊，所以在制作海报时尺寸需要较大的参数，否则打印的效果会失真。

02 在菜单栏中选择“文件>置入嵌入对象”命令，在弹出的“置入嵌入的对象”对话框中选择随书配备资源中的“旅游背景.png”文件，单击“置入”按钮，如图5-17所示。

图5-17

03 置入素材背景后，调整大小与舞台大小相同即可，如图5-18所示。

图5-18

置入素材后的提示

置入素材后，会在舞台中出现控制手柄，可以对置入的素材大小进行调整，调整后按Enter键确认。如果需要对其进行其他效果的处理，需要将置入的图层“栅格化”之后才可以调整。

04 在菜单栏中选择“文件>置入嵌入对象”命令，在弹出的“置入嵌入的对象”对话框中选择随书配备资源中的“江南.jpg”文件，单击“置入”按钮，如图5-19所示。

图5-19

05 调整置入图像的大小和位置，如图5-20所示。

06 在“图层”面板中单击“添加图层蒙版”按钮，创建蒙版，设置前景色为黑色，使用“画笔工具”，设置合适的柔边画笔，在蒙版图层上绘制，绘制的区域将会被遮罩掉，如图5-21所示。

07 设置蒙版后，将图像图层“栅格化”，选择图像前的缩览图，按Ctrl+L组合键，在弹出的“色阶”对话框中调整色阶参数，如图5-22所示，单击“确定”按钮。

图5-20

图5-21

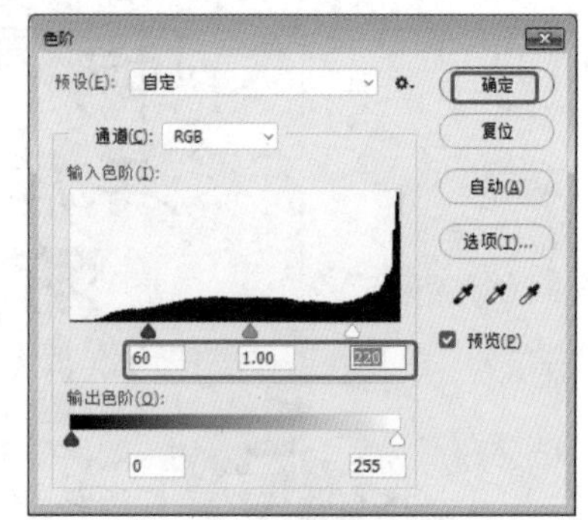

图5-22

08 调整色阶后的效果如图5-23所示。

图5-23

09 在菜单栏中选择“文件>置入嵌入对象”命令，在弹出的“置入嵌入的对象”对话框中选择随书配备资源中的“山.psd”文件，单击“置入”按钮，如图5-24所示。

10 置入素材后，在舞台中调整其位置和大小，如图5-25所示。

11 设置图层的混合模式为“正片叠底”，如图5-26所示。

图5-24

图5-25

图5-26

12 为“山”图层创建蒙版，使用“画笔工具” 绘制遮罩的区域，设置图层的“不透明度”为70%，将图层放置到江南素材图层的下方，如图5-27所示。

13 使其与整个画面衔接自然即可，如图5-28所示。

图5-27

图5-28

14 在菜单栏中选择“文件>置入嵌入对象”命令，在弹出的“置入嵌入的对象”对话框中选择随书配备资源中的“烟.psd”文件，单击“置入”按钮，如图5-29所示。

图5-29

15 置入素材后，设置素材的混合模式为“线性加深”，设置“不透明度”为20%，如图5-30所示。

16 设置烟的效果，如图5-31所示。

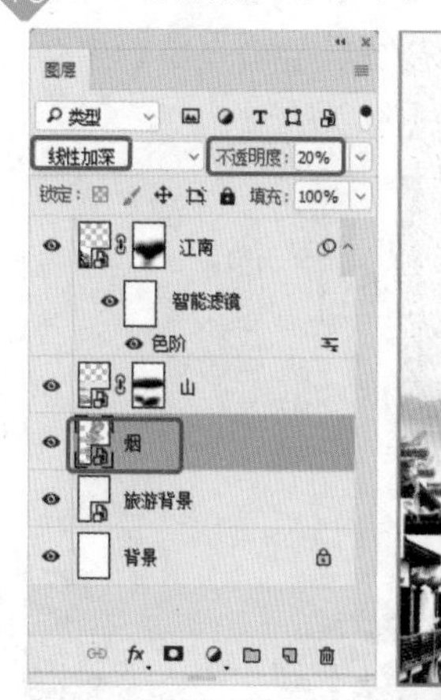

图5-30

图5-31

17 为“烟”图层创建遮罩，在烟的边缘绘制黑色，设置衔接自然的效果，如图5-32所示。

18 设置遮罩后的烟效果如图5-33所示。

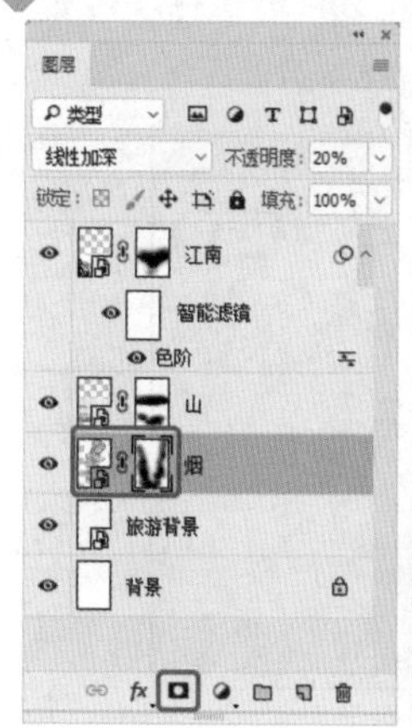

图5-32

图5-33

19 在菜单栏中选择“文件>置入嵌入对象”命令，在弹出的“置入嵌入的对象”对话框中选择随书配备资源中的“画探头.png”文件，单击“置入”按钮，如图5-34所示。

图5-34

20 置入素材后，将其放置到左上角，调整合适的大小，如图5-35所示。

21 使用“矩形选框工具”，在舞台中如图5-36所示的位置创建矩形选区。

图5-35　　图5-36

22 创建一个新的图层，在菜单栏中选择“编辑>描边”命令，在弹出的“描边”对话框中设置合适的参数和颜色，如图5-37所示。

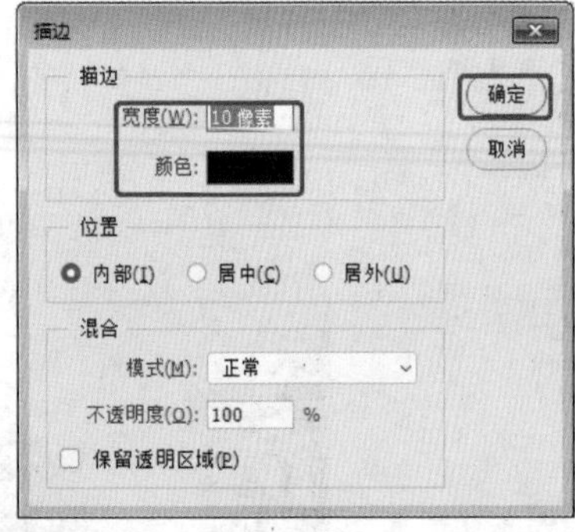

图5-37

23 按Ctrl+D组合键取消选区的选择，按住Shift键，使用“矩形选框工具”创建如图5-38所示的选区。

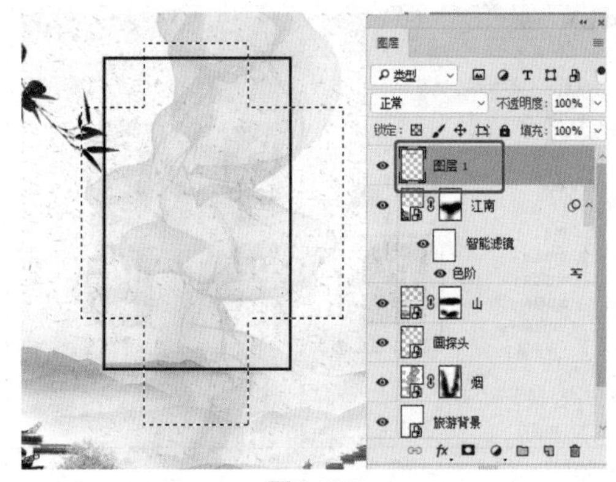

图5-38

24 确定描边后的图层处于选择状态，按Delete键，删除选区中的描边区域，按Ctrl+D组合键，取消选区的选择，按Ctrl+J组合键，复制描边的图层，按Ctrl+T组合键，调整其大小，如图5-39所示。

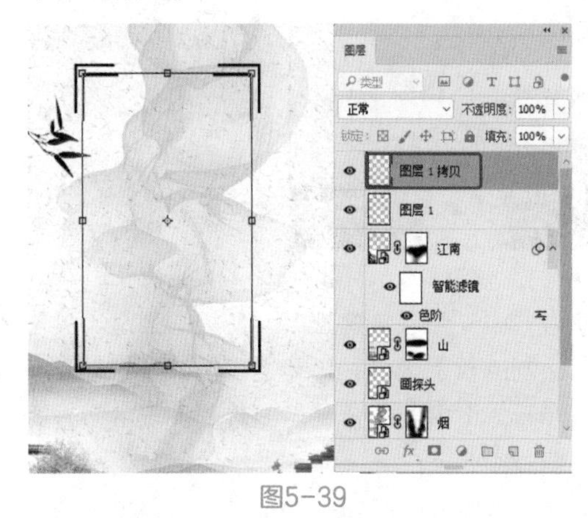

图5-39

25 设置复制出的内侧描边图层的“不透明度”为50%，如图5-40所示。

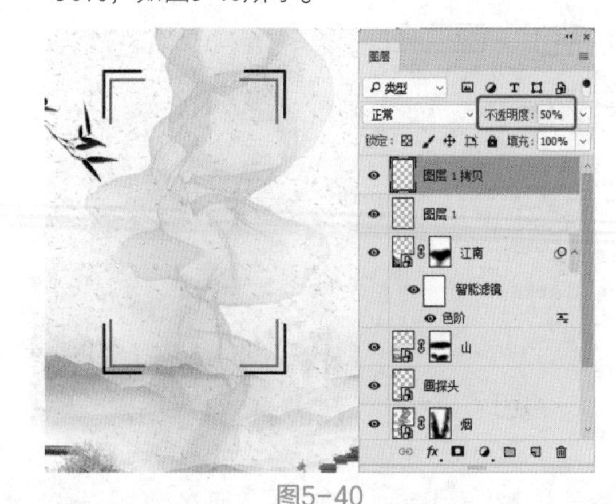

图5-40

26 使用“横排文字工具”T 在舞台中分别创建“畅”“游”两个字，调整文字的位置，如图5-41所示。

图5-41

27 继续使用“横排文字工具”T.创建文字，如图5-42所示。

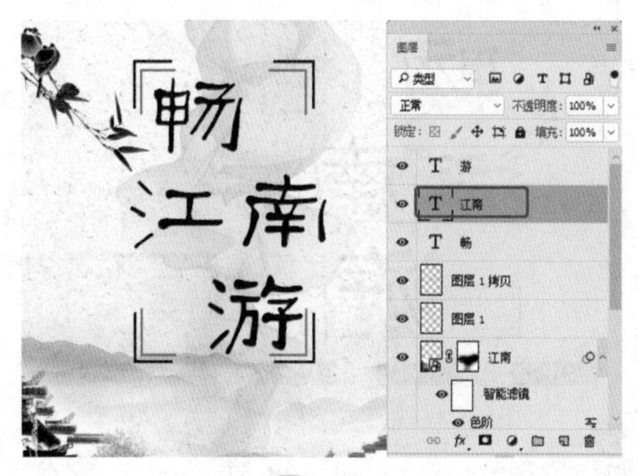

图5-42

28 在菜单栏中选择“文件>置入嵌入对象”命令，在弹出的“置入嵌入的对象”对话框中选择随书配备资源中的“燕子.psd”文件，单击“置入”按钮，如图5-43所示。

图5-43

29 在舞台中调整燕子素材的位置和大小，如图5-44所示。

30 对“画探头”素材进行复制，调整其位置，如图5-45所示。

图5-44

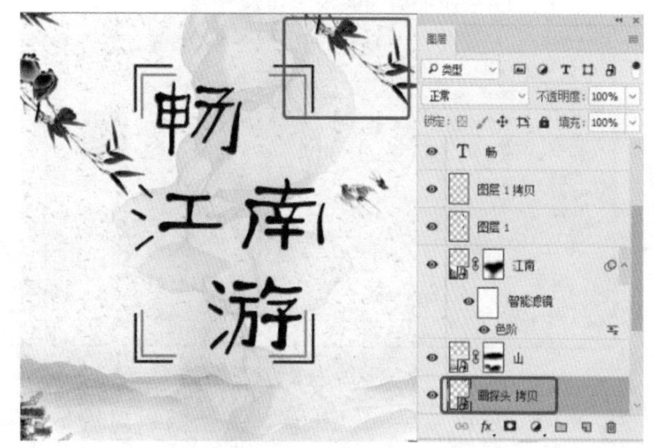

图5-45

31 使用“横排文字工具”T，创建文字，如图5-46所示。

图5-46

32 在“图层”面板中选择“畅游江南”四个字的图层，将其放置到同一个图层组中，如图5-47所示。

33 双击图层组，在弹出的“图层样式”对话框中选择“描边”样式，在右侧设置合适的描边参数，如图5-48所示。

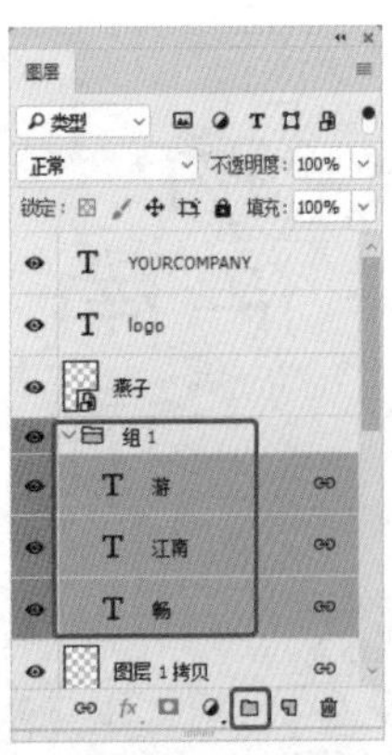

图5-47

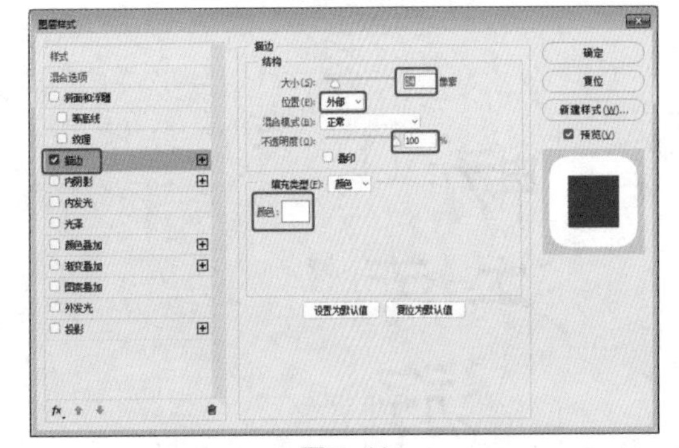

图5-48

34 选择“投影”样式，在右侧的参数设置面板中设置合适的参数，如图5-49所示。

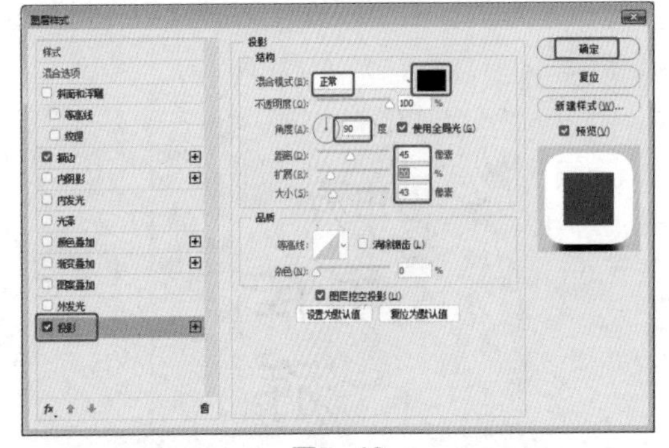

图5-49

35 单击“确定”设置的文字样式，如图5-50所示。

图5-50

36 使用“圆角矩形工具”，在舞台中创建圆角矩形，在工具属性栏中设置填充为暗红色，设置描边为无，如图5-51所示。

图5-51

37 对圆角矩形进行复制，如图5-52所示。

图5-52

38 使用“横排文字工具”创建注释文字，如图5-53所示。

图5-53

39 在菜单栏中选择“文件>置入嵌入对象”命令，在弹出的“置入嵌入的对象”对话框中选择随书配备资源中的“印章.psd”文件，单击“置入”按钮，如图5-54所示。

图5-54

40 调整置入后的素材的大小和位置，如图5-55所示。

图5-55

41 至此，本案例制作完成。

5.3 商业案例——啤酒节海报设计

5.3.1 设计思路

扫码看视频

■ 案例类型

本案例是一款介绍啤酒节海报的设计。

■ 项目诉求

要求设计啤酒节海报，突出啤酒，不要制作得烦琐凌乱，因为海报贴出来是夏季，需要制作一些冰凉凉的感觉。

■ 设计定位

根据客户需求，我们将主角设定为啤酒，在啤酒下方采用一个冰山素材，通过添加一些装饰素材合成一浮动在冰山上的啤酒海报，重点是突出冰凉的感觉。

5.3.2 配色方案

整体方案我们会使用冷色调来进行制作。

■ 主色

主色使用蓝色，蓝色是冷静的颜色，通过使用蓝色调来表现冰山和海洋的色调，如图5-56所示，尤其是夏天，太多热烈的颜色会使人产生烦躁和反感，所以我们以简洁的构图和蓝色的主色来制作。

图5-56

■ 辅助色

辅助色使用白色，白色是最为纯净的颜色，通过使用蓝色和白色进行搭配使整个画面产生梦幻和冷静的效果。

5.3.3 啤酒节海报的构图方式

本案例采用上下构图方式，上部分为主标题，中间主角图案为分割部分，下部分为主要的信息，整个构图采用了对称和均衡的构图方式。

5.3.4 同类作品欣赏

5.3.5 项目实战

■ 制作流程

本案例首先置入素材图像并调整图像的颜色，设置自然的边缘；然后创建椭圆选区设置选区为阴影，设置模糊的图像；最后创建部分冰山区域并复制冰山区域，创建文字注释并调整文字的效果，如图5-57所示。

图5-57

■ 技术要点

使用“渐变填充”填充背景；

使用“色彩范围”选择颜色区域；

使用“置入嵌入对象”命令置入素材对象；

使用“色相/饱和度”命令调整图像的颜色；

使用“添加图层蒙版”设置自然的边缘；

使用“椭圆选框工具”创建椭圆选区；

使用“高斯模糊”命令设置模糊的图像；

使用“镜头光晕”命令设置镜头光晕效果；

创建文字，并使用“变形文字”调整文字的效果；

使用“图层样式”调整图层的效果。

■ 操作步骤

01 运行Photoshop软件，在“欢迎”界面中单击“新建”按钮，在弹出的“新建文档”对话框中设置“宽度”为60厘米、“高度”为90厘米，设置“分辨率”为150像素/英寸，单击“创建”按钮，如图5-58所示。

02 选择“渐变工具”，在工具属性栏中单击渐变色块，在弹出的“渐变编辑器”对话框中设置渐变色标，第一个色标的RGB为238、250、252，第二个色标的RGB为77、177、213，第三个色标的RGB为24、120、189，如图5-59所示。

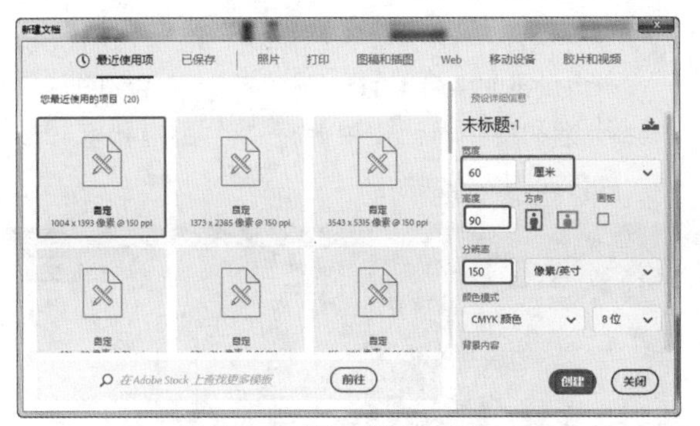

图5-58

图5-59

03 在工具属性栏中单击“径向渐变”按钮，在舞台中填充径向渐变，如图5-60所示。

04 创建填充后，按Ctrl+A组合键，全选舞台中的图像，按Ctrl+T组合键，调整渐变背景大小，如图5-61所示，按Enter键确定调整自由变换，按Ctrl+D组合键取消选区的选择。

图5-60

图5-61

05 在菜单栏中选择“文件>置入嵌入对象”命令，在弹出的“置入嵌入的对象”对话框中选择随书配备资源中的“冰山.psd”文件，单击“置入”按钮，如图5-62所示。

图5-62

06 置入素材后，在舞台中调整其大小和位置，如图5-63所示。

图5-63

07 在菜单栏中选择“文件>打开”命令，在弹出的“打开”对话框中选择随书配备资源中的“云.jpg”文件，单击“打开”按钮，如图5-64所示。

图5-64

08 打开的素材如图5-65所示。

图5-65

09 在菜单栏中选择“选择>色彩范围”命令，在弹出的“色彩范围”对话框中使用滴管工具在舞台中选择白色，单击“确定”按钮，如图5-66所示。

图5-66

10 创建白色的区域，如图5-67所示，按Ctrl+C组合键，复制选区中的图像。

图5-67

11 切换到海报的舞台中，按Ctrl+V组合键，粘贴到舞台中，如图5-68所示。

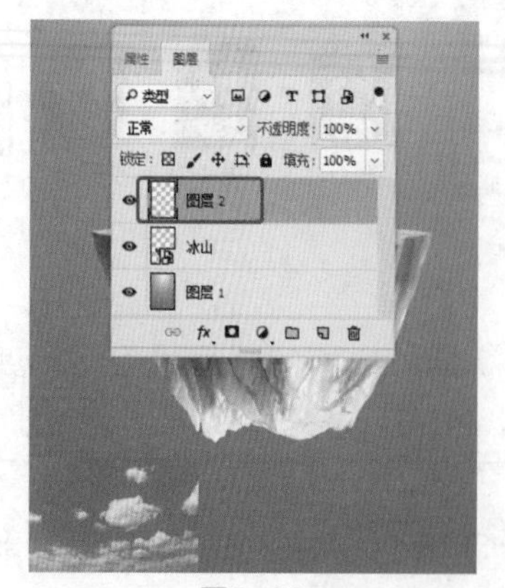

图5-68

12 按Ctrl+T组合键，调整素材的大小，调整后按Enter键，确定操作。

13 添加云彩后，我们将调整云彩的蓝色以符合海报渐变色，按Ctrl+U组合键，在弹出的“色彩/饱和度”对话框中调整“色相/饱和度”参数，如图5-69所示。

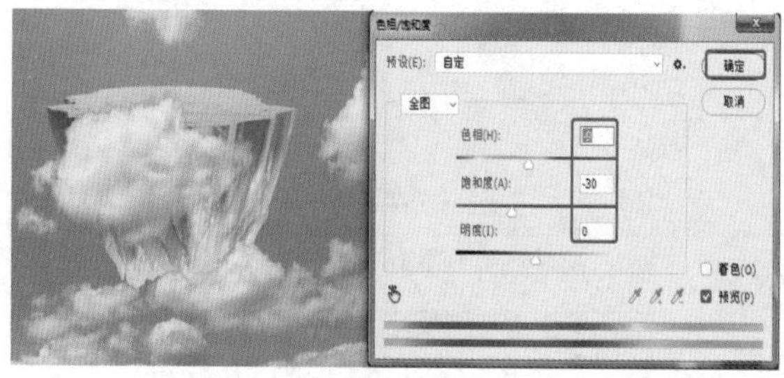

图5-69

14 可以看到添加的云彩素材边缘比较生硬，在“图层”面板底部单击“添加图层蒙版”按钮，创建蒙版，使用“画笔工具”，设置前景色为黑色，在工具属性栏中设置合适的画笔参数，在生硬的边缘涂抹，设置出柔和的边缘，如图5-70所示。

图5-70

15 设置云彩边缘效果后，设置图层云彩的混合模式为“滤色”，设置“不透明度”为60%，使用“多边形套索工具”选择部分云彩区域，按Ctrl+C和Ctrl+V组合键，复制云彩到新的图层中，如图5-71所示。

16 在菜单栏中选择“文件>置入嵌入对象”命令，在弹出的“置入嵌入的对象”对话框中选择随书配备资源中的“啤酒01.psd”文件，单击“置入”按钮，如图5-72所示。

17 置入素材后调整其大小，如图5-73所示。

图5-71

图5-72

图5-73

18 调整素材后，选择啤酒素材图层，鼠标右击，在弹出的快捷菜单中选择“栅格化图层”命令，选择其中一个啤酒区域，按Ctrl+X和Ctrl+V组合键，剪切粘贴图像到新的图层中，如图5-74所示。

19 按Ctrl+T组合键，调整素材的角度，使用同样的方法调整另一个啤酒素材的角度，如图5-75所示。

图5-74

图5-75

20 在菜单栏中选择“文件>置入嵌入对象”命令，在弹出的“置入嵌入的对象”对话框中选择随书配备资源中的“啤酒02.psd”文件，单击“置入”按钮，如图5-76所示。

图5-76

21 置入素材后，调整素材的大小和位置，如图5-77所示。

22 在舞台中如图5-78所示的位置，使用“创建椭圆选框工具”创建椭圆选区，如图5-78所示。

图5-77

图5-78

23 在工具箱中单击前景色，在弹出的“拾色器（前景色）”对话框中设置前景色的RGB为19、49、89，如图5-79所示。

24 确定椭圆选区处于选择状态，在“图层”面板中单击“创建新图层”按钮 ，新建图层，按Alt+Delete组合键，填充选区为前景色，如

图5-80所示。

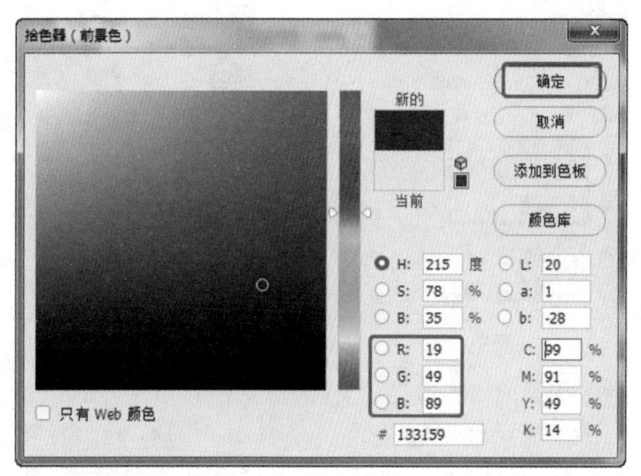
图5-79

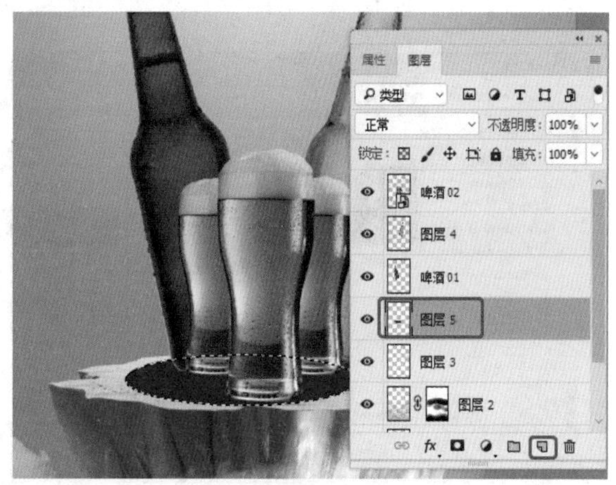
图5-80

25 填充选区后，按Ctrl+D组合键，取消选区的选择，在菜单栏中选择“滤镜>模糊>高斯模糊”命令，在弹出的“高斯模糊”对话框中设置合适的模糊参数，单击“确定”按钮，如图5-81所示。

图5-81

26 设置模糊后的图层的混合模式为“叠加”，使用“移动工具”，按住Alt键移动复制图像，调整图像的位置和效果如图5-82所示。

图5-82

27 在菜单栏中选择“文件>置入嵌入对象”命令，在弹出的“置入嵌入的对象”对话框中选择随书配备资源中的“树.psd”文件，单击“置入”按钮，如图5-83所示。

图5-83

28 在菜单栏中选择“文件>置入嵌入对象”命令，在弹出的“置入嵌入的对象”对话框中选择随书配备资源中的“遮阳伞.psd”文件，单击“置入”按钮，如图5-84所示。

图5-84

29 调整置入素材的位置和大小，如图5-85所示。

图5-85

30 选择“冰山”图层，使用“多边形套索工具”选择冰山的一角，按Ctrl+J组合键，复制选区中的图像到新的图层，使用“橡皮擦工具”，设置合适的柔边笔触，擦出自然的效果，如图5-86所示。

图5-86

31 复制并调整冰山一角到另一侧，调整图像的大小和图层的位置，如图5-87所示。

图5-87

32 在菜单栏中选择“文件>置入嵌入对象”命令，在弹出的“置入嵌入的对象”对话框中选择随书配备资源中的“热气球单个.psd”文件，单击“置入”按钮，如图5-88所示。

图5-88

33 调整热气球的位置和大小，如图5-89所示。

34 在“图层”面板中单击“创建新图层”按钮，创建新图层，如图5-90所示。

图5-89　　图5-90

35 填充新图层为黑色，在菜单栏中选择“滤镜>渲染>镜头光晕”命令，在弹出的“镜头光晕”对话框中设置合适的参数，单击“确定”按钮，如图5-91所示。

图5-91

第5章 海报设计

36 在“图层”面板中调整素材图层的位置，并设置图层的混合模式为“滤色”，如图5-92所示。

图5-92

37 使用“横排文字工具” T 在舞台中创建标题，如图5-93所示。

图5-93

38 创建文字后，在“图层”面板中双击图层前的T字，选中文字，在工具属性栏中单击“创建文字变形”按钮，在弹出的对话框中设置合适的参数和样式，如图5-94所示。

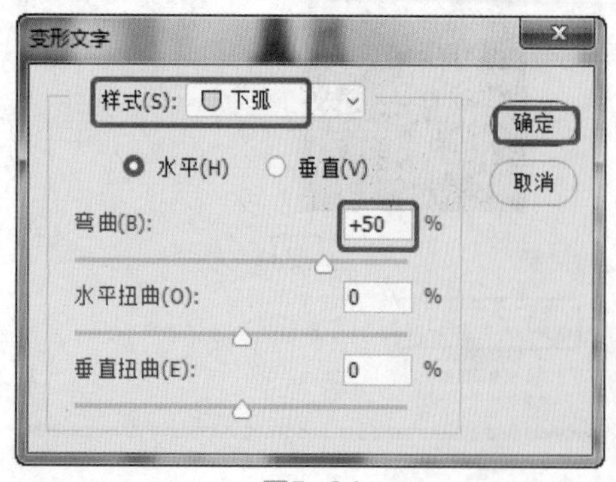

图5-94

39 调整文字的效果后，可以使用“自由变换”命令调整其大小，如图5-95所示。

图5-95

40 双击文字图层，在弹出的“图层样式”对话框中勾选“投影”复选框，设置合适的参数，如图5-96所示。

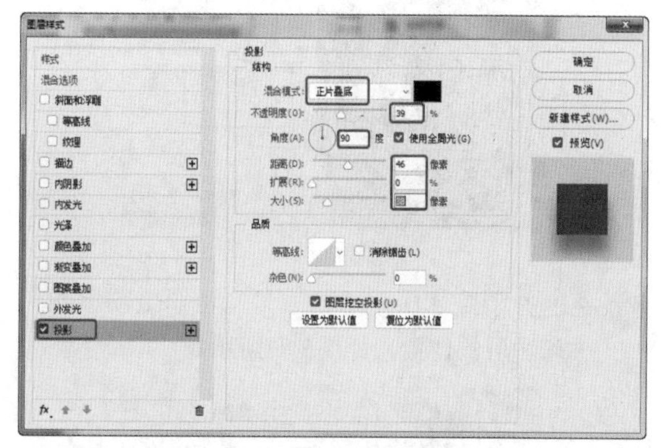

图5-96

创建文字变形的提示

可以使文字变形以创建特殊的文字效果。例如，可以使文字的形状变为扇形或波浪。您选择的变形样式是文字图层的一个属性，可以随时更改图层的变形样式以更改变形的整体形状。变形选项可以精确控制变形效果的取向及透视。

需要注意的是，不能变形包含“仿粗体”格式设置的文字图层，也不能变形使用不包含轮廓数据的字体（如位图字体）的文字图层。

使用“创建文字变形”后，可以看到文字图层前的缩览窗变为按钮，想要取消文字变形可以双击图层前的按钮，选中文字，在工具属性栏中单击“创建文字变形”按钮，在弹出的“变形文字”对话框中选中“样式”为“无”，即可取消文字的变形效果。

41 选择“描边”样式，设置合适的描边参数，如图5-97所示。

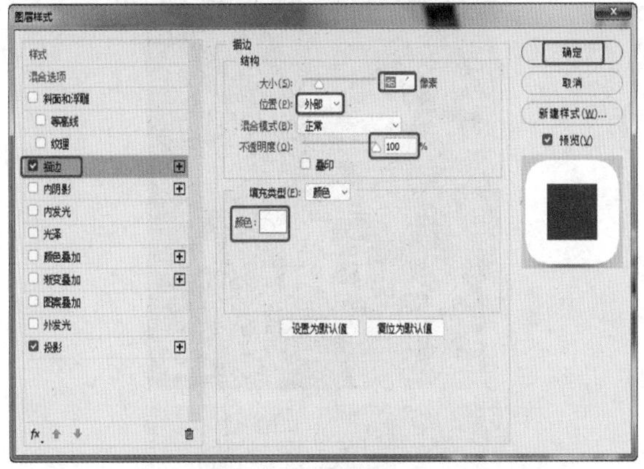

图5-97

42 选择“渐变叠加”样式，设置合适的参数，单击“确定”按钮，如图5-98所示。

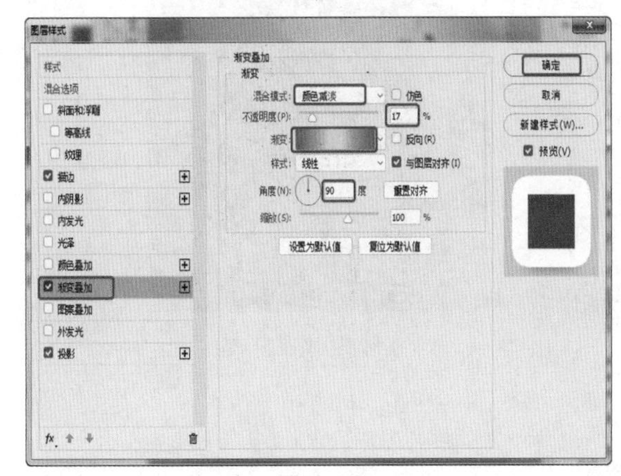

图5-98

43 双击图层前的按钮，设置文字的颜色为背景的蓝色，如图5-99所示。

图5-99

44 在菜单栏中选择“文件>置入嵌入对象”命令，在弹出的对话框中选择随书配备资源中的“彩带.psd”文件，单击“置入”按钮，如图5-100所示。

45 在舞台中调整彩带的效果，可以适当地对彩带进行复制。

图5-100

46 在舞台中创建文字，结合使用“图层样式”、“矩形工具”、“矩形选框工具”和“描边”制作出以下的副标题和LOGO，如图5-101所示。

图5-101

47 至此，本案例制作完成。

5.4 优秀作品欣赏

ONE DAY
SALE
Top natural cosmetics brands
30%
OFF

SUNDAY, JUNE 23
SONGS AND SPECTACLE
JUNGLE
MUSIC BY DJ. DAVID WILD

2
0
CHICAGO WINE FESTIVAL
TASTE OF CHICAGO
Wine Festival
AUGUST 4-7
1
8

YOUR PERFECT HAIRCUT
BOSTON
HAIRDRESSING
SCHOOL
BASIC HAIRDRESSING WORKSHOP
ONLINE REGISTRATION ON
HAIRDRESSINGSCHOOL.COM
1 JULY 2018
12 AM - 3 PM

随着互联网尤其是电子商务的迅速发展，互联网网络媒体日益兴盛，互联网广告业随之盛行起来，有远超电视广告的趋势。

本章主要分析和介绍网络广告的设计和一些相关内容。

6.1 网络广告概述

网络广告是指以信息网络技术为手段的营销方式。网络广告与传统的四大媒体广告（报纸、杂志、电视、广播）及备受重视的户外广告相比，具有得天独厚的优势，是实现现代营销媒体战略的重要部分。网络广告不仅仅局限于网页上的BANNER广告，如电子邮件广告、搜索引擎关键词广告、固定排名等都可以理解为网络广告的表现形式。

我们在打开网页时会出现一些各式各样的广告，虽然烦人，但还是会忍不住看一眼比较新颖的广告，新颖的广告也会让我们产生一定的记忆，这样该广告就达到了其广告的意义和目的。图6-1所示为优秀的网络广告。

图6-1

图6-1（续）

6.1.1 网络广告常用的几种类型

网络广告可以根据网站的不同来分类，也可以按品牌类型分类，下面我们将以显示的形式来介绍常见的几种类型。

（1）横幅广告：横幅广告又称旗帜广告，以横向展示广告内容，一般横幅广告会出现在网页的最上方或中间位置，用户注意的程度比较高，广告的图像文件多用于GIF、JPG、FLASH等。

（2）竖幅广告：竖幅广告一般分布在网页的两侧，广告面积较长，且窄，但可以展示出较多的广告内容。

（3）文本链接广告：文本链接广告就是一个带有下划线的蓝色链接文字，通过单击可以进入相对应的广告页面，这是对浏览者干扰最少的一类广告。

（4）电子邮件广告：电子邮件广告是指发送到邮件中的各类广告邮件。

（5）按钮广告：按钮广告一般位于页面的两侧，根据页面设置有不同的规格，动态展示客户要求的各种广告效果。

（6）浮动广告：浮动广告是在页面中随机或按照特定路径飞行的广告。

（7）弹出式广告：访客在打开或登录某网页时，强制插入一个广告页面或弹出的广告窗口。

（8）脚本广告：一般是指在使用浏览器插件或脚本语言编写的具有复杂视觉效果和交互功能的网络广告。

（9）定向广告：可按照使用的地区、年龄、性别、浏览习惯等投放广告，为客户找到精确的受众群。

（10）EDM直投：通过EDMSOFT、EDMSYS向目标客户，定向投放对方感兴趣或者需要的广告及促销内容。

6.1.2 网络广告的优点

无论是以什么形式出现在网络媒体上的广告，其本质特征是相同的，与其他广告具有相同的目的，就是以传递消息达到促销和营销的目的，是对用户注意力资源的合理利用。

网络是一个全新的广告媒体，是以最快的方式发展到无处不在的地方，以这种优势来说是一些小型企业发展壮大的一个最有效的途径，对于广泛开展国际业务的公司也是如此。

根据网络资源的快速和互动的手段，网络广告有以下几个特点。

（1）交互性：交互性是互联网络媒体的最大优势，它不同于其他媒体信息的单向传播，而是互动传播。在网络上，当受众获取他们认为有用的信息时，而厂商也可以随时得到宝贵的受众信息的反馈。

（2）实时性、灵活性：在网络上投放广告能按照需要及时变更广告内容，这就使经营决策的变化可以及时地实施和推广。

（3）经济实惠：由于网络广告经济实惠的特点，许多国内企业大幅度削减了在报纸、杂志和电视等传统媒体的广告投放，转而增加了费用相对较低、投放更为精准的互联网广告的投入。

（4）重复性和可检索性：网络广告可以将文字、声音、画面完美地结合之后供用户主动检索，重复观看。而与之相比，电视广告却是让受众被动地接受广告内容。

（5）目标性：通过提供众多的免费服务，网站一般都能建立完整的用户数据库，包括用户的地域分布、年龄、性别、收入、职业、婚姻状况、爱好等。这些资料可帮助广告主分析市场与受众，根据广告目标受众的特点，有针对性地投放广告，并根据用户特点作定点投放和跟踪分析，对广告效果作出客观准确的评价。

（6）快速性：开放式的网络体系结构，使不同软硬件环境、不同网络协议的网可以互连，真正达到资源共享、数据通信和分布处理的目标，从而使网络广告可以准确、快速、高效地传达给每一个潜在客户。

6.1.3 网络广告的缺点

网络广告相对传统广告来说有明显的优势，但带来这些优势的同时也会有许多的缺点。

（1）网络广告的真实性：由于网络系统的经济实惠，非常多的企业都会使用此手段进行宣传，现在的网络管理还不完善，网络广告也存在一些虚假信息。

（2）无序的竞争：由于各大中小型网站迅速崛起，为了招揽投资就会采用各种手段，例如利用低廉的广告价格来竞争，所以网络价格透明化是势在必行的。

（3）强迫性广告太多：在网民打开网页时通常会带有弹出式广告和漂浮广告，这样的广告非常使网民厌倦。

6.2 商业案例——电商3·8妇女节主题广告

6.2.1 设计思路

扫码看视频

■ 案例类型

本案例是一款制作电商购物平台的主题广告——3·8妇女节的服装促销广告。

■ 项目诉求

每年3月8日为庆祝妇女在经济、家庭和社会等领域做出的重要贡献和巨大成就而设立的节日，每逢此节日电商平台就会依据节日噱头来搞促销，如图6-2所示的一些优秀广告作品，我们可以参考借鉴。

图6-2

本案例要求设计一款放置到手机购物App中的一个横版广告，根据指定的尺寸来设计，内容要突出妇女节的主题，并使用“春装全场5折”的副标题，另外可以添加女性和花素材，制造出花一样的女人的效果即可。

■ 设计定位

在设计之前可以大量参考网站中的广告，它们的主要特色就是内容不是太多，但主题明确和突出，突出的标题可以更好地抓住人们的目光。所以本案例也将会采用一个白色的背景，衬托出主标题，并在标题右侧创建一些配饰素材，可以使这些素材有足够的吸引力达到我们的设计目的。

6.2.2 妇女节主题广告的构图方式

本案例采用整体均衡的稳定构图方式，画面的整体部分相对完整且分配均匀，将主题放置到中心偏左的位置。

6.2.3 同类作品欣赏

6.2.4 项目实战

■ 制作流程

本案例首先创建形状并设置形状的图层样式，

制作出花朵和标题背景；然后创建标题和信息；最后置入人物图像和花朵图像，调整各个图像的位置，如图6-3所示。

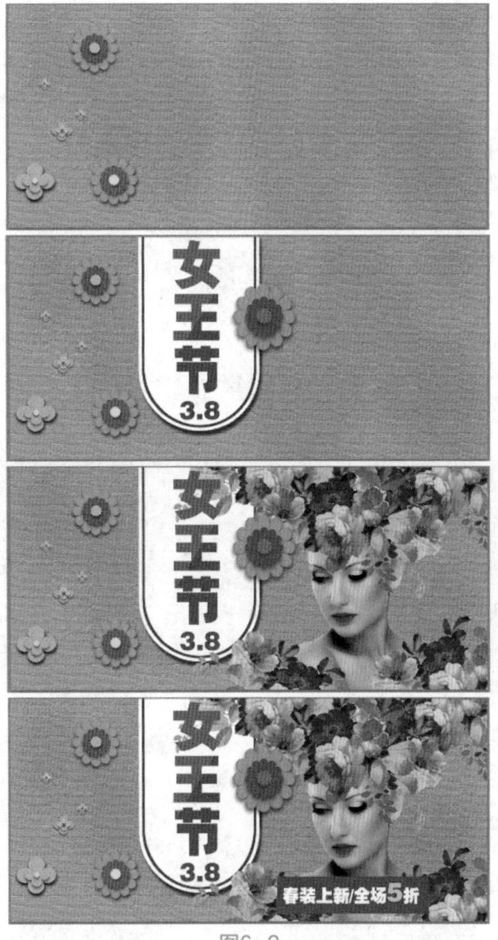

图6-3

技术要点

使用“自定义形状工具”创建花形状；

使用“椭圆工具”创建圆形形状；

使用“删除锚点工具”删除形状的锚点；

使用“转换点工具”和“选择工具”调整形状；

使用“横排文字工具”创建文字；

使用“快速选择工具”选择人物；

使用“多边形套索工具”选择区域；

使用“栅格化”命令栅格化文字和形状图层；

使用“色彩范围”和“反选”命令创建花朵选区；

使用“色阶”调整图像的明暗；

使用“减少杂色”调整人物的杂色效果。

操作步骤

01 运行Photoshop软件，在“欢迎”界面中单击“新建”按钮，在弹出的“新建文档”对话框中设置“宽度”为10厘米、“高度”为4.5厘米，设置“分辨率”为300像素/英寸，单击“创建”按钮，如图6-4所示。

图6-4

02 在工具箱中单击前景色，在弹出的“拾色器（前景色）”对话框中设置前景色的RGB为95、186、185，如图6-5所示。

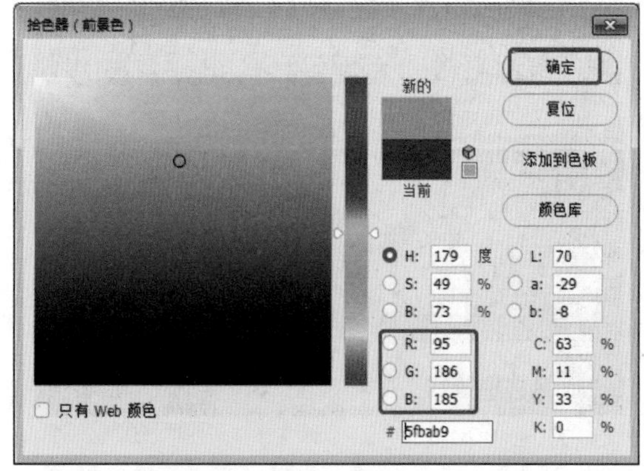

图6-5

03 按Alt+Delete组合键，填充新建图层为前景色，如图6-6所示。

图6-6

04 设置前景色的RGB为49、151、150，如图6-7所示。

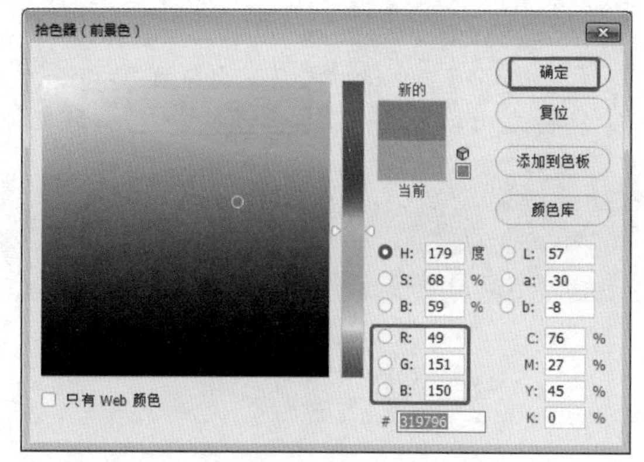

图6-7

05 使用“画笔工具”，在工具属性栏中设置合适的笔触，设置“不透明度”为30%，如图6-8所示，在舞台中绘制一些设置好的颜色。

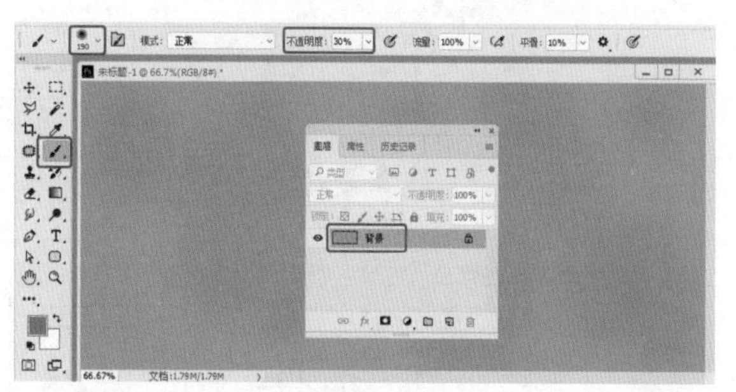

图6-8

06 在菜单栏中选择“滤镜>滤镜库”命令，在弹出的滤镜库中选择“画笔描边>喷色描边”效果，设置合适的参数，如图6-9所示。

图6-9

07 在“滤镜库”面板右下方单击“新建”按钮，添加新滤镜，选择“阴影线”滤镜，设置合适的参数，如图6-10所示。

08 继续单击“新建”按钮，添加“纹理化”滤镜，设置合适的参数，如图6-11所示。

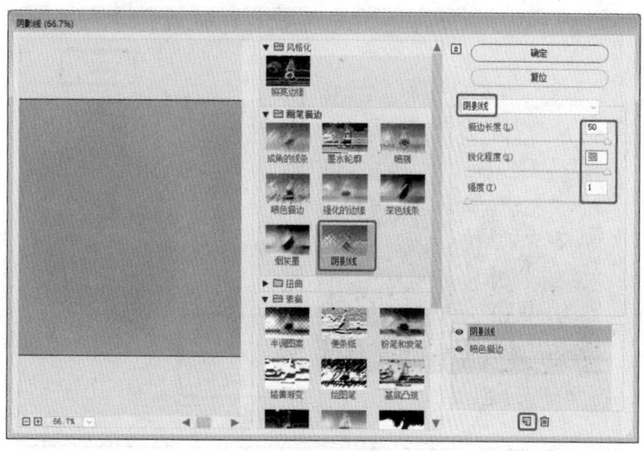

图6-10

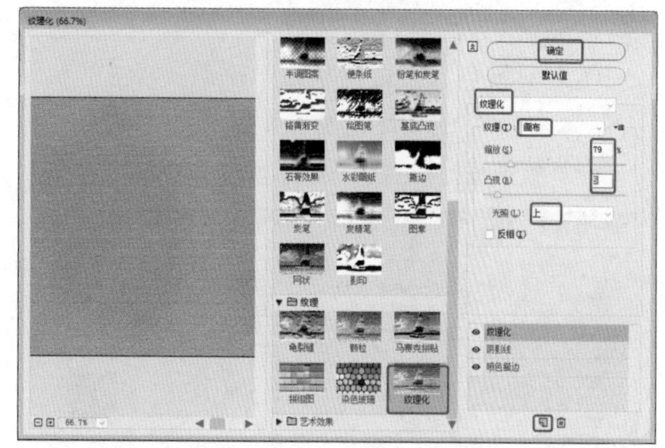

图6-11

09 单击“确定”按钮，设置合适的背景效果。

10 在工具箱中选择（自定形状工具），在工具属性栏中单击“形状”后的下拉按钮，在弹出的预设形状中单击按钮，在弹出的快捷菜单中选择“自然”选项，如图6-12所示，会弹出对话框，从中单击“追加”按钮即可。

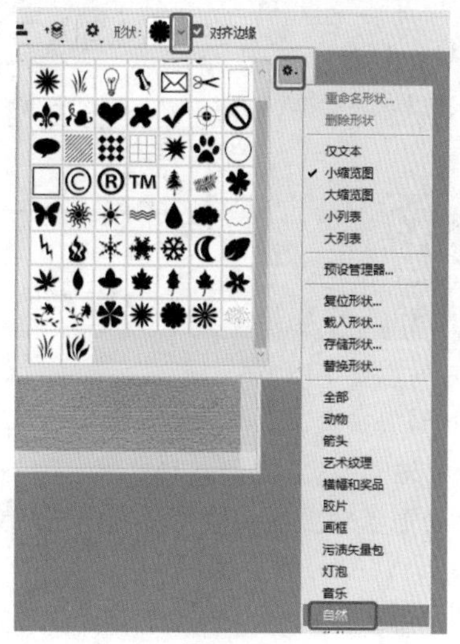

图6-12

11 设置前景色的RGB为223、135、255，如图6-13所示。

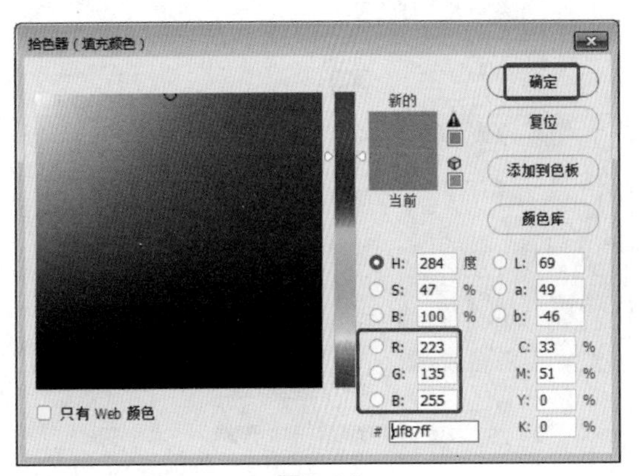

图6-13

12 在舞台中绘制选择的花形状，确定形状的颜色为前景色，设置形状为无轮廓，双击形状图层，在弹出的“图层样式”对话框中勾选“投影”复选框，设置合适的参数，如图6-14所示。

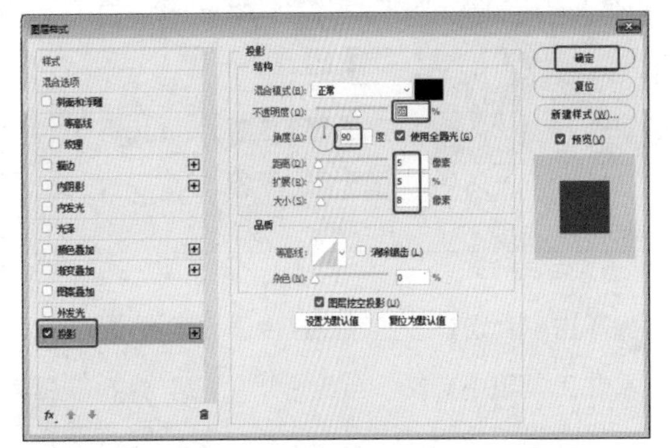
图6-14

13 设置的投影形状效果，如图6-15所示。

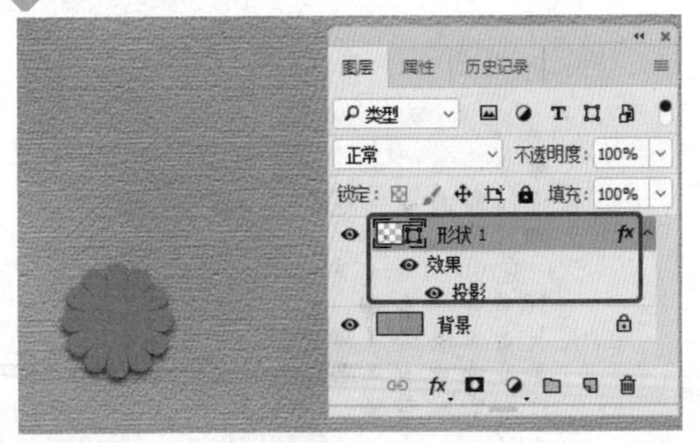

图6-15

14 按Ctrl+J组合键，复制形状，重新调整填充，并调整合适的大小，如图6-16所示。

15 将两个形状放置到同一个图层组中，如图6-17所示。

16 双击图层组，在弹出的“图层样式”对话框中勾选“光泽”复选框，设置合适的光泽参数，单击“确定”按钮，如图6-18所示。

图6-16

图6-17

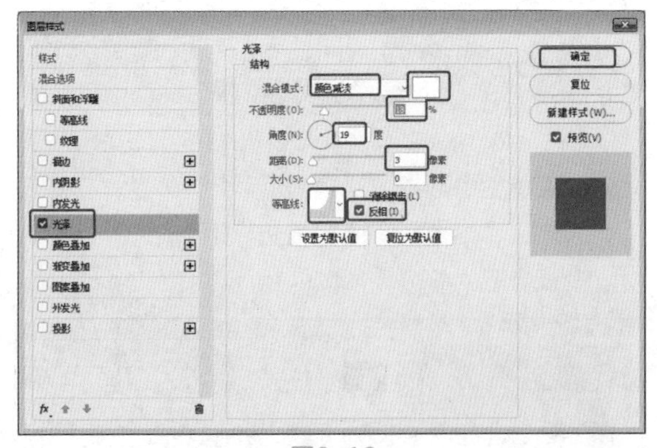
图6-18

17 设置的光泽效果如图6-19所示。

图6-19

18 使用“椭圆工具” 创建椭圆，设置一个合适的填充颜色，复制椭圆，如图6-20所示。

图6-20

19 选择复制出的所有椭圆图层，将其放置到同一个图层组中，双击图层组，在弹出的“图层样式”对话框中选择“图案叠加”选项，设置合适的参数，再勾选“投影”复选框，单击“确定”按钮，如图6-21所示。

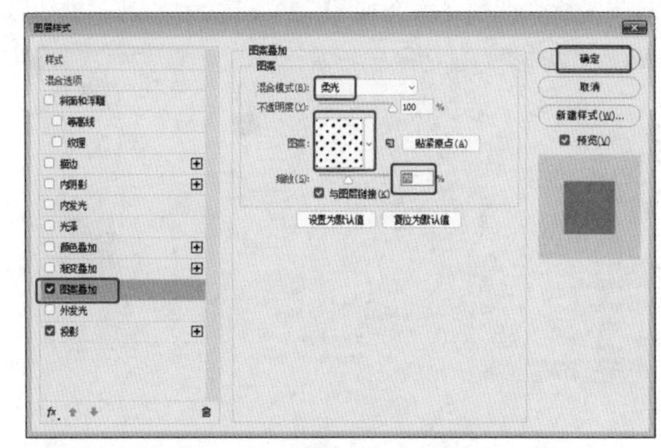

图6-21

20 设置的图层样式效果如图6-22所示。

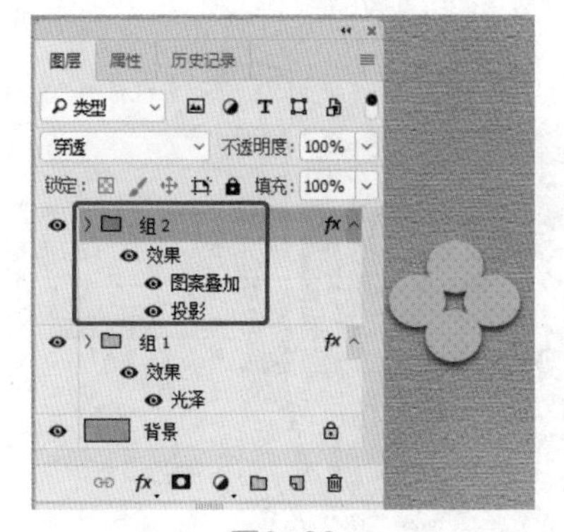

图6-22

21 按Ctrl+J组合键，复制图层组，双击图层组，在弹出的“图层样式”对话框中勾选“颜色叠加”复选框，设置合适的参数，单击“确定”按钮，如图6-23所示。

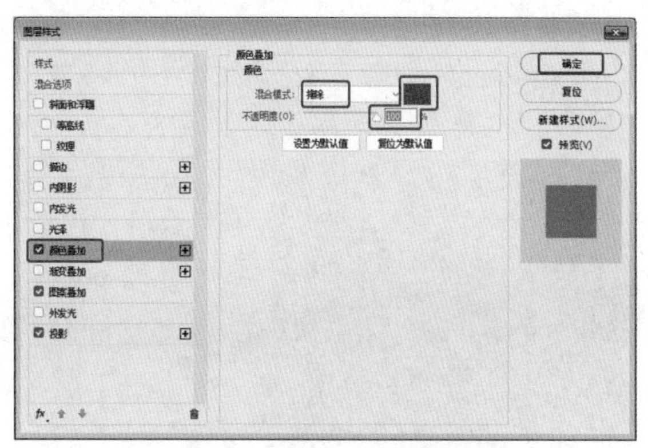

图6-23

22 设置的图层样式效果如图6-24所示。

图6-24

23 创建一个新图层，使用 “椭圆工具” 创建椭圆，双击形状，在弹出的“图层样式”对话框中勾选“投影”复选框，设置合适的参数，投影形状效果如图6-25所示。

图6-25

24 将第二朵花放置到一个图层组中，如图6-26所示。

图6-26

25 在舞台中鼠标右击图层组前的眼睛，可以为图层组设置颜色，便于区分，在舞台中调整花朵的位置，如图6-27所示。

图6-27

26 复制图层组，鼠标右击图层组，在弹出的快捷菜单中选择“合并组”命令，合并组后调整它的位置和大小，按Ctrl+U组合键，在弹出的“色相/饱和度”对话框中设置合适的参数，调整合适的花朵色调，如图6-28所示。

图6-28

27 复制合并组后的花朵图层，按Ctrl+U组合键，在弹出的“色相/饱和度”对话框中，调整素材的色调，如图6-29所示。

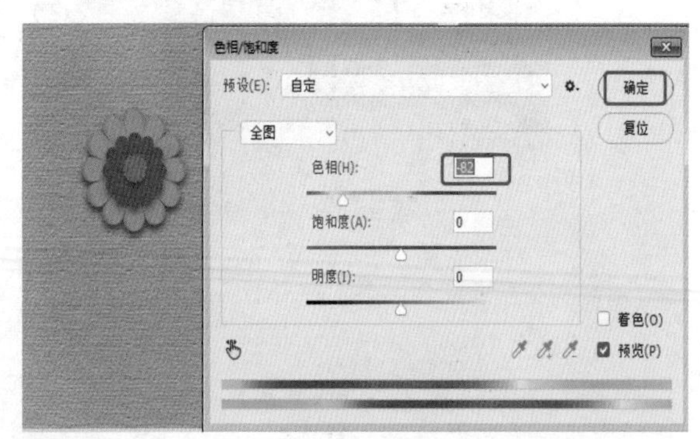

图6-29

28 使用“椭圆工具”，在舞台中绘制椭圆，如图6-30所示。

29 在舞台中使用“删除锚点工具”，删除多余的控制点，使用“直接选择工具”，在舞台中调整素材的效果，如图6-31所示。

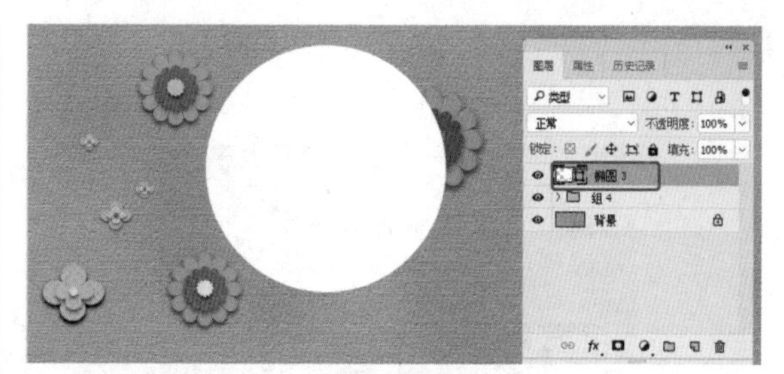

图6-30

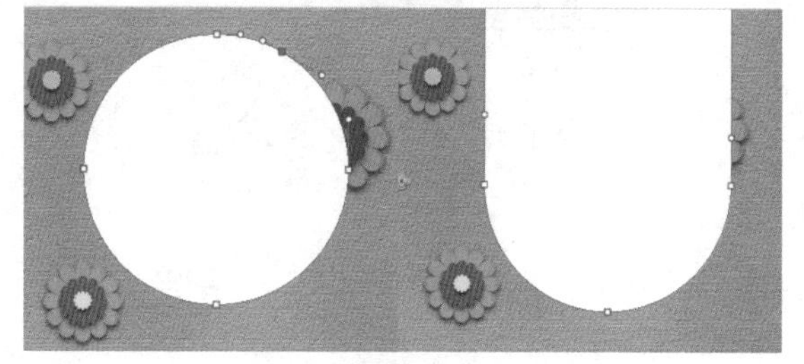

图6-31

30 设置形状的填充为白色，双击形状，在弹出的“图层样式”对话框中勾选“投影”复选框，设置合适的参数，如图6-32所示。

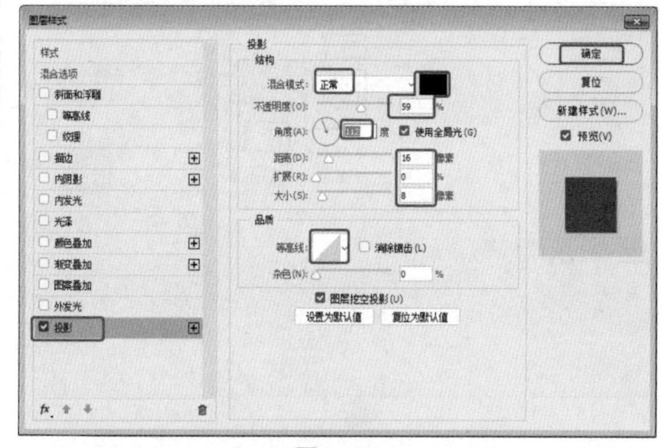

图6-32

31 复制形状，删除图层样式，调整形状的大小，并设置填充为紫色，如图6-33所示。

图6-33

32 复制紫色的图形，设置颜色为白色，设置合适的大小，如图6-34所示。

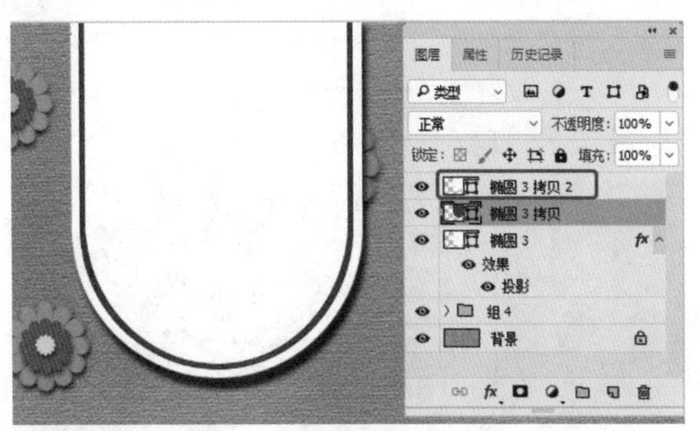

图6-34

33 使用文字工具，在舞台中创建文字，如图6-35所示。

图6-35

34 栅格化文字图层，使用“多边形套索工具”，在舞台中创建选区，按Ctrl+U组合键，在弹出的“色相/饱和度”对话框中设置合适的参数，调整选区中文字的颜色，如图6-36所示。

图6-36

35 按Ctrl+D组合键，取消选区的选择，在舞台中继续创建文字，如图6-37所示。

图6-37

36 在菜单栏中选择“文件>打开”命令，在弹出的“打开”对话框中选择随书配备资源中的“人.jpg”文件，单击“打开”按钮，如图6-38所示。

37 使用“快速选择工具”选择人物区域，如图6-39所示。

图6-38　　图6-39

38 按Ctrl+C组合键，复制选区中的图像，切换到广告文档中，按Ctrl+V组合键，粘贴图像到舞台中，按Ctrl+L组合键，在弹出的“色阶”对话框中调整合适的色阶参数，如图6-40所示。

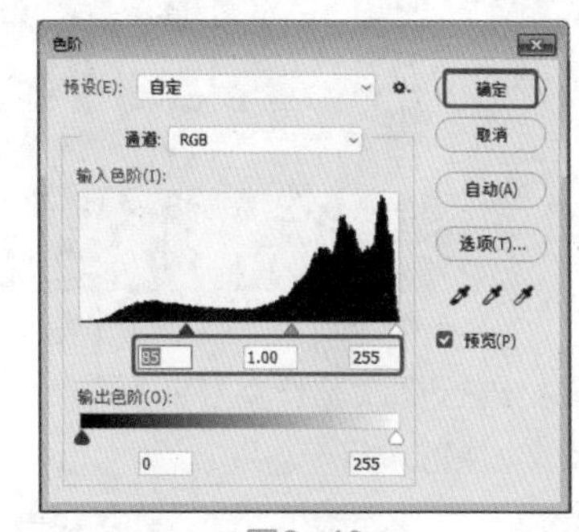

图6-40

39 在菜单栏中选择“滤镜>杂色>减少杂色”命令，在弹出的“减少杂色”对话框中，调整合适的参数，如图6-41所示。

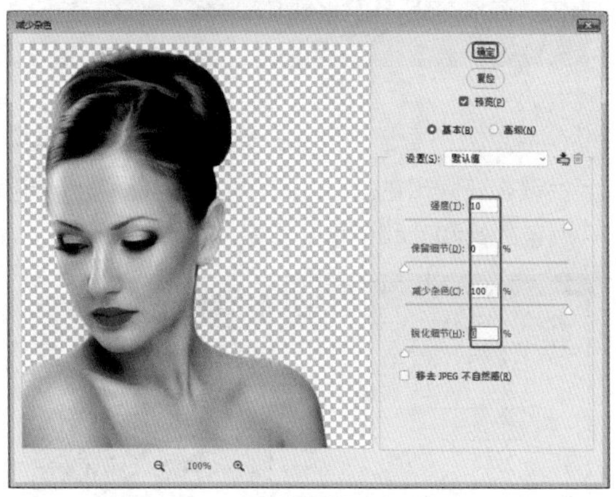

图6-41

第6章 网络广告

40 打开素材“花02.png”，如图6-42所示。

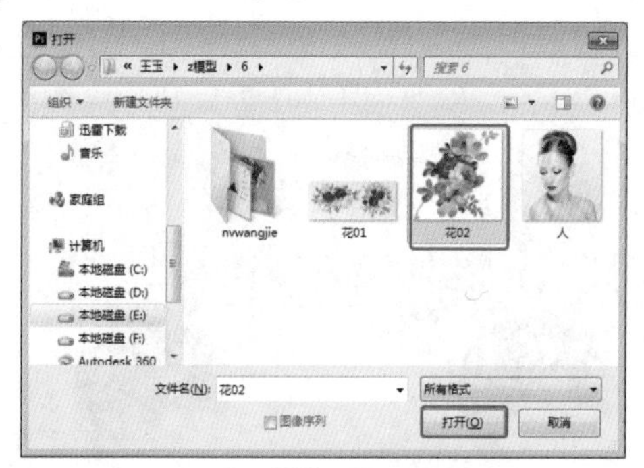

图6-42

41 打开素材选择“选择>色彩范围”命令，在弹出的对话框中使用吸管工具吸取图像中的白色区域，单击“确定”按钮，创建选区；选择“选择>反选”命令，反选选区，选择花的区域，复制选区。

42 切换到广告文档中，粘贴图像到舞台中，调整素材的大小、位置和角度，如图6-43所示。

图6-43

43 对花素材进行复制，调整复制后的花素材的位置和角度如图6-44所示。

图6-44

44 在“图层”面板中选择人物图层，按Ctrl+U组合键，在弹出的“色相/饱和度”对话框中调整颜色的饱和度和色相，如图6-45所示。

图6-45

45 使用“圆角矩形工具”，在舞台中创建圆角矩形，设置合适的参数和颜色，使用“横排文字工具”T，创建文字，如图6-46所示。

图6-46

46 至此，本案例制作完成。

6.3 商业案例——电商化妆品广告设计

6.3.1 设计思路

扫码看视频

■ 案例类型

本案例是一款介绍电商的商品广告——化妆品广告。

■ 项目诉求

需要设计一款清新的适用于年轻人的化妆品类型，需要将推荐品牌的样品呈现出来。

■ 设计定位

根据需求，我们将使用黄色和粉色，作为搭配使用，粉色代表女性娇柔可爱，纯纯的粉色系像女孩的美梦一样，能带来好运 。黄色是清新的颜色，给人轻快、充满希望和活力的感觉。两种颜色搭配起来可以使人产生清新的效果。

6.3.2 构图方式

整体构图我们采用了半圆形构图方式，将主题和辅助文字放到椭圆形中，将素材和配景以半圆为中点向外排列，制作出整体的半圆形广告效果。

6.3.3 同类作品欣赏

6.3.4 项目实战

■ 制作流程

本案例首先定义图案并存储图案，制作出背景效果；然后设置画笔的属性，绘制点状线和心形，设置投影效果；最后创建文字注释，如图6-47所示。

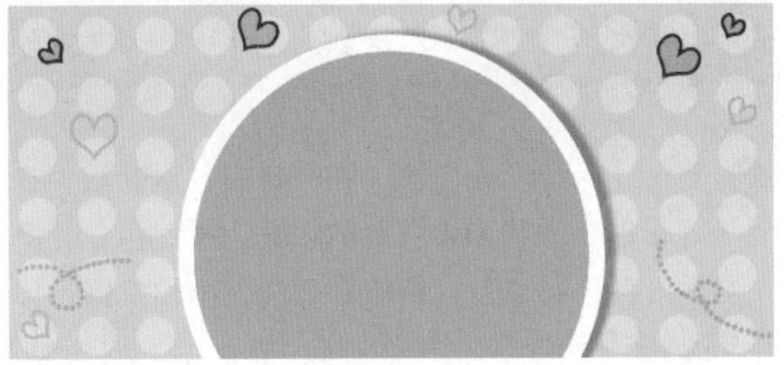

图6-47

图6-47（续）

■ 技术要点

使用“定义图案”命令存储图案；

使用“图层样式”设置图像的图层效果；

使用“椭圆工具”创建圆形背景；

使用“自定形状工具”绘制心形；

使用“画笔工具”和“画笔预设”设置画笔的属性，绘制点状线；

使用“横排文字工具”创建文字。

■ 操作步骤

01 运行Photoshop软件，在“欢迎”界面中单击“新建”按钮，在弹出的“新建文档”对话框中设置“宽度”为10厘米、“高度”为4.5厘米，设置“分辨率”为300像素/英寸，单击“创建”按钮，如图6-48所示。

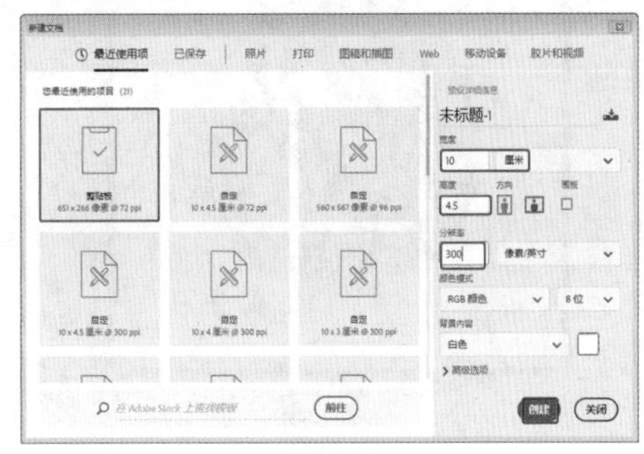

图6-48

02 在工具箱中单击前景色，在弹出的“拾色器（前景色）”对话框中设置前景色的RGB为245、235、59，如图6-49所示。

03 创建一个新的文档，在此文档上我们创建一个画笔，“宽度”为500像素、“高度”为500像素、“分辨率”为72像素/英寸，单击“创建”按钮，如图6-50所示。

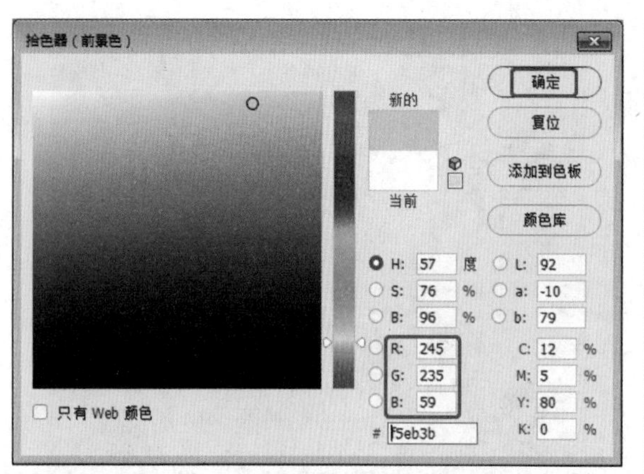

图6-49

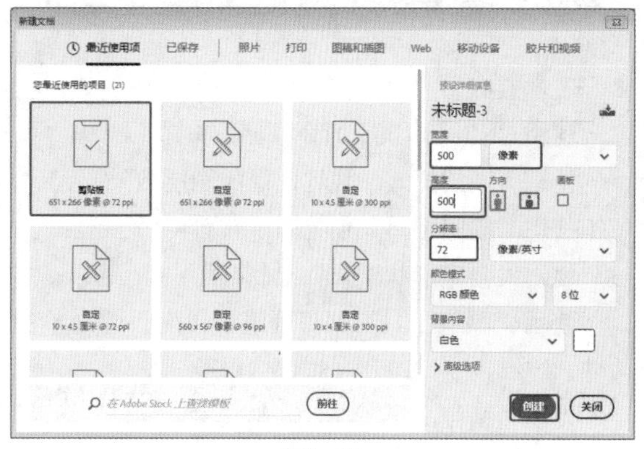

图6-50

04 创建文档后，使用“椭圆工具”，在舞台中创建圆，如图6-51所示。

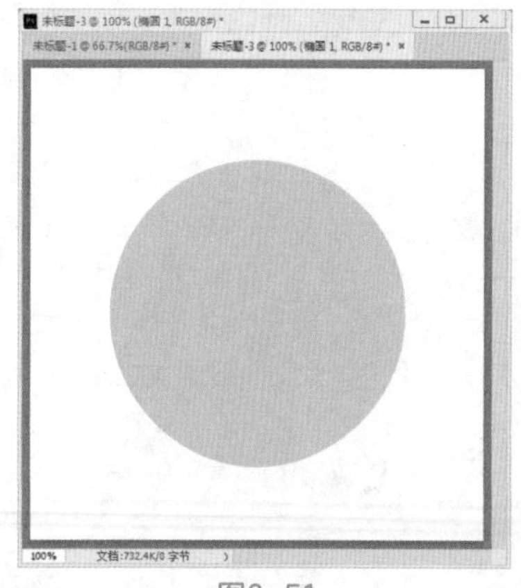

图6-51

05 在菜单栏中选择“编辑>定义图案”命令，在弹出的“图案名称”对话框中命名图案，单击“确定”按钮，如图6-52所示。

图6-52

06 返回到广告文档，创建一个新图层，按Alt+Delete组合键，填充前景色，双击图层，在弹出的“图层样式”对话框中勾选“图案叠加”复选框，并设置合适的参数，单击“确定”按钮，如图6-53所示。

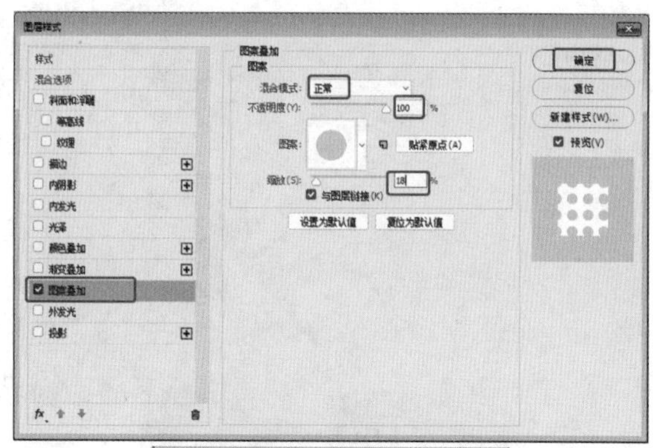

图6-53

07 确定“背景”图层填充为前景色，鼠标右击设置图层样式后的图层，在弹出的快捷菜单中选择“栅格化图层样式”命令，设置栅格化的“图层1”的混合模式为“划分”，设置“不透明度”为40%，如图6-54所示。

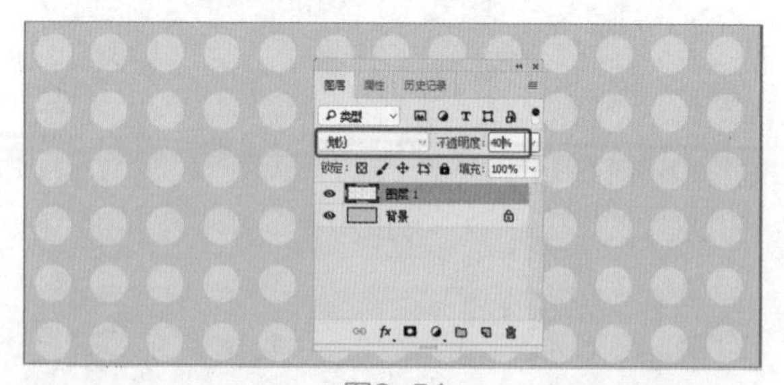

图6-54

08 使用“椭圆工具”，在舞台中创建椭圆，在“属性”面板中设置圆的填充为粉红色，轮廓为白色、25像素，调整合适的大小和位置，如图6-55所示。

图6-55

09 双击椭圆图像，在弹出的“图层样式”对话框中勾选“投影”复选框，设置投影颜色的RGB为222、96、96，设置合适的投影参数，如图6-56所示。

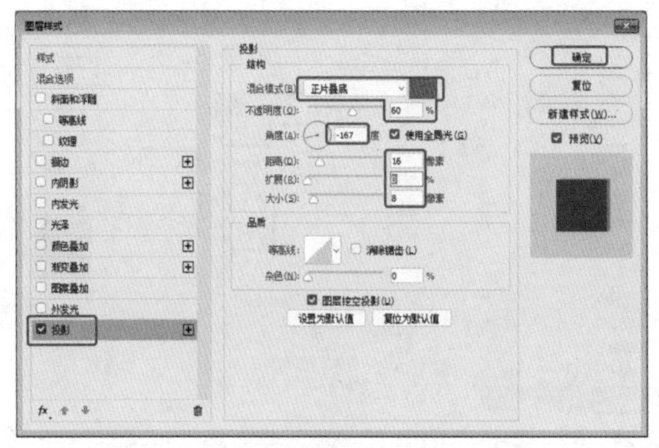

图6-56

10 设置椭圆投影后的效果如图6-57所示。

图6-57

11 在工具箱中单击前景色，在弹出的“拾色器（前景色）”对话框中设置RGB为254、169、190，如图6-58所示。

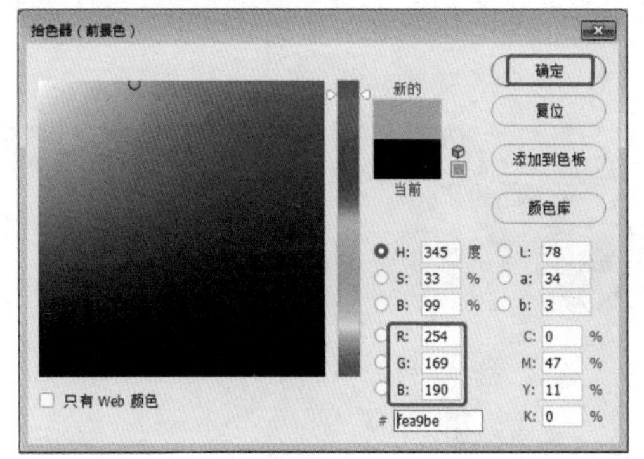

图6-58

12 在工具箱中选择“画笔工具”，在菜单栏中选择“窗口>画笔设置”命令，打开“画笔设置”面板，从中设置“画笔笔尖形状”，如图6-59所示。

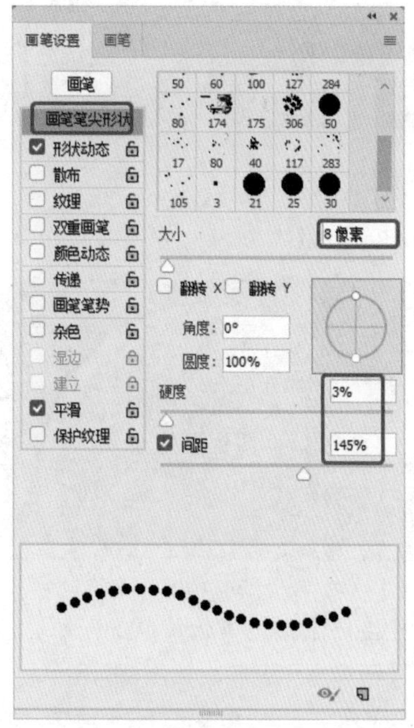

图6-59

13 新建图层，在舞台中使用画笔绘制的效果如图6-60所示。

图6-60

14 继续使用画笔绘制另一条线，如图6-61所示。

图6-61

15 使用“自定形状工具”，在工具属性栏中选择“形状”为心形，设置合适的描边和填充，在舞台中绘制心形，如图6-62所示。

图6-62

16 在舞台中复制心形，调整心形的大小和角度，如图6-63所示。

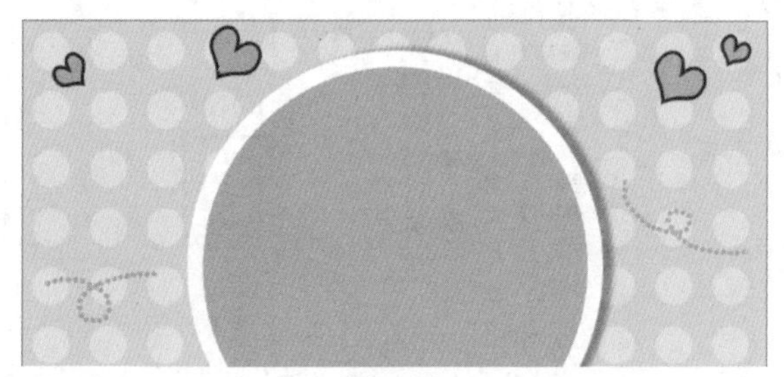

图6-63

17 继续绘制一个描边为暗黄色的无填充的心形，对其进行复制和调整，如图6-64所示。

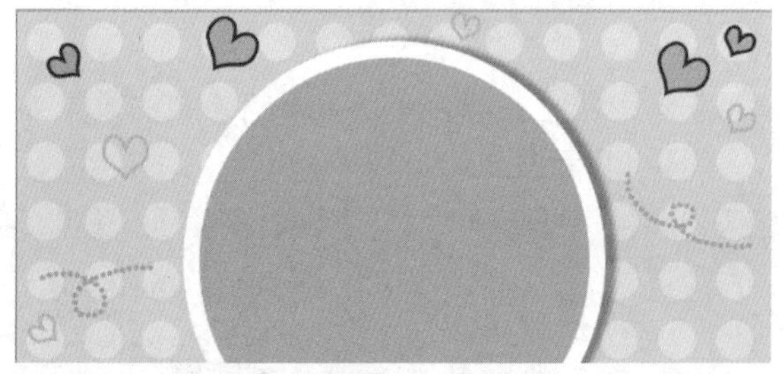

图6-64

18 在菜单栏中选择“文件>置入嵌入对象”命令，在弹出的“置入嵌入的对象”对话框中选择随书配备资源中的化妆品素材文件，分别将其置入到舞台中，如图6-65所示。

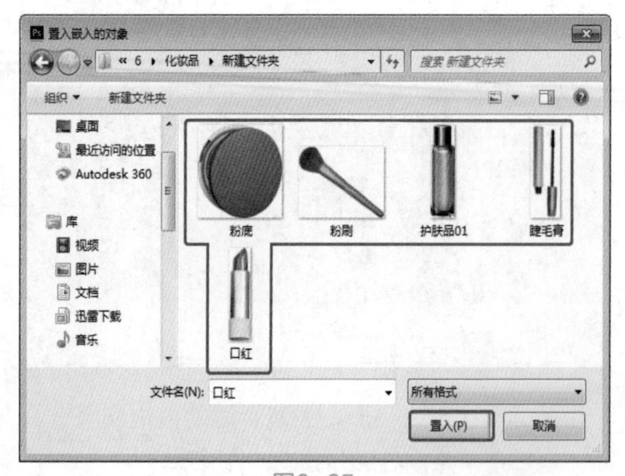

图6-65

19 置入素材后，在舞台中分别调整图像的大小和图层的位置，如图6-66所示。

图6-66

20 分别为化妆品图像所在的图层设置“投影”效果，如图6-67所示。

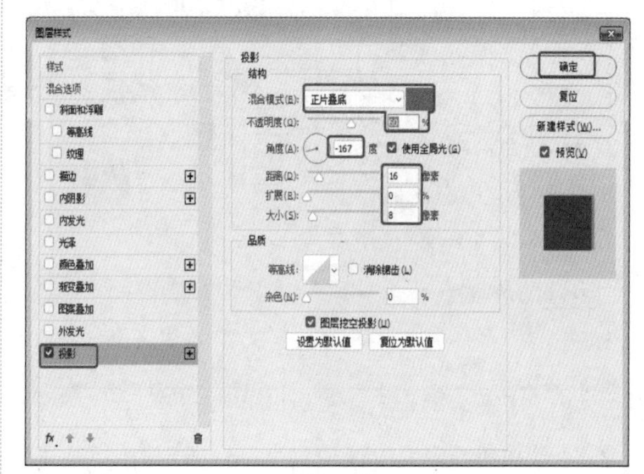

图6-67

21 设置“投影”后的化妆品效果，如图6-68所示。

图6-68

22 在舞台中创建文字，设置文字的“属性”，填充为白色，如图6-69所示。

图6-69

23 双击文字图层，在弹出的“图层样式”对话框中设置合适的“投影”效果，如图6-70所示。

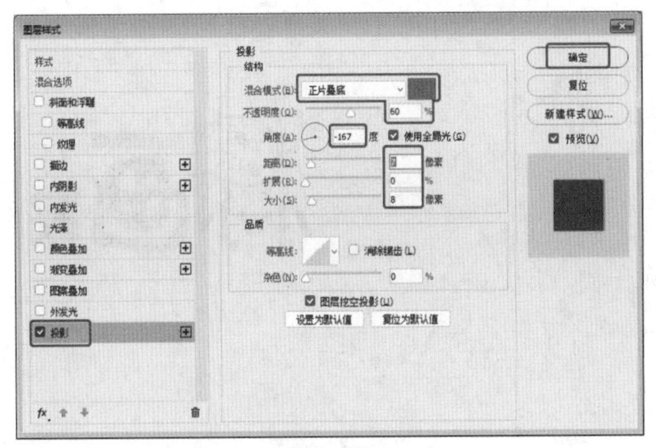

图6-70

24 使用“圆角矩形工具”，创建圆角矩形的底部图形，设置填充为背景黄色，设置轮廓为无，如图6-71所示。

图6-71

25 在黄色底纹上创建文字，如图6-72所示。

图6-72

26 继续创建文字说明，如图6-73所示。

图6-73

27 至此，本案例制作完成。

6.4 商业案例——弹出式美术班招生广告设计

6.4.1 设计思路

扫码看视频

■ 案例类型

本案例制作美术班招生的弹出式网络广告设计。

■ 项目诉求

要求设计一款较为干净能突出主题的效果即可，可以根据自己的想法进行设计。

■ 设计定位

我们采用“小小画家”为主题来设计，主要使用彩笔画的效果来填充一些底纹和标题颜色，有些壁画的嫌隙会更突出绘画的乐趣。另外我们会添加一些卡通和水彩喷溅来装饰画面、丰富画面，最后“认真”地写出我们的地址和联系方式。

6.4.2 配色方案

整体配色上我们采用干净的灰白方格作为背景，这样可以使单调的背景不显沉闷；另外我们采用黑色的涂鸦方式涂鸦标题和副标题背景，最后再添加一些彩色的装饰素材，使干净的画面有些许的生机。

6.4.3 美术班招生广告的构图方式

本案例采用上下构图方式，上部分为主标题；中间为副标题；下部分为口号的信息以及一些装饰素材。

6.4.4 同类作品欣赏

6.4.5 项目实战

■ 制作流程

本案例首先将绘制的方框定义为图案，设置图案的叠加效果；然后创建文字并将文字载入选区，涂抹文字并绘制装饰笔画，绘制对话框形状；最后置入图像，并调整选区中图像的效果，如图6-74所示。

图6-74

■ 技术要点

使用“自定义图案”命令将绘制的方框定义为图案；

使用“图层样式”设置图案的叠加效果；

使用“横排文字工具”创建文字；

使用“画笔工具”涂抹文字并绘制装饰笔画；

使用“自定形状工具”绘制对话框形状；

使用“置入嵌入对象”命令置入素材；

使用“色相/饱和度”调整喷溅颜色。

■ 操作步骤

01 运行Photoshop软件，在“欢迎”界面中单击“新建”按钮，在弹出的“新建文档”对话框中设置“宽度”为10厘米、“高度”为10厘米，设置“分辨率”为300像素/英寸，单击“创建”按钮，如图6-75所示。

02 使用“圆角矩形工具”▢，在舞台中创建圆角矩形，在“属性”面板中设置合适的填充，设置轮廓为无，设置圆角为30像素，如图6-76所示。

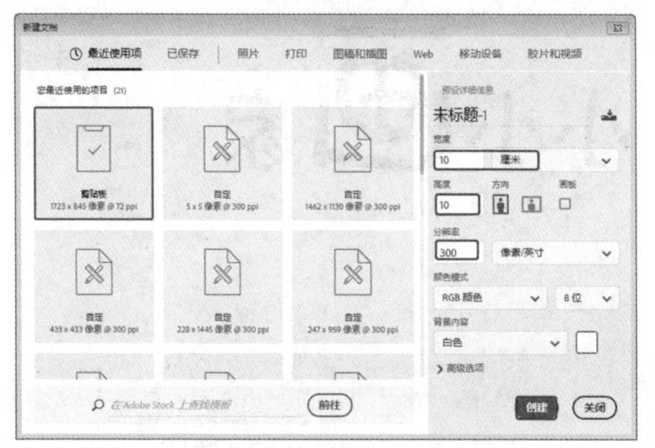

图6-75

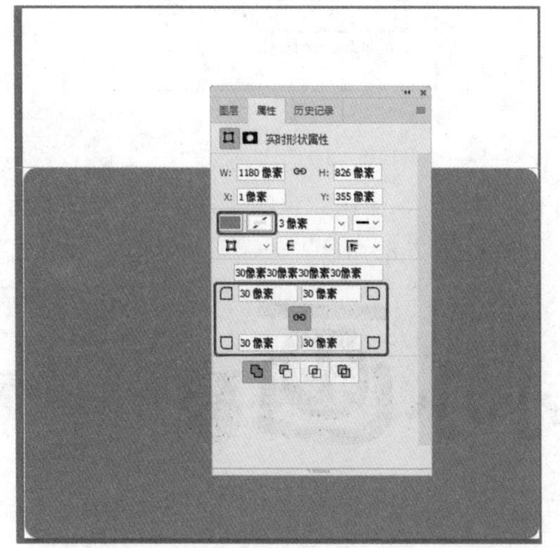

图6-76

03 在菜单栏中选择“文件>新建”命令，在弹出的“新建文档”对话框中设置“宽度”为100像素、“高度”为100像素，“分辨率”为72像素/英寸，单击“创建”按钮，如图6-77所示。

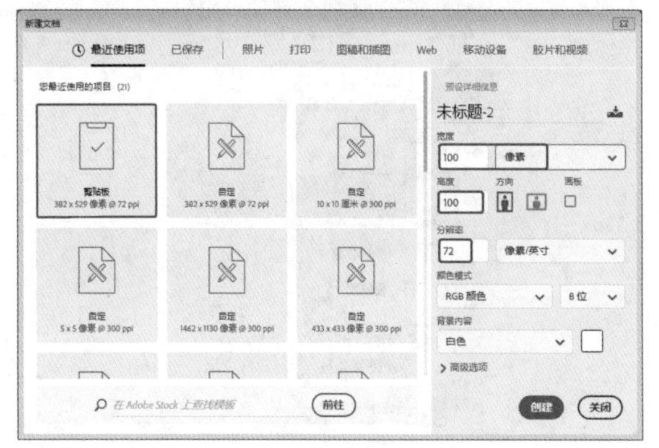

图6-77

04 创建文档后确定舞台背景为白色，设置前景色为浅灰色，使用“矩形选区工具”创建矩形，填充矩形为前景色，按Ctrl+D组合键，取消选择，如图6-78所示。

图6-78

05 在菜单栏中选择“编辑>定义图案”命令，在弹出的“图案名称”对话框中命名图案，单击“确定”按钮，如图6-79所示。

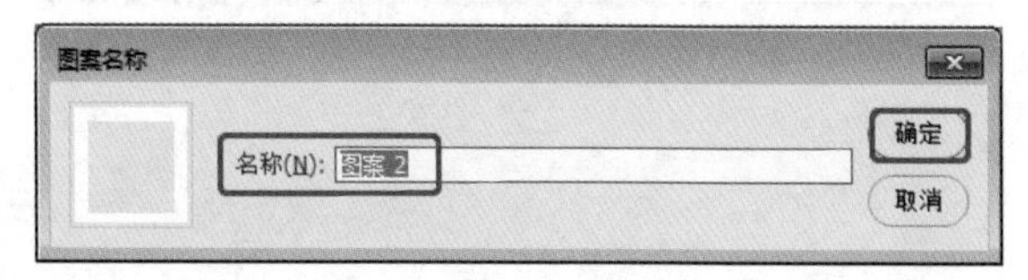

图6-79

06 返回到舞台中，新建一个图层，填充图层为白色，双击创建的新图层，在弹出的“图层样式”对话框中勾选“图案叠加”复选框，设置合适的样式参数，单击“确定”按钮，如图6-80所示。

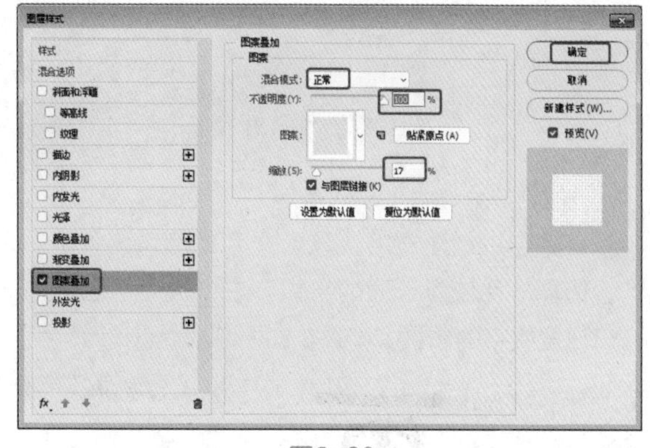

图6-80

07 图案叠加后的效果如图6-81所示。

08 在“图层”面板中将“背景”图层拖曳到“删除图层”按钮上，删除图层，按住Ctrl键，单击圆角矩形形状图层前的缩览图，将圆角矩形载入选区，选择“图层1”，单击“添加图层蒙版”按钮，创建遮罩效果，如图6-82所示。

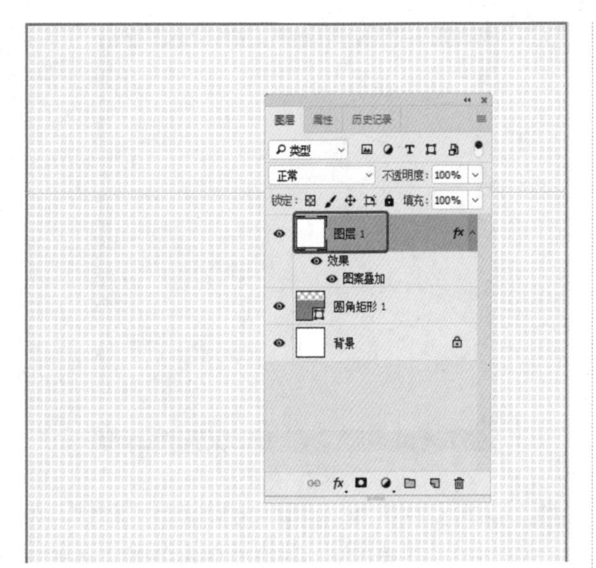

图6-81

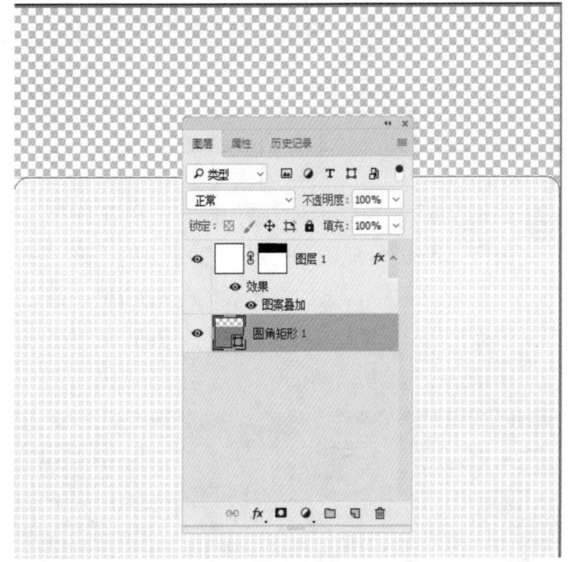

图6-82

09 在舞台中创建文字，设置文字的颜色为黑色，选择一种较为卡通的字体，在“属性”面板中设置文字的属性，如图6-83所示。

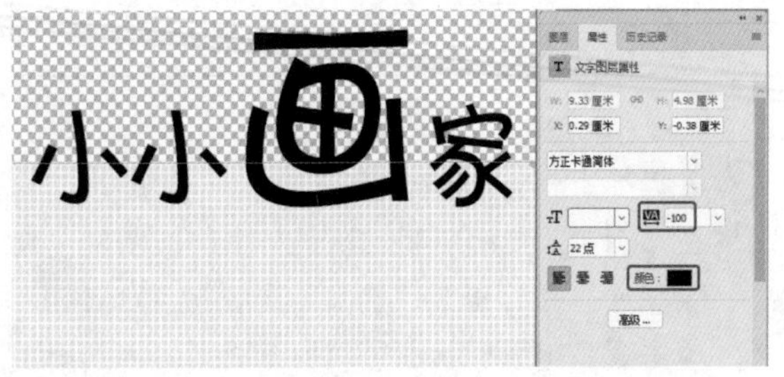

图6-83

10 按住Ctrl键单击文字“小小画家”前的图层缩览窗，将文字载入选区，如图6-84所示。

图6-84

11 在菜单栏中选择“选择>修改>扩展”命令，在弹出的“扩展选区”对话框中设置“扩展量”为5，单击“确定”按钮，如图6-85所示。

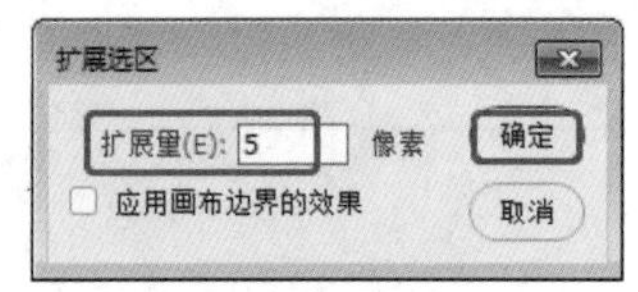

图6-85

12 新建一个图层，使用“画笔工具”，设置合适的参数，涂抹黑色的线条，涂抹填充选区的效果如图6-86所示。

图6-86

13 确定选区处于选择状态，新建图层，填充当前选区为白色，调整图层到涂抹文字图层的下方，如图6-87所示。

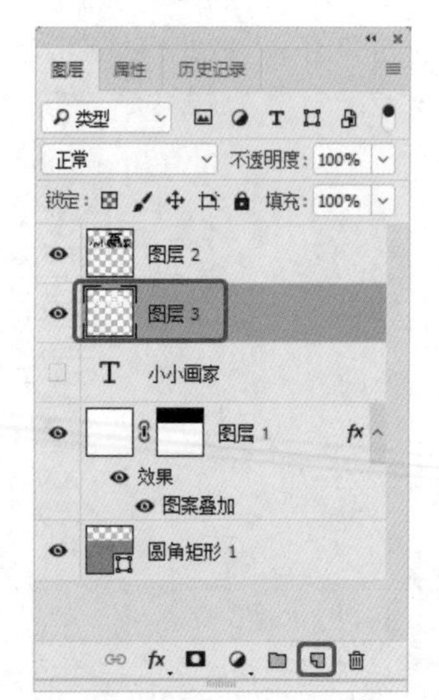

图6-87

14 使用“自定形状工具”，在工具属性栏中选择对话框形状，设置填充为无，轮廓为黑色，设置合适的轮廓参数，在舞台中创建形状，如图6-88所示。

图6-88

15 使用“转换点工具”、“直接选择工具”，修改创建的形状，并调整形状的位置，如图6-89所示。

图6-89

16 修改形状，设置其填充为白色，如图6-90所示。

图6-90

17 在舞台中创建文字，如图6-91所示。

图6-91

18 使用“画笔工具”，在舞台中绘制形状周围的装饰，如图6-92所示。

图6-92

19 将标题、文字和形状放置到同一个图层组中，如图6-93所示。

图6-93

20 在菜单栏中选择“文件>置入嵌入对象”命令，在弹出的“置入嵌入的对象”对话框中选择随书配备资源中的“喷溅.png”文件，单击“置入”按钮，如图6-94所示。

图6-94

21 置入素材后调整素材的位置和大小，使用“移动工具”，按住Alt键移动复制素材，如图6-95所示。

图6-95

22 选择其中一个较大的喷溅素材，按Ctrl+U组合键，在弹出的“色相/饱和度”对话框中设置合适的参数，如图6-96所示。

图6-96

23 调整好的喷溅颜色效果如图6-97所示。

24 使用“横排文字工具”T在舞台中创建文字，如图6-98所示。

图6-97

图6-98

25 使用“自定形状工具”，在工具属性栏中选择合适的形状，在舞台中创建装饰形状，如图6-99所示。

图6-99

26 使用“自定形状工具”，在舞台中创建对话框形状，如图6-100所示，调整合适的角度和形状。

图6-100

27 按住Ctrl键，单击对话框形状前的图层缩览窗，将形状载入选区；创建一个新图层，将对话框形状图层隐藏，使用画笔工具涂抹对话框，如图6-101所示。

图6-101

28 使用“横排文字工具”T在舞台中创建文字注释，如图6-102所示。

图6-102

29 在创建的文字图层上鼠标右击，在弹出的快捷菜单中选择“栅格化文字”命令，使用“多边形套索工具”分别选择文字，使用“移动工具”调整文字的位置和大小，调整后按Ctrl+D组合键取消选择，使用同样的方法调整其他文字，如图6-103所示。

图6-103

30 使用“多边形套索工具”选择如图6-104所示的文字，按Ctrl+U组合键，在弹出的“色相/饱和度”对话框中调整合适的参数，设置出字体的颜色。

图6-104

31 使用“多边形套索工具”，选择如图6-105所示的文字，按Ctrl+U组合键，在弹出的“色相/饱和度”对话框中调整合适的参数，设置出字体的颜色。

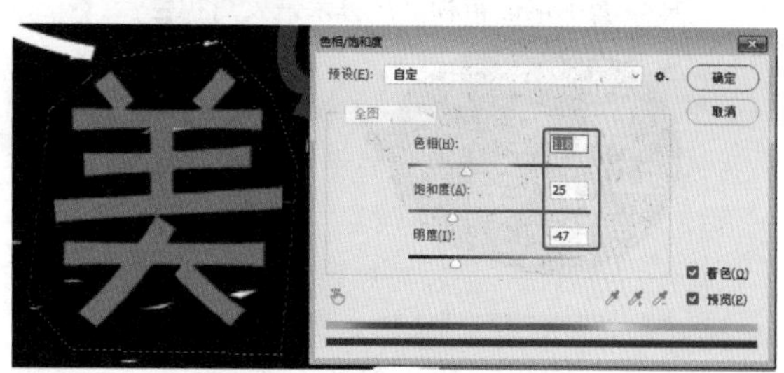

图6-105

32 使用“多边形套索工具”，选择如图6-106所示的文字，按Ctrl+U组合键，在弹出的“色相/饱和度”对话框中调整合适的参数，设置出字体的颜色。

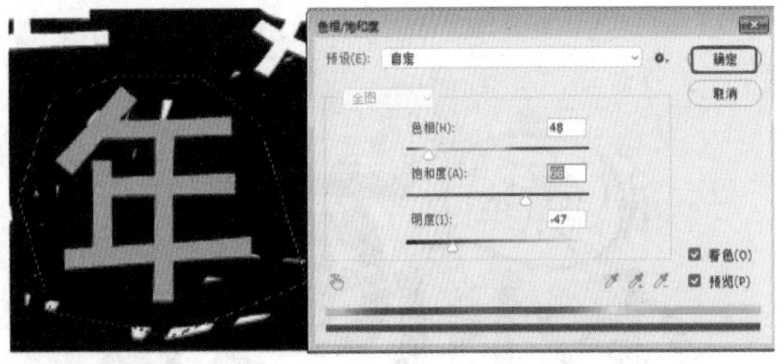

图6-106

33 在菜单栏中选择“文件>置入嵌入对象”命令，在弹出的“置入嵌入的对象”对话框中选择随书配备资源中的“卡通人.psd”文件，单击“置入”按钮，如图6-107所示。

图6-107

34 调整素材的位置和大小，使用“横排文字工具”T.在舞台中继续创建文字注释，如图6-108所示。

图6-108

35 可以对装饰形状素材多绘制（复制）一些，丰满画面，如图6-109所示。

图6-109

36 至此，本案例制作完成。

6.5 优秀作品欣赏

DM广告是使用最直接的方法进行传递的广告，可以借助邮寄、传真、杂志、电视、电子邮件、直销网络、柜台散发、专人送达、来函索取、随商品包装发出等。

本章节主要分析和介绍DM广告的设计和一些相关内容。

7.1 DM广告概述

DM（Direct Mail advertising）意为直接邮寄广告，即通过邮寄、赠送等形式，将宣传品送到消费者手中。因此，DM广告是区别于传统的广告刊载媒体的新型广告发布载体。传统广告刊载媒体贩卖的是内容，然后再把发行量贩卖给广告主，而DM广告则是直接传达到消费者手中的直接性广告。图7-1所示为DM广告单页和折页的优秀作品。

图7-1

图7-1（续）

7.1.1 DM广告的分类

DM广告有广义和狭义之分，广义上包括广告单页，如大家熟悉的街头巷尾、商场超市散布的传单，肯德基、麦当劳的优惠券亦包括其中，如图7-2所示。狭义的仅指装订成册的集纳型广告宣传画册（我们将在后面章节中介绍），页数在20多页至200多页不等。

图7-2

图7-2（续）

7.1.2 DM广告的优点

DM广告的优点非常多，但DM广告充分发挥出其重要的作用必须有一个优秀的商品设计来支持。巧妙的广告诉求会使DM广告达到事半功倍的效果。

下面我们来介绍一下DM广告的优点。

（1）DM广告要有针对性地选择目标对象，避免了广告单页的浪费。

（2）对选定的商品直接实施广告，这样的广告会较容易地使目标群众自主关注商品。

（3）一对一地直接发送，使广告效果直接传递到受众，使广告效果达到最大化。

（4）不会引起同类产品的直接竞争，有利于中小型企业避开与大企业的正面交锋，潜心发展壮大企业。

（5）可以自主选择广告时间、地点，灵活性大，更加适应善变的市场。

（6）推销产品，当广告传递到人们的手中时，可以尽情地表达和阐述商品的信息，让消费者全面了解产品。

（7）内容自由，有利于第一时间抓住消费者的眼球。

（8）信息反馈直接，有利于买卖双方的沟通。

（9）广告主可以根据市场的变换，随时对广告活动进行调控。

（10）摆脱中间商的控制。

（11）效果客观可测，广告主可以根据这个效果重新调配广告费和广告计划。

7.1.3 DM广告的设计制作方法

好的设计和制作会使DM广告事半功倍，下面我们将分析DM广告的设计制作方法。

（1）分析商品。了解和掌握商品，熟知商品针对的人群和针对人群的心理，根据商品和人群进行设计。

（2）新颖的设计。精美的设计会更加吸引人们的眼球，可以在折叠和纸张上面玩些小花样，让人耳目一新，如图7-3所示的DM广告设计的优秀作品。

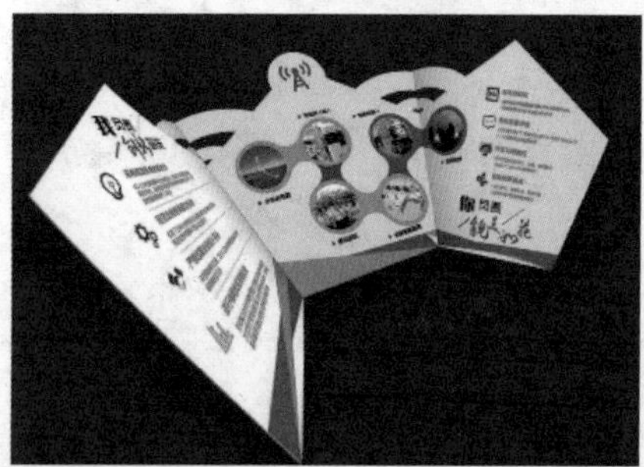

图7-3

（3）自由发挥。DM广告的设计形式无任何法则也没有任何拘束，可以多种形式表现商品信息。

（4）考量布局和排版。根据其邮寄和传递的方式考虑其折叠方式和尺寸大小以及实际重量。

（5）配图。在配图上可以选择与传递信息相关联的图案，刺激人们的记忆。

(6)色彩。除了配图，在色彩方面也需要慎重，用好了色彩会使人产生购买的欲望和印象。

（7）纸张。在众人看来，DM广告与街头散发的小报没有太多的区别，纸质粗糙，内容低劣，是一种避之不及的广告垃圾。

（8）主题和口号要响亮。好的标题是成功的一半，好的标题不仅能让人耳目一新，而且还会产生较强的诱惑力，引导读者的好奇心，吸引他们不由自主地看下去。

7.2 商业案例——儿童摄影DM宣传单页设计

7.2.1 设计思路

扫码看视频

■ 案例类型

本案例制作一款儿童摄影DM宣传单页的设计。

■ 项目分析

摄影是一门随着传统摄影技术形成和发展而产生的摄影应用科学。随着人们物质水平的提高，现在人们都不想为自己留下遗憾，更不想给孩子留下任何遗憾，所以造就了儿童摄影行业的不断提高和饱和，要想在这么多摄影工作室和公司中脱颖而出，除了有一定的拍照技术和技巧外，还需要宣传。

■ 项目诉求

在设计中我们需要添加一些自己的作品，并针对本店的活动进行大力宣传。

■ 设计定位

由于针对的用户为儿童，所以我们需要在制作中添加一些较为卡通的元素。根据需求我们要添加一些带有立体功能的照片作品，以突出的方式展现本店的活动和特色。

7.2.2 构图方式

本案例采用整体均衡的稳定形构图方式，画面的整体部分相对完整，且分配均匀将主题放置到中心偏左的位置。

7.2.3 同类作品欣赏

7.2.4 项目实战

■ 制作流程

本案例首先绘制椭圆，调整图像的色调，添加噪点，设置动感模糊效果，设置阴影颜色和高光颜色，调整图像的模糊效果；然后设置描边、投影、内发光、渐变叠加等效果；最后创建对话框形状，创建文字注释，如图7-4所示。

图7-4

技术要点

使用“椭圆工具”绘制椭圆；

使用“色相/饱和度”命令调整图像的色调；

使用“置入嵌入对象”命令置入素材；

使用“添加杂色”命令添加噪点；

使用“动感模糊”命令设置动感模糊效果；

使用“加深工具”和“减淡工具”设置阴影颜色和高光颜色；

使用“收缩选区”命令收缩选区；

使用“高斯模糊”命令调整图像的模糊效果；

使用“图层样式”设置图层的描边、投影、内发光、渐变叠加等效果；

使用“自定形状工具”创建对话框形状；

使用“横排文字工具”创建文字。

操作步骤

01 运行Photoshop软件，在“欢迎”界面中单击“新建”按钮，在弹出的“新建文档”对话框中设置“宽度”为240毫米、“高度”为297毫米、分辨率为300像素/英寸，单击“创建”按钮，如图7-5所示。

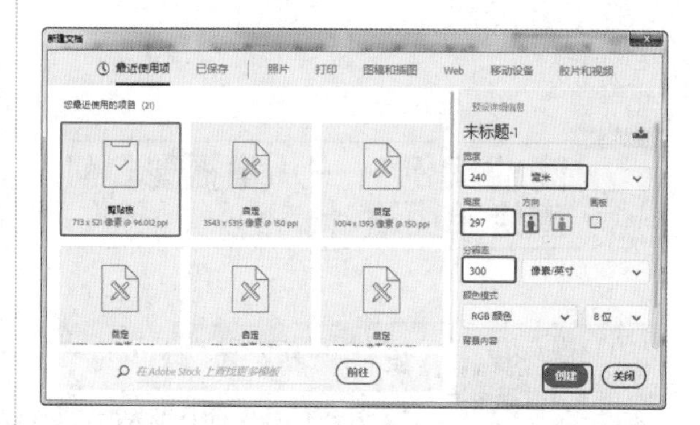

图7-5

02 新建“图层1”，删除“背景”图层，填充“图层1”当前舞台为白色，如图7-6所示。

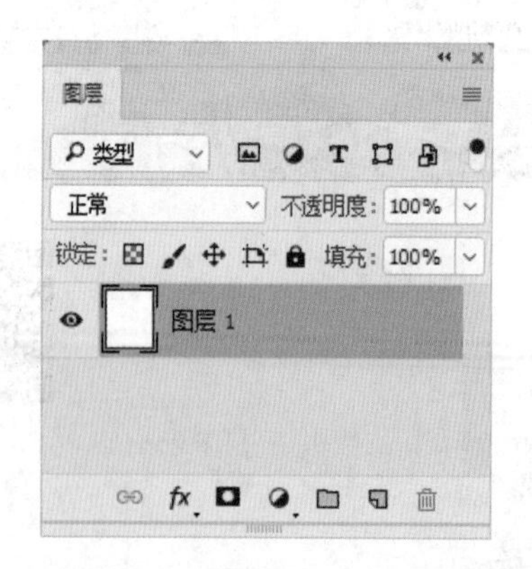

图7-6

03 在菜单栏中选择“文件>置入嵌入对象”命令，在弹出的“置入嵌入的对象”对话框中选择随书配备资源中的“天空素材.png”文件，单击“置入”按钮，如图7-7所示。

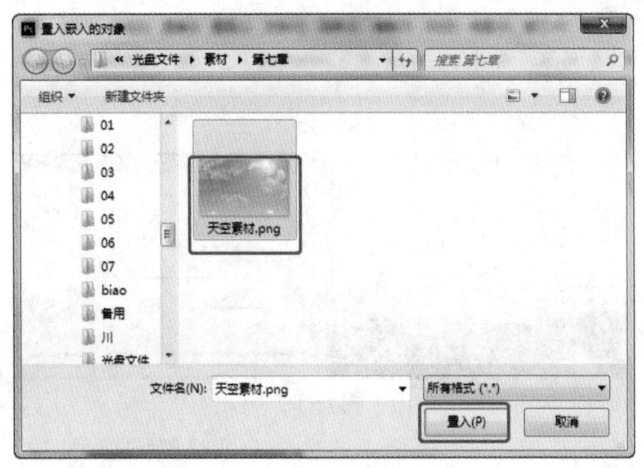

图7-7

04 置入天空素材后，按Ctrl+U组合键，在弹出的“色相/饱和度”对话框中设置合适的参数，调整天空合适的色调，如图7-8所示。

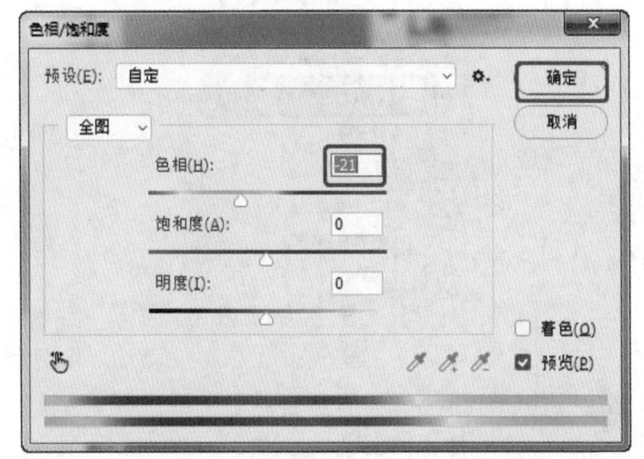

图7-8

05 调整天空素材的位置和大小，如图7-9所示。

06 使用“椭圆工具”，在舞台中创建多个椭圆，设置填充为白色，轮廓为无，绘制卡通云彩，如图7-10所示。

07 将绘制的卡通云彩图层放置到一个图层组（或合并为一个图层），对云彩进行复制，可以调整其远处云彩的不透明度，合适即可，如图7-11所示。

图7-9　　图7-10　　图7-11

08 复制出云彩后的图层组如图7-12所示。用户可以通过调整图层组来改变云彩的效果，这里可以根据情况自由调试，直到满意为止。

图7-12

09 将云彩所在的图层组和图层全部选中，并将其放置到同一个图层组中。继续在舞台中绘制椭圆，设置填充为绿色，轮廓为无，如图7-13所示。

图7-13

10 在菜单栏中选择“滤镜>杂色>添加杂色”命令，在弹出的“添加杂色”对话框中设置合适的参数，如图7-14所示。

11 在菜单栏中选择“滤镜>模糊>动感模糊”命令，在弹出的“动感模糊”对话框中设置合适的参数，如图7-15所示。

图7-14

图7-15

12 使用“减淡工具” 绘制出绿色椭圆的高光，如图7-16所示。

图7-16

13 使用“加深工具” 绘制出绿色椭圆的暗部区域，如图7-17所示。

图7-17

14 在舞台中对绿色的椭圆图像进行复制，调整复制图像的位置和大小，如图7-18所示。

图7-18

15 分别为绿色椭圆地面调整“色相/饱和度”，调整它们的颜色，使其不统一即可，如图7-19所示。

图7-19

16 在“图层”面板中选择所有的绿色椭圆图层，按Ctrl+E组合键，合并为一个图层，如图7-20所示。

图7-20

17 按住Ctrl键，单击确定合并后的绿色图像图层前的缩览窗，将其载入选区，在菜单栏中选择“选择>修改>收缩”命令，在弹出的“收缩选区”对话框中设置合适的“收缩量”，如图7-21所示。

18 按Ctrl+Shift+I组合键，设置选区的反选效果，如图7-22所示。

图7-21　　图7-22

19 在菜单栏中选择“滤镜>模糊>高斯模糊”命令，在弹出的“高斯模糊”对话框中设置合适的模糊参数，如图7-23所示。

图7-23

20 设置模糊后，取消选区的选择，在舞台中创建文字，如图7-24所示。

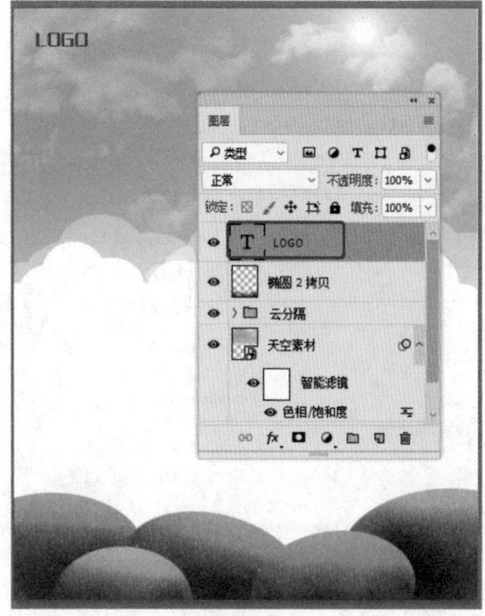

图7-24

21 双击创建的文字图层，在弹出的“图层样式”对话框中选择“渐变叠加”选项，从中设置合适的渐变叠加参数，如图7-25所示。

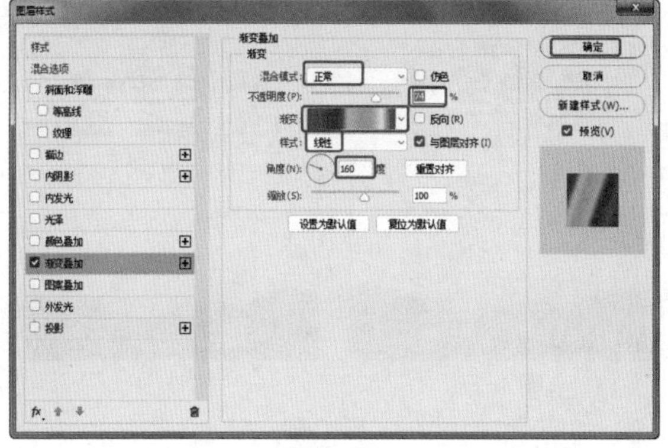

图7-25

22 渐变叠加后的文字效果如图7-26所示。

图7-26

23 继续在舞台中创建文字，设置合适的字体大小，选择合适的字体，如图7-27所示。

图7-27

24 按住Ctrl键，单击标题文字前的图层缩览窗，将其载入选区，在菜单栏中选择“选择>修改>扩展”命令，在弹出的“扩展选区”对话框中设置合适的参数，如图7-28所示。

图7-28

25 创建选区后，新建图层，填充选区合适的颜色，如图7-29所示。

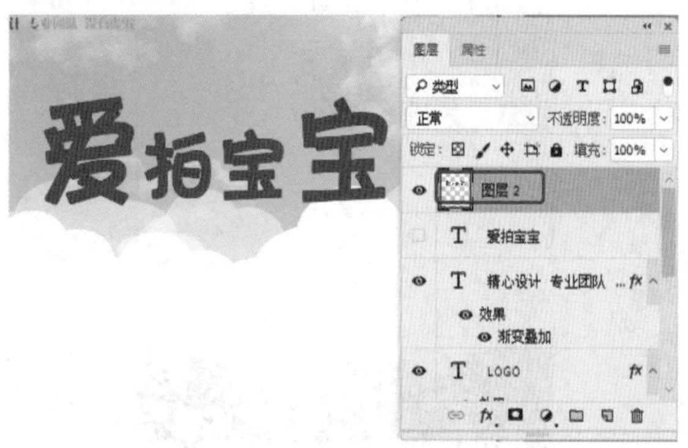

图7-29

26 使用“多边形套索工具”，在舞台中选择如图7-30所示的区域，按Ctrl+U组合键，在弹出的“色相/饱和度”对话框中设置合适的色调。

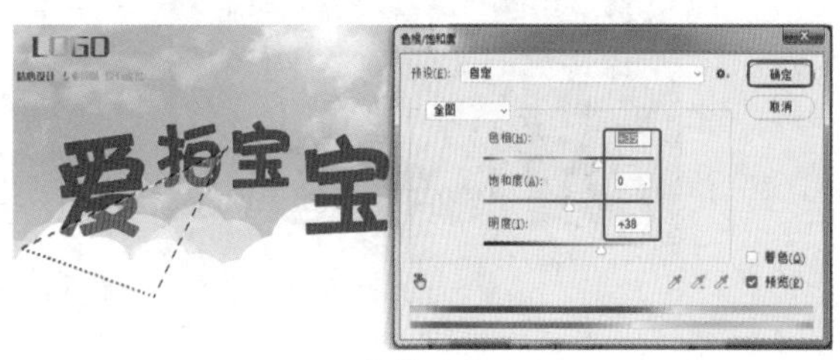

图7-30

27 调整好颜色后按Ctrl+D组合键，取消选区的选择，使用“多边形套索工具”，在舞台中选择如图7-31所示的区域，按Ctrl+U组合键，在弹出的“色相/饱和度”对话框中设置合适的色调。

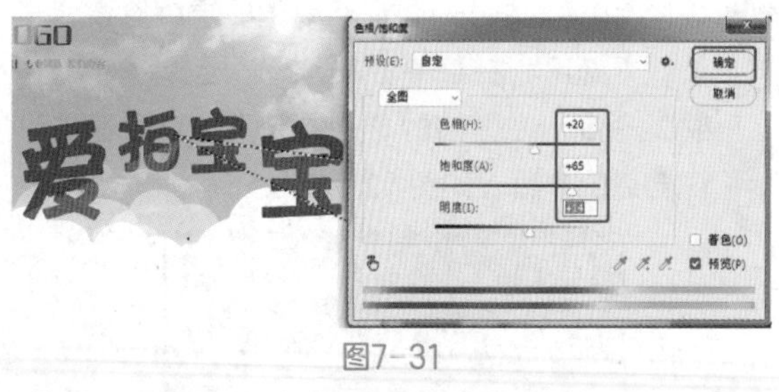

图7-31

28 使用同样的方法调整如图7-32所示的区域的色调。

图7-32

29 调整好填充文字的效果后，双击其所在的图层，在弹出的“图层样式”对话框中勾选“描边”复选框，设置合适的描边参数，如图7-33所示。

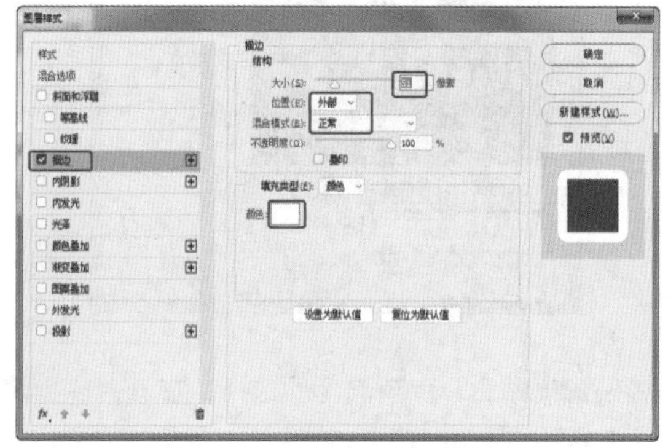

图7-33

30 继续勾选“投影”复选框，设置合适的参数，单击“确定”按钮，如图7-34所示。

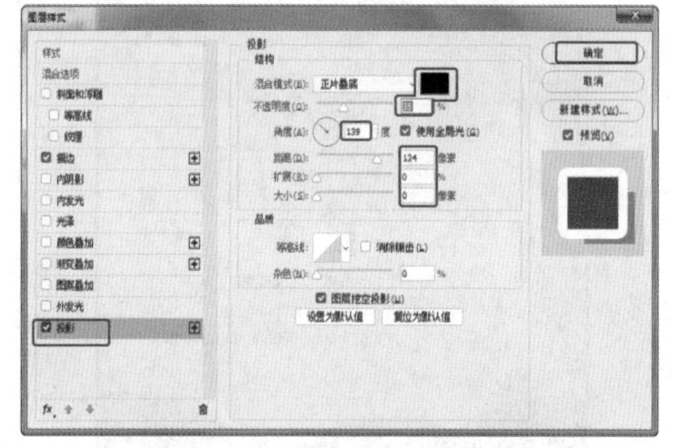

图7-34

31 调整图层样式后的效果如图7-35所示。

32 使用同样的方法创建文字，设置文字的选区，填充选区颜色，设置合适的色调和图层样式，如图7-36所示。

图7-35

图7-36

33 使用“自定形状工具”，在舞台中创建对话框形状，设置形状的填充为橘红色，在对话框中输入文字，如图7-37所示 。

图7-37

34 在菜单栏中选择“文件>置入嵌入对象”命令，在弹出的“置入嵌入的对象”对话框中选择随书配备资源中的“热气球.psd”文件，单击“置入”按钮，如图7-38所示。

图7-38

35 在舞台中复制并调整素材，如图7-39所示。

36 在舞台中创建文字注释，结合使用“椭圆工具”创建文字底纹，如图7-40所示。

图7-39　图7-40

37 在菜单栏中选择“文件>置入嵌入对象”命令，在弹出的“置入嵌入的对象”对话框中选择随书配备资源中的“照片01.JPG”文件，单击“置入”按钮，如图7-41所示。

图7-41

38 置入照片素材后，在舞台中调整素材的大小和角度，如图7-42所示。

图7-42

39 双击照片图层，在弹出的“图层样式”对话框中勾选“描边”复选框，设置合适的描边参数，如图7-43所示。

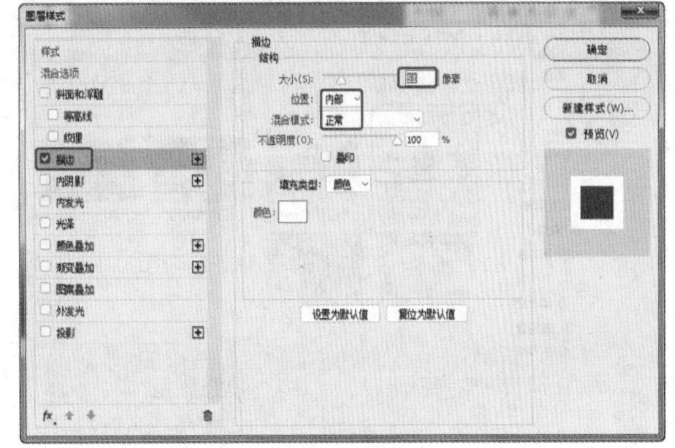

图7-43

40 继续勾选“投影”复选框，设置合适的投影参数，如图7-44所示。

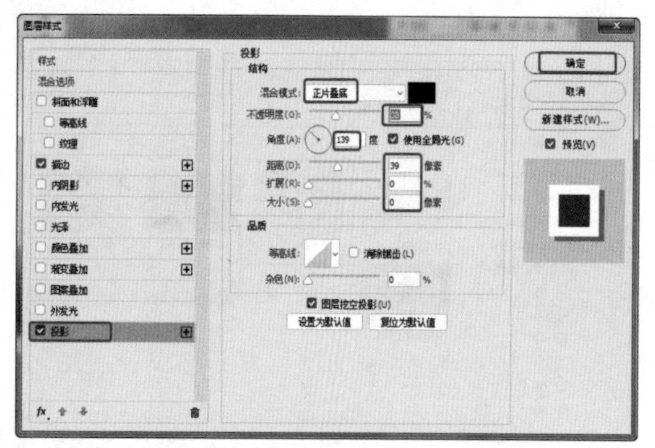

图7-44

41 调整的照片样式效果如图7-45所示。

图7-45

42 使用同样的方法导入另两张照片，并调整合适的效果。

43 在菜单栏中选择“文件>置入嵌入对象”命令，在弹出的“置入嵌入的对象”对话框中选择随书配备资源中的“卡通花.png”文件，单击“置入”按钮，如图7-46所示。

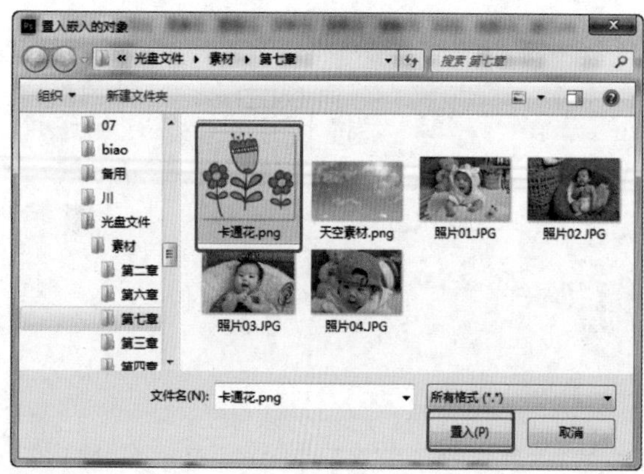

图7-46

44 调整各个素材的位置，在底部输入文字，如图7-47所示。

图7-47

45 这样正面的DM宣传单页就制作完成了。按Ctrl+S组合键，在弹出的“另存为”对话框中选择存储路径，为文件命名，使用默认的.psd格式即可，单击“保存”按钮，如图7-48所示。

图7-48

46 继续在菜单栏中选择“文件>另存为”命令，存储背面文件，重新命名一个文件名称，单击“保存”按钮，存储两个文件，如图7-49所示。

图7-49

47 将正面的宣传单页文件关闭，打开存储的宣传单页的背面，删除不需要的素材，如图7-50所示。

图7-50

48 使用“横排文字工具” T，在舞台中创建文字，并设置文字的属性。在工具属性栏中单击“创建文字变形”按钮，弹出“变形文字”对话框，从中设置变形文字参数，如图7-51所示。

图7-51

49 设置变形文字后，双击文字图层，在弹出的“图层样式”对话框中勾选“光泽”复选框，设置合适的光泽参数，如图7-52所示。

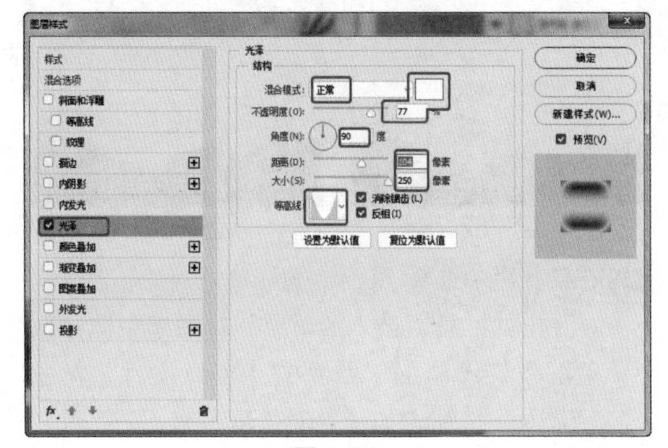

图7-52

50 继续勾选“投影”复选框，设置合适的投影参数，如图7-53所示。

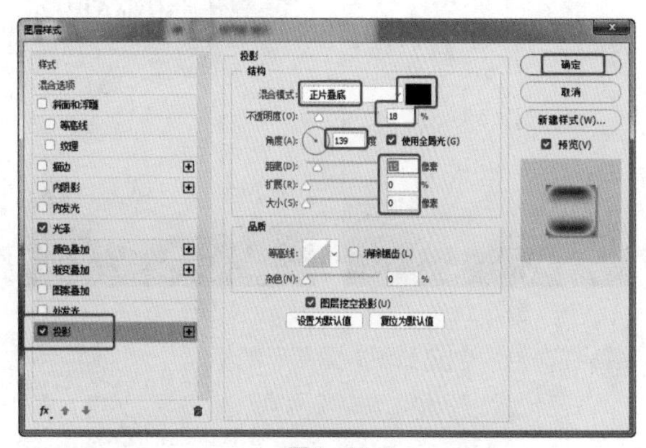

图7-53

51 变形文字的效果如图7-54所示。

图7-54

52 在菜单栏中选择“文件>置入嵌入对象”命令，在弹出的“置入嵌入的对象”对话框中选择随书配备资源中的“父子.png”文件，单击“置入”按钮，如图7-55所示。

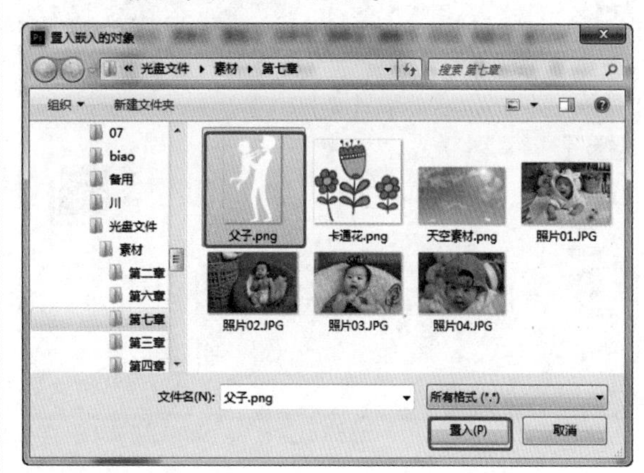

图7-55

53 置入“父子.png”文件，如图7-56所示。

54 调整素材的位置和大小，如图7-57所示。

图7-56

图7-57

55 在舞台中创建如图7-58所示的标题。

图7-58

56 双击创建的文字的所在图层，在“图层样式”对话框中勾选“描边”复选框，设置合适的参数，如图7-59所示。

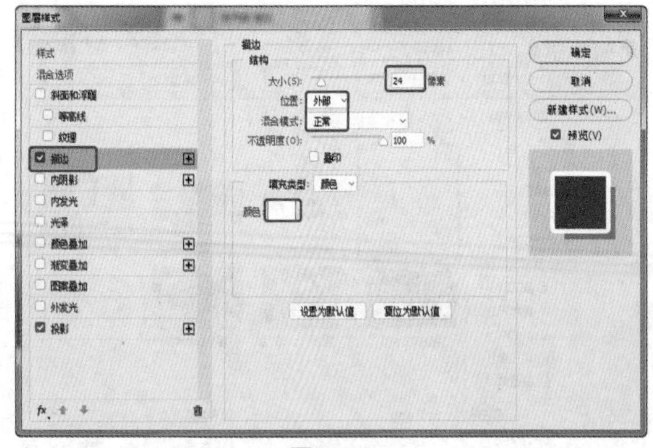

图7-59

57 继续勾选“投影”复选框，设置合适的参数，如图7-60所示。

58 这里我们可以看到变形文字的幅度有点大，可以双击变形文字图层前的文字缩览图，在弹出的“变形文字”对话框中设置合适的参数，如图7-61所示。

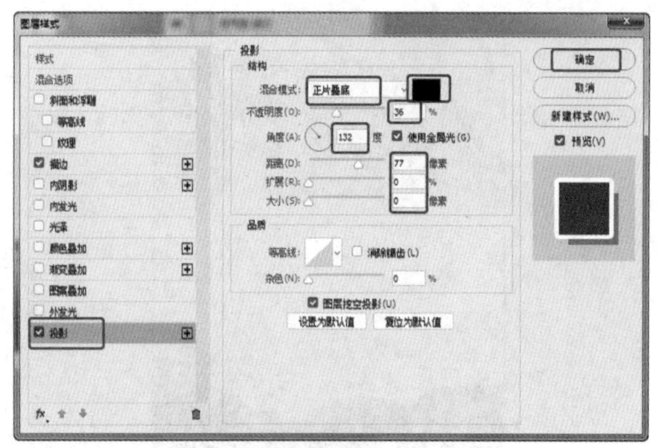

图7-60

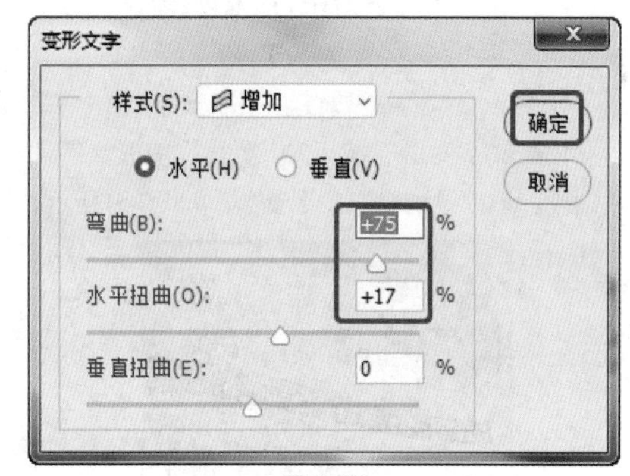

图7-61

59 调整后的效果如图7-62所示。

60 按Ctrl+R组合键，在舞台中拖曳出辅助线，如图7-63所示，根据辅助线来添加照片，调整照片的位置。

图7-62

图7-63

61 在菜单栏中选择“文件>置入嵌入对象”命令，在弹出的“置入嵌入的对象”对话框中选择随书配备资源中的“照片07.JPG”文件，单击“置入”按钮，如图7-64所示。

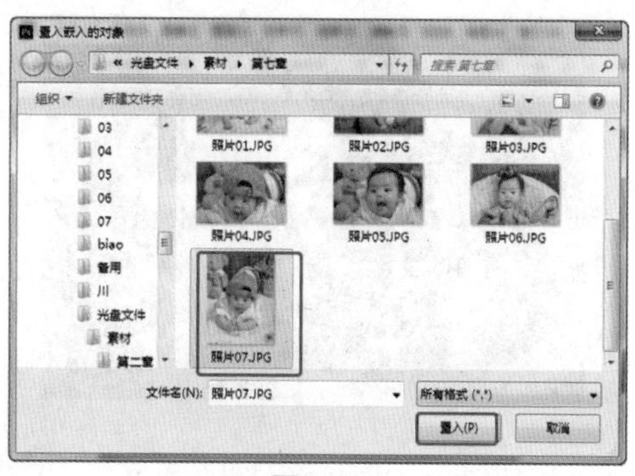

图7-64

62 置入素材后调整其位置和大小，如图7-65所示。

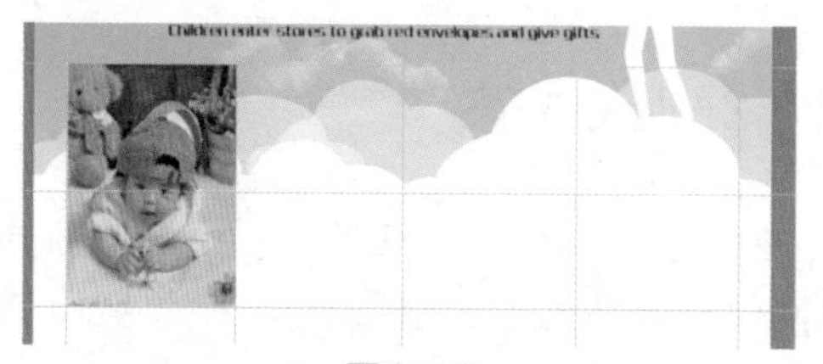
图7-65

63 使用“圆角矩形工具”在舞台中创建圆角矩形形状，设置描边为无、填充为无，如图7-66所示。

图7-66

64 按Ctrl+Enter组合键，将圆角矩形载入选区，在“图层”面板底部单击“添加图层蒙版”按钮，创建图像的遮罩，如图7-67所示。

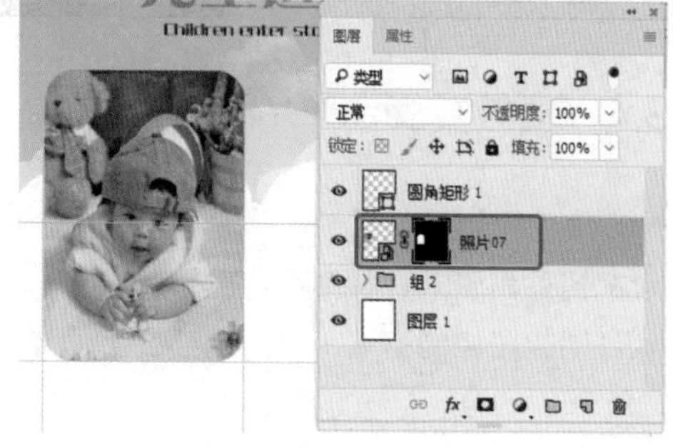

图7-67

65 使用同样的方法置入其他照片，并调整照片之间的间距，如图7-68所示。

图7-68

66 将所有的照片图层放置到一个图层组中，双击照片图层组，在弹出的“图层样式”对话框中选择“内发光”选项，设置合适的内发光参数，如图7-69所示。

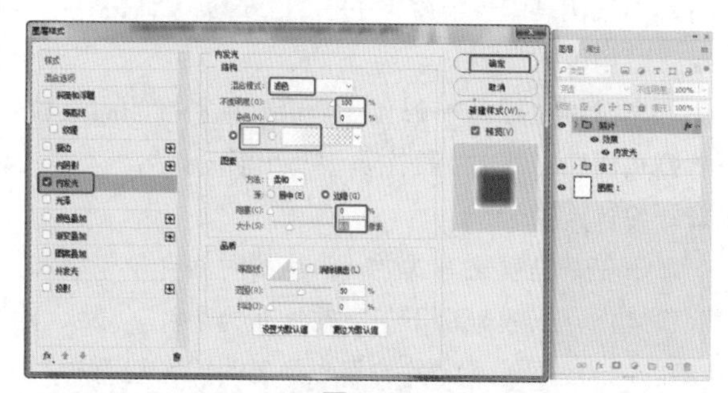
图7-69

67 继续使用文字和图形工具创建其他内容，如图7-70所示，这样儿童摄影DM的背面效果也制作完成。

图7-70

第7章 DM广告

7.3 商业案例——下午茶三折页设计

7.3.1 设计思路

扫码看视频

■ 案例类型

本案例是制作一款下午茶的三折页设计。

■ 项目诉求

本案例主推下午茶套餐，希望将主推的甜点放置到页面中，并在正面主页中写出活动内容。

■ 设计定位

下午茶是餐饮方式之一，用餐时间介于午餐和晚餐之间，一般来讲下午茶的饮品为果汁、茶水、咖啡，一般下午茶配备的点心为三明治，也有种类很多的甜点供大家选择，如图7-71所示。

图7-71

图7-71（续）

根据下午茶的特点我们将设计成一款让人轻松、悠闲的下午茶三折页效果。在主页和尾页中我们将添加本店特推的茶点，配以活动来吸引顾客。

7.3.2 配色方案

在配色上我们将使用代表下午的暖黄与淡粉的结合色，主要体现温暖的色调和清新的感觉，配色上我们将会使用同一色系的较暗的一种色彩，使整个色彩搭配上形成统一的效果。

7.3.3 同类作品欣赏

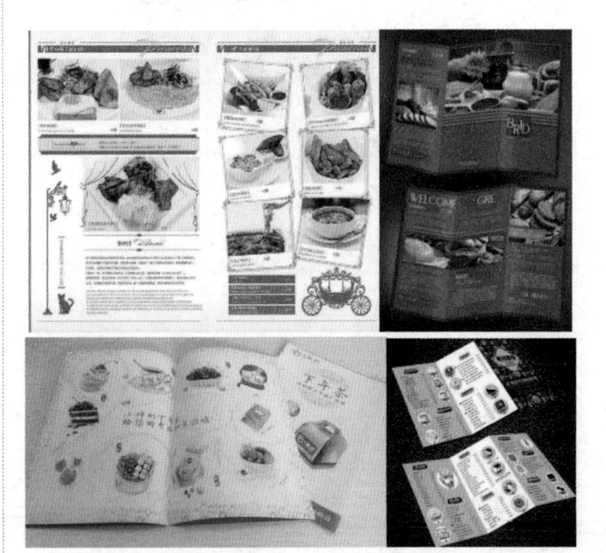

7.3.4 项目实战

■ 制作流程

本案例首先置入素材图像；然后创建矩形，绘制形状，创建图像的遮罩；最后创建文字注释，如图7-72所示。

图7-72

■ 技术要点

用“置入嵌入对象”命令，置入素材；

使用“矩形工具”创建矩形；

使用“椭圆工具”和“圆角矩形工具”绘制形状；

使用“钢笔工具”创建图形；

使用“添加图层蒙版”按钮，创建图像的遮罩；

使用“直线工具”绘制直线；

使用“横排文字工具”创建文字。

■ 操作步骤

01 运行Photoshop软件，在“欢迎”界面中单击“新建”按钮，在弹出的“新建文档”对话框中设置“宽度”为285毫米、“高度”为210毫米，设置“分辨率”为300像素/英寸，单击“创建”按钮，如图7-73所示。

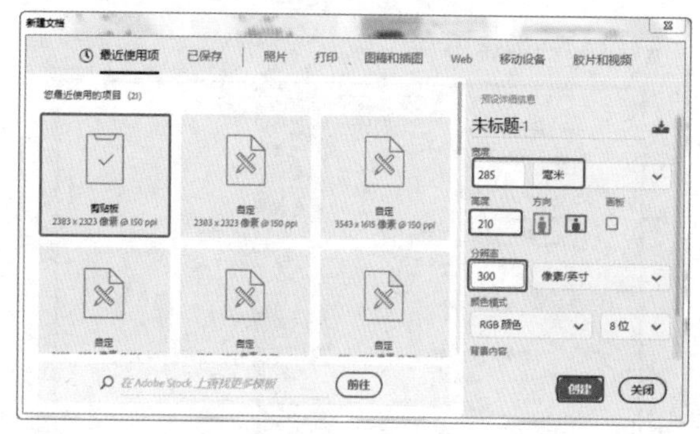

图7-73

02 使用“矩形工具”，在舞台中创建矩形，设置“宽度”为94毫米、“高度”为210毫米，如图7-74所示。

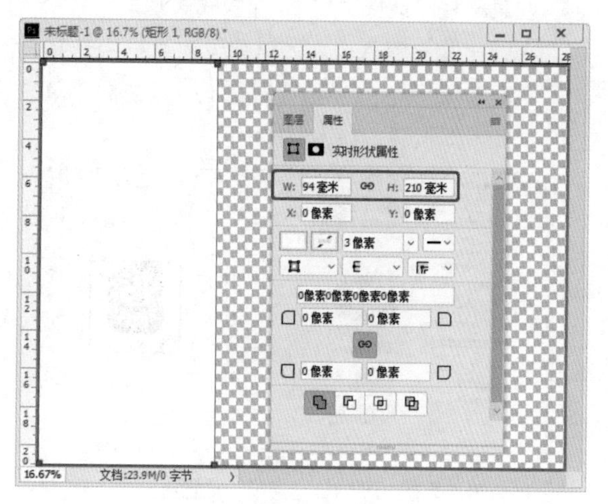

图7-74

03 使用“移动工具”，按住Alt键移动复制矩形，使用“路径选择工具”，在舞台中选择复制的矩形，在“属性”面板中修改“宽度”为95毫米，设置合适的参数，如图7-75所示。

04 继续复制矩形形状，在“属性”面板中修改“宽度”为96毫米，如图7-76所示。

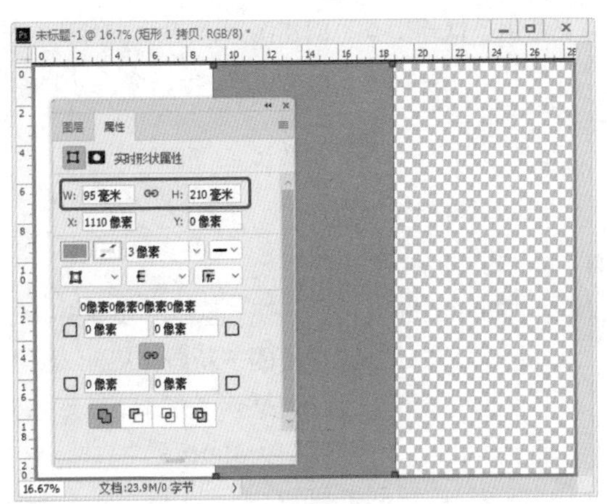

图7-75

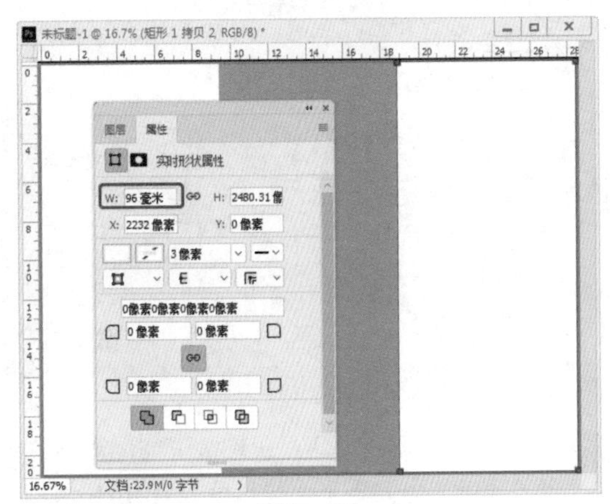

图7-76

05 在菜单栏中选择“文件>置入嵌入对象”命令，在弹出的“置入嵌入的对象”对话框中选择随书配备资源中的“花花背景.psd”文件，单击“置入”按钮，如图7-77所示。

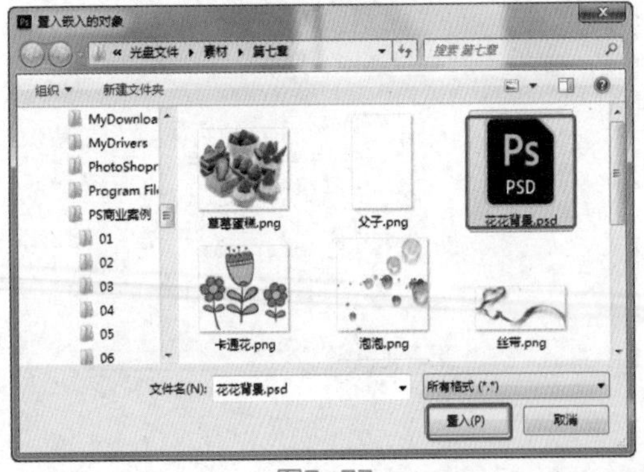

图7-77

06 置入素材后，调整素材的位置和大小，按住Ctrl键，单击第一个矩形前的图层缩览窗，将第一个矩形载入选区，如图7-78所示。在“图层”面板中选择“花花背景”图层，单击“添加图层蒙版”按钮，创建选区遮罩。

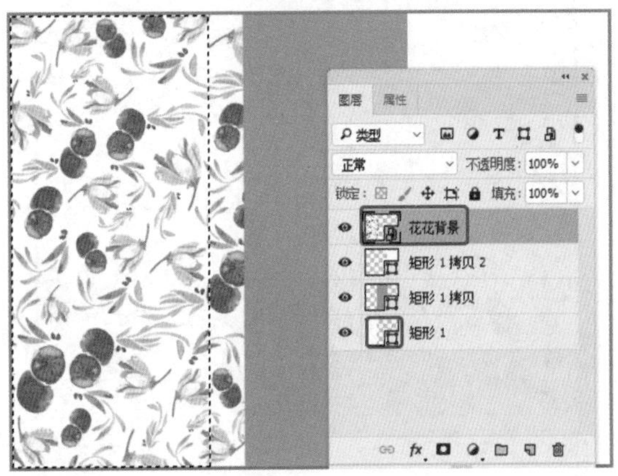

图7-78

07 使用“钢笔工具”，在舞台中绘制如图7-79所示的路径。

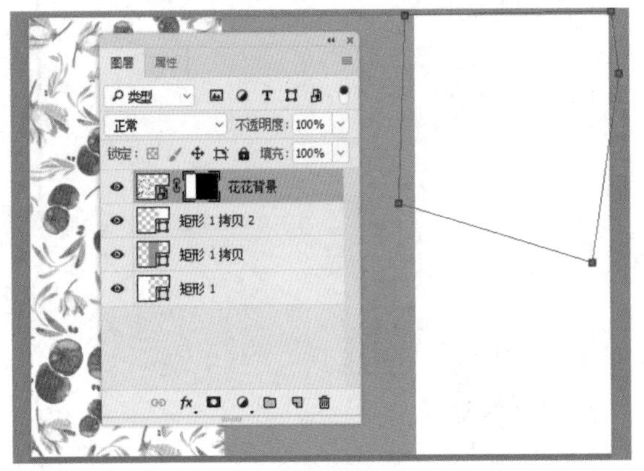

图7-79

08 新建一个图层，按Ctrl+Enter组合键，将钢笔绘制的路径载入选区，填充一种颜色，如图7-80所示。

图7-80

09 选择填充后的图层，按Ctrl键，单击第三个矩形图层所在的图层缩览窗，将其载入选区，单击“添加图层蒙版”按钮，创建遮罩，如图7-81所示。

图7-81

10 使用“直线工具”，在舞台中每个矩形之间创建分割线，如图7-82所示。

图7-82

11 在舞台中修改颜色的RGB为251、230、222，如图7-83所示。

图7-83

12 修改颜色后，使用“圆角矩形工具”，在工具属性栏中设置合适的“半径”参数，在舞台中绘制如图7-84所示的底纹矩形。

13 使用“横排文字工具” T 在舞台中创建文字，如图7-85所示，调整文字合适的属性和颜色。

图7-84

图7-85

14 在菜单栏中选择“文件>置入嵌入对象”命令，在弹出的“置入嵌入的对象”对话框中选择随书配备资源中的“丝带.png”文件，单击“置入”按钮，如图7-86所示。

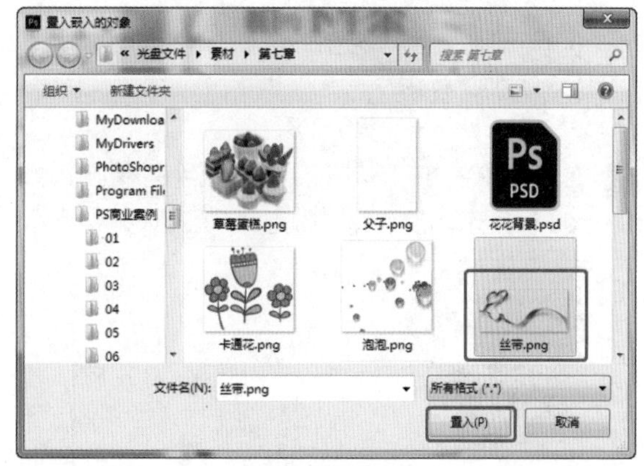

图7-86

15 置入素材后，调整素材的位置和大小，如图7-87所示。

16 继续置入“草莓蛋糕.png”素材，如图7-88所示。

图7-87

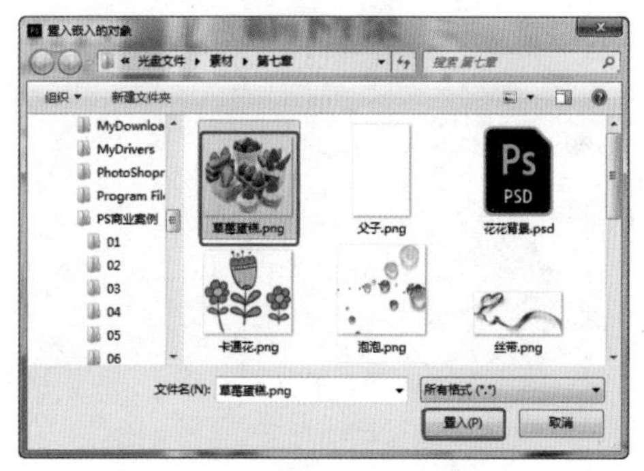

图7-88

17 置入素材后，调整素材的位置和大小，如图7-89所示。

图7-89

18 在舞台中使用“椭圆工具”绘制椭圆，如图7-90所示，设置椭圆为无填充和无轮廓。

图7-90

19 按Ctrl+Enter组合键，将椭圆载入选区，选择“草莓蛋糕”所在的图层，单击“添加图层蒙版”按钮，创建遮罩，并设置椭圆的填充为白色作为底色，如图7-91所示。

图7-91

20 使用“横排文字工具”T，在舞台中创建文字，如图7-92所示。

图7-92

21 在文字的底部创建椭圆，分别设置椭圆的填充和轮廓，如图7-93所示。

图7-93

22 使用“横排文字工具”T，在舞台中创建文字，设置文字的属性，注意需要设置文字的间距，如图7-94所示。

图7-94

23 使用“直线工具”╱在舞台中绘制斜线，设置合适的填充，设置为无轮廓，如图7-95所示。

图7-95

24 继续创建文字，如图7-96所示。

图7-96

25 使用“横排文字工具”T和“矩形工具”□创建活动内容，如图7-97所示。

图7-97

26 在菜单栏中选择“文件>置入嵌入对象”命令，在弹出的“置入嵌入的对象”对话框中选择随书配备资源中的“未标题-1.png”文件，单击“置入”按钮，如图7-98所示。

图7-98

27 置入素材后，调整素材的位置和大小，如图7-99所示。

图7-99

28 继续置入“泡泡.png”文件，在舞台中调整素材的大小和位置，如图7-100所示。

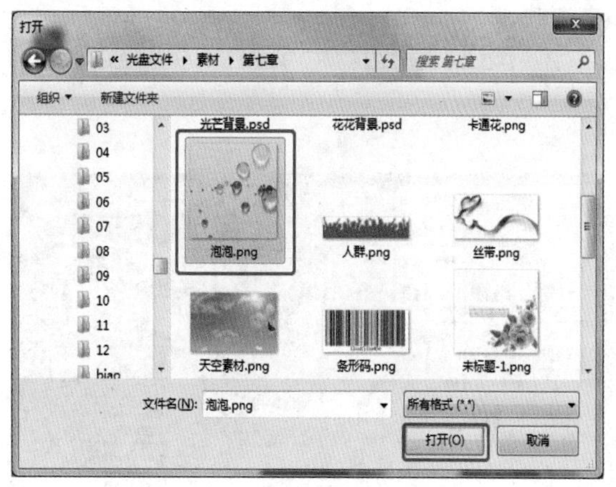

图7-100

29 置入“条形码.png”文件，在舞台中调整素材的大小和位置，如图7-101所示。

图7-101

30 置入“草莓蛋糕01.png”文件，在舞台中调整素材的大小和位置，复制“草莓蛋糕01”素材，设置不透明度为20%的图像效果，如图7-102所示。

图7-102

31 至此，本案例制作完成。

7.4 商业案例——超市DM宣传页

7.4.1 设计思路

扫码看视频

■ 案例类型

本案例是制作一款超市促销DM宣传页。

■ 项目诉求

根据超市店庆10周年为主题，需要制作一款超市活动的促销DM宣传页的模板，主要板块可以分为超低价商品、优惠活动、特价区、广告区。

■ 设计定位

根据项目诉求，我们需要将主要标题设置为“10周年店庆 感恩钜惠”，在标题下我们将主要推出活动内容和超低价商品，吸引顾客。在其他内容页我们将主要推出特价商品和活动商品，从中穿插广告和一些超市的信息。

7.4.2 配色方案

配色上我们选择使用橘红色，避开主色为大红色，因为客户觉得每次活动都用大红色太过张扬，所以在配色上可以使用暖色，使人们心情平和愉悦即可，且使用红色调会夺取内容和图片的太多注意力，所以主色我们将采用不夺目的色调，突出商品、广告和活动信息。

7.4.3 同类作品欣赏

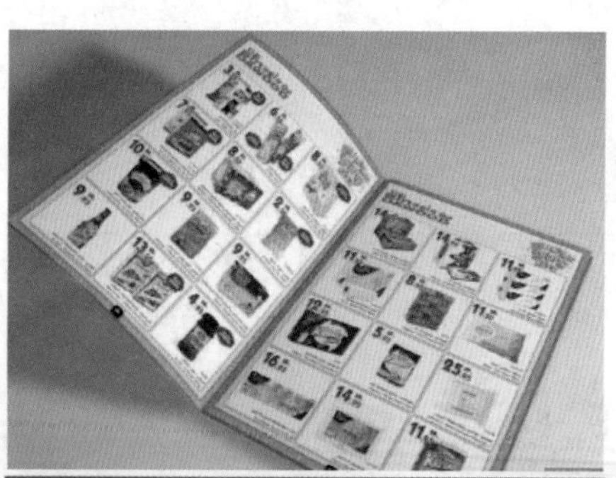

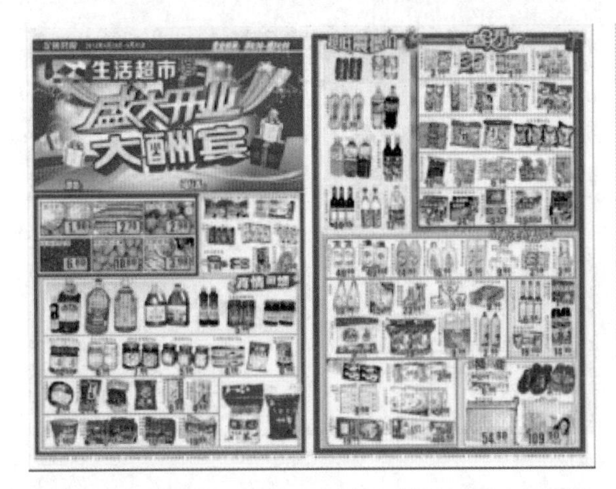

7.4.4 项目实战

■ 制作流程

本案例首先绘制矩形，置入素材图像；然后创建文字注释并调整文字的变形；最后绘制圆角矩形，创建形状，设置图像蒙版效果，如图7-103所示。

图7-103

图7-103（续）

■ 技术要点

使用“矩形工具”绘制矩形；

使用“圆角矩形工具”绘制圆角矩形；

使用“置入嵌入对象”命令置入素材；

使用“横排文字工具”创建文字；

使用“自由变换”命令调整文字的变形；

使用“图层样式”设置图层图像的效果；

使用“色相/饱和度”命令调整图像颜色；

使用“钢笔工具”“转换点工具”“直接选择工具”创建形状；

使用“添加图层蒙版”设置图像蒙版效果。

■ 操作步骤

01 运行Photoshop软件，在“欢迎”界面中单击“新建”按钮，在弹出的“新建文档”对话框中设置“宽度”为420毫米、“高度”为284毫米，设置“分辨率”为300像素/英寸，单击“创建”按钮，如图7-104所示。

02 使用“矩形工具”□在舞台中创建矩形，在“属性”面板中设置填充的RGB为227、122、68，如图7-105所示。

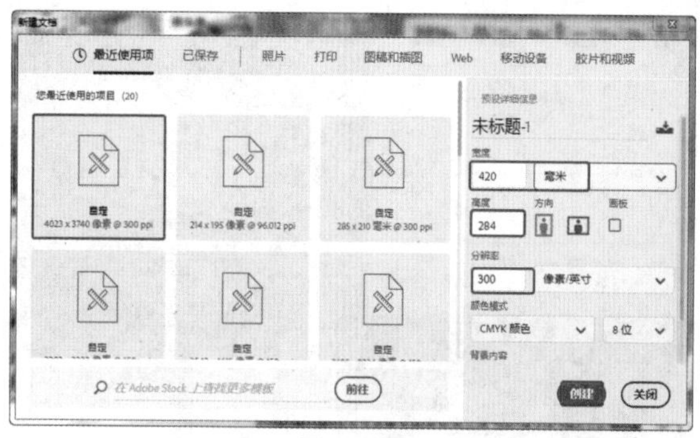

图7-104

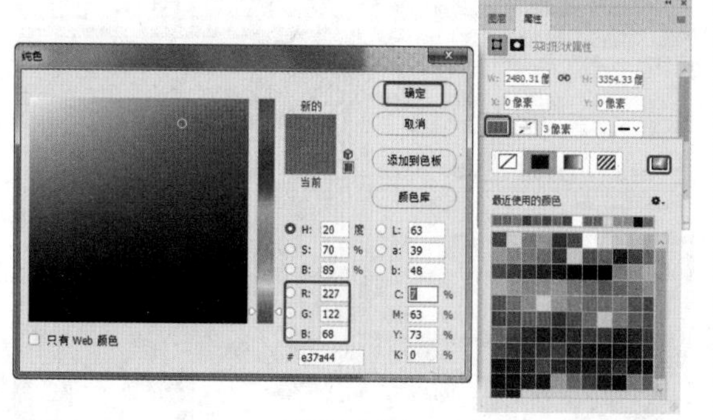

图7-105

03 使用“路径选择工具” ，在舞台中选择矩形，在“属性”面板中设置“宽度”为210毫米、“高度”为284毫米，如图7-106所示。

图7-106

04 在菜单栏中选择“文件>置入嵌入对象”命令，在弹出的“置入嵌入的对象”对话框中选择随书配备资源中的“光芒背景.psd”文件，单击“置入”按钮，如图7-107所示。

05 置入素材后，在舞台中调整其位置和大小，使用“横排文字工具” T，在舞台中创建文字，如图7-108所示。

06 选择创建的文字，如图7-109所示。鼠标右击文字图层，在弹出的快捷菜单中选择“栅格化文字”命令，将图层进行栅格化。

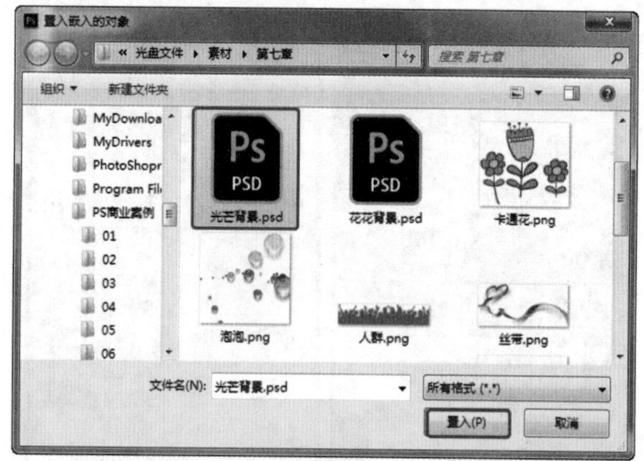

图7-107

图7-108

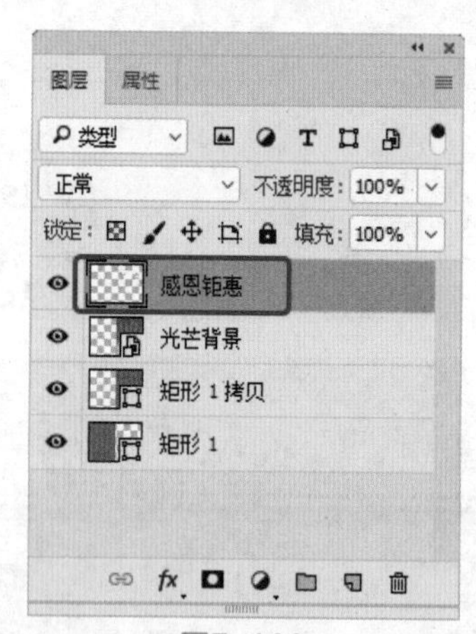

图7-109

07 按Ctrl+T组合键，使用“自由变换”命令，在舞台中调整文字的变形效果，如图7-110所示。

08 调整变形后，按Enter键，双击调整变形后的文字图层，在弹出的“图层样式”对话框中勾选“描边”复选框，设置合适的描边参数，设置描边颜色为紫色，如图7-111所示。

图7-110

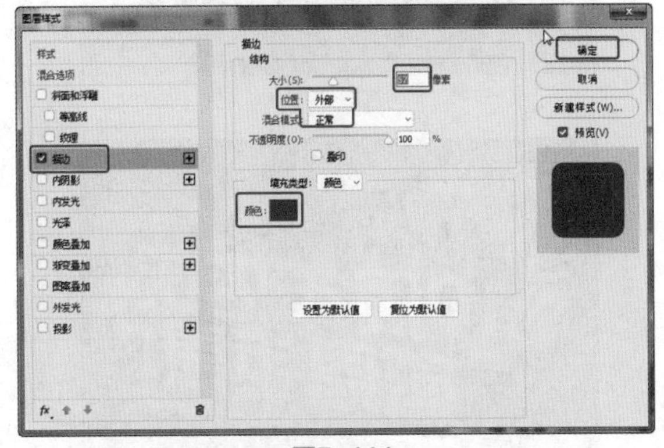

图7-111

09 按Ctrl+J组合键，复制标题图层，鼠标右击底部的标题图层，在弹出的快捷菜单中选择“栅格化图层样式”命令，如图7-112所示。

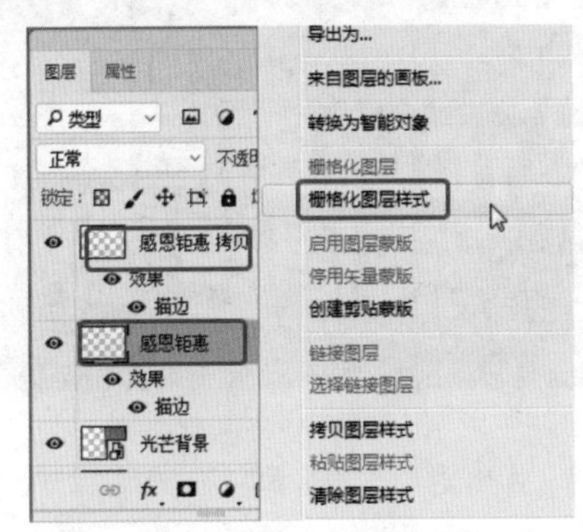

图7-112

10 栅格化图层后，按Ctrl+U组合键，在弹出的“色相/饱和度”对话框中设置“明度”为100，单击“确定”按钮，在舞台中调整素材的位置，如图7-113所示。

图7-113

11 继续复制标题，如图7-114所示，调整标题的位置。

图7-114

12 双击中间的文字图层，在弹出的“图层样式”对话框中勾选“投影”复选框，设置合适的投影参数，如图7-115所示。

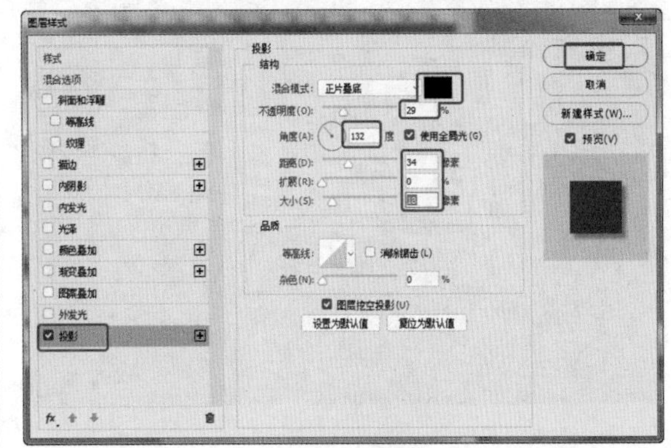

图7-115

13 调整的标题效果如图7-116所示。

图7-116

14 在菜单栏中选择“文件>置入嵌入对象”命令，在弹出的“置入嵌入的对象”对话框中选择随书配备资源中的“热气球.psd”文件，单击“置入”按钮，如图7-117所示。

图7-117

15 调整置入素材的大小和位置，如图7-118所示。

图7-118

16 双击热气球素材，在弹出的“图层样式”对话框中勾选“投影”复选框，设置合适的投影参数，如图7-119所示。

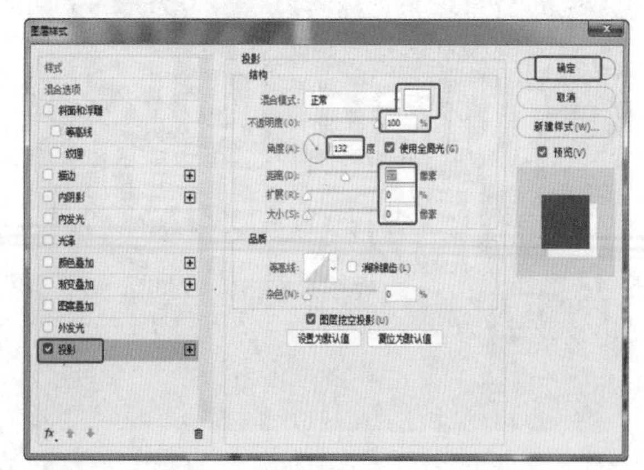

图7-119

17 设置热气球投影的效果如图7-120所示。

18 使用“横排文字工具” T.在舞台中创建文字，设置文字的描边图层样式，如图7-121所示。

图7-120

图7-121

19 继续创建如图7-122所示的文字。

图7-122

20 使用“圆角矩形工具” ▢.在如图7-123所示的位置创建圆角矩形，在“属性”面板中设置合适的圆角。

图7-123

21 双击创建的圆角矩形，在弹出的“图层样式”对话框中勾选“斜面和浮雕”复选框，设置合适的参数，如图7-124所示。

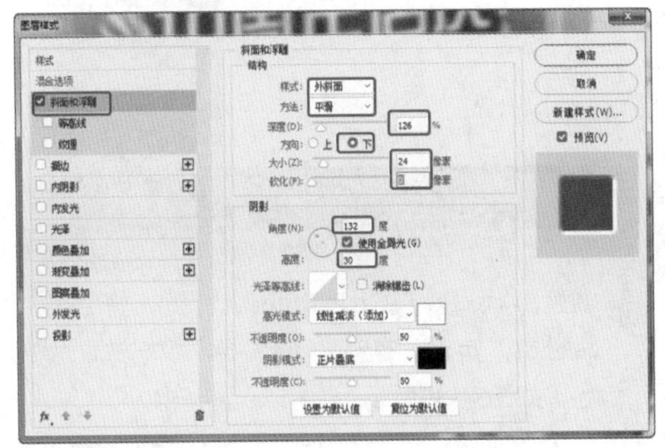

图7-124

22 继续勾选“描边”复选框，设置合适的描边参数，单击“确定”按钮，如图7-125所示。

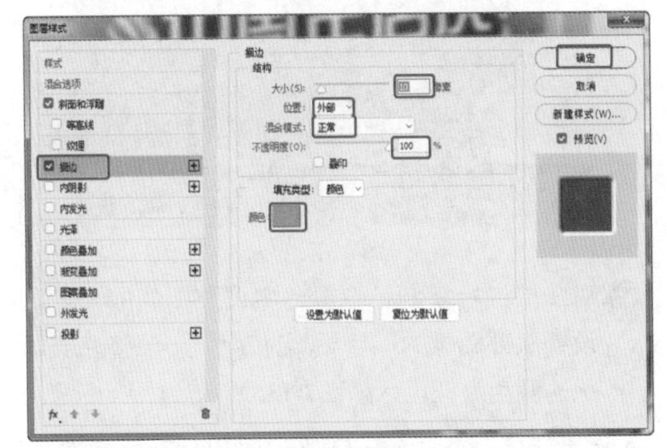

图7-125

23 对设置好图层样式后的圆角矩形进行复制，如图7-126所示。

图7-126

24 在“图层”面板中将图层放置到图层组中，如图7-127所示。

25 在菜单栏中选择“文件>置入嵌入对象”命令，在弹出的“置入嵌入的对象”对话框中选择随书配备资源中的“彩带.psd”文件，单击“置入”按钮，如图7-128所示。

图7-127

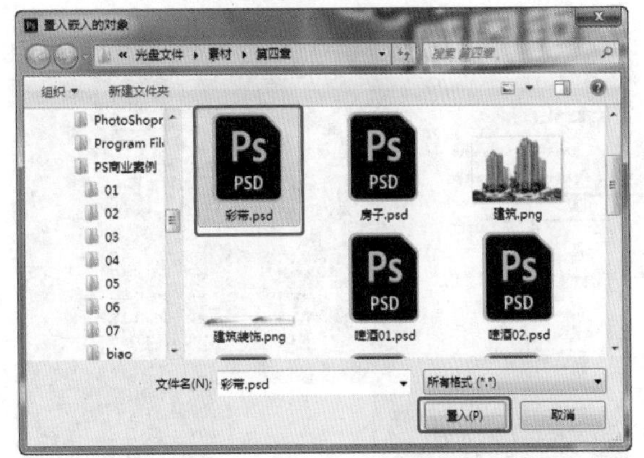

图7-128

26 置入素材后，调整素材到标题和文字以及热气球的下方，如图7-129所示，并在舞台中复制并调整彩带大小。

图7-129

27 在舞台中创建文字，设置合适的参数，将活动的注释文字放置到同一个图层组中，双击图层组，设置合适的描边图层样式，如图7-130所示。

图7-130

28 使用“矩形工具”▭.在舞台中创建矩形，设置填充为白色，轮廓为红色，如图7-131所示。

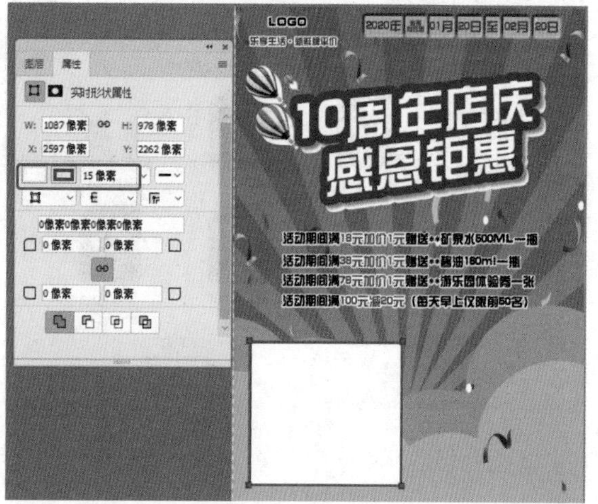

图7-131

29 使用“钢笔工具”✎，在工具属性栏中设置填充为无、轮廓为无，在舞台中绘制如图7-132所示的形状。

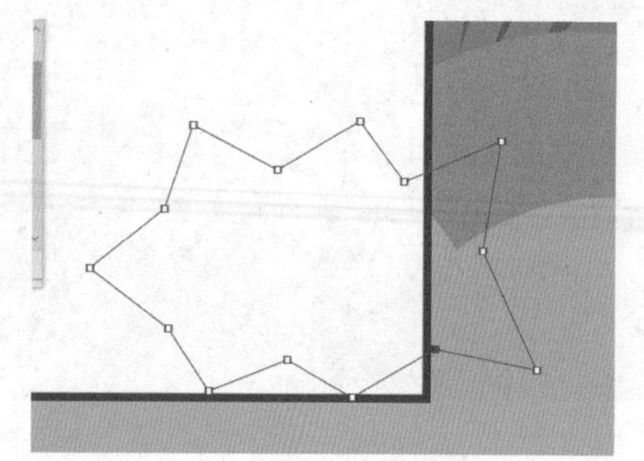

图7-132

30 使用“转换点工具”⌐.调整形状，使用“直接选择工具”↖.调整锚点的位置，如图7-133所示。

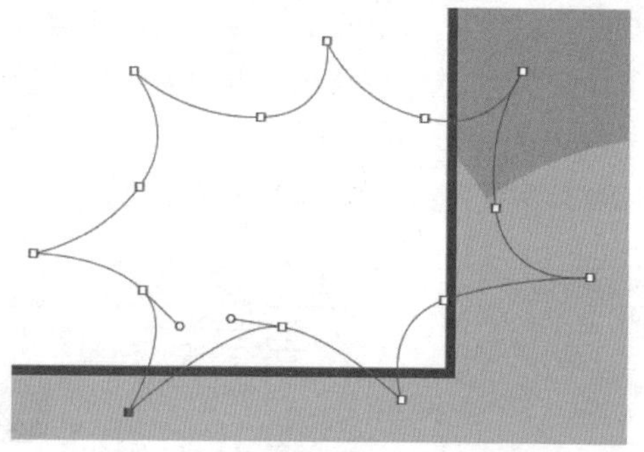

图7-133

31 调整形状后，按Ctrl+Enter组合键，将绘制的路径载入选区，新建一个图层，填充选区为黄色，如图7-134所示。

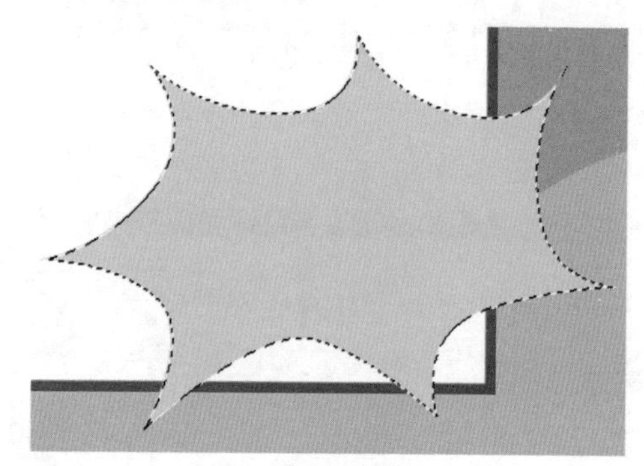

图7-134

32 对图层进行复制，在舞台中调整图像的大小，设置底部图像的“色相/饱和度”，调整底部形状的颜色为红色，如图7-135所示。

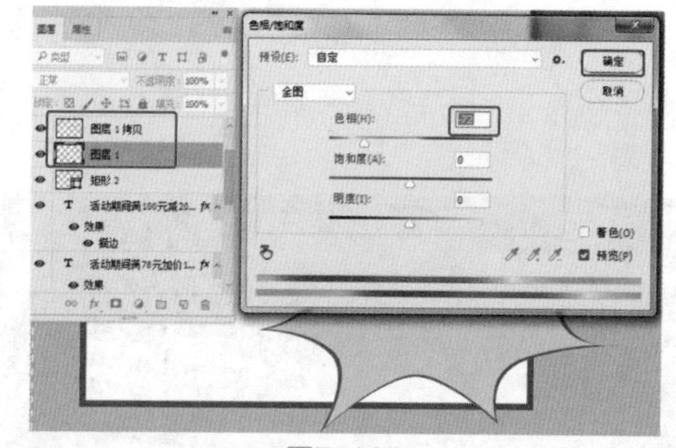

图7-135

33 使用“横排文字工具”T，在舞台中创建文字，如图7-136所示。

提示

这里我们创建的文字是由客户提供，但是商品价格还是会根据客户提供而定，这里我们简单地输入一下，客户提供图和价格之后可以对其内容进行更改。

图7-136

34 将创建的价格标签文字放置到同一个图层组中，双击图层组，在弹出的“图层样式”对话框中勾选“描边”复选框，设置合适的参数，如图7-137所示。

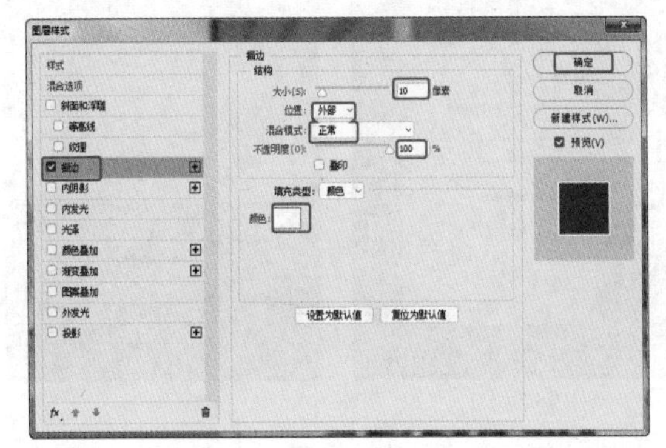

图7-137

35 设置的描边的效果，如图7-138所示。

图7-138

36 复制价格标签和矩形背景，如图7-139所示。

图7-139

37 在舞台中创建文字，将文字图层栅格化为普通图层，按Ctrl+T组合键，鼠标右击自由变换区域，在弹出的快捷菜单中选择“透视”命令，如图7-140所示。

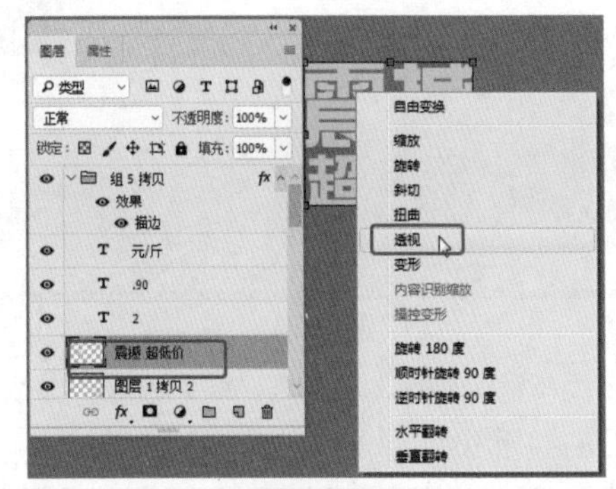

图7-140

38 在舞台中调整文字透视效果，如图7-141所示。

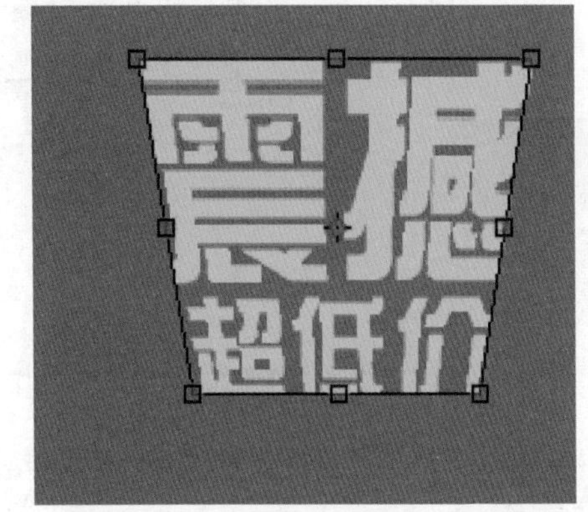

图7-141

39 调整透视后，鼠标右击透视区域，在弹出的快捷菜单中选择“自由变换”命令，调整变换效果，如图7-142所示。

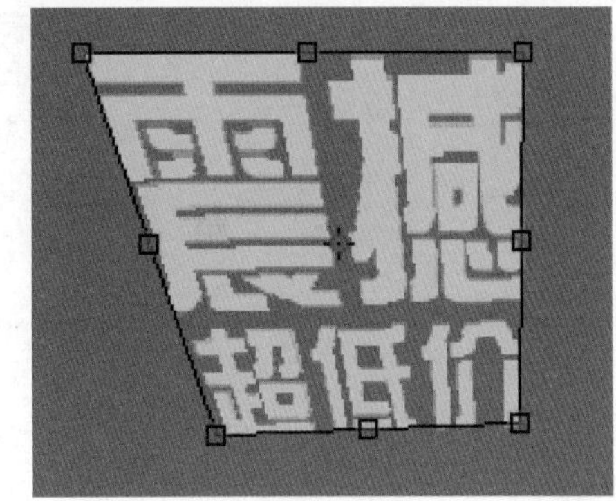

图7-142

40 调整透视后，按Enter键，确定调整，双击调整后的图层，在弹出的“图层样式”对话框中勾选“描边”复选框，设置合适的参数，如图7-143所示。

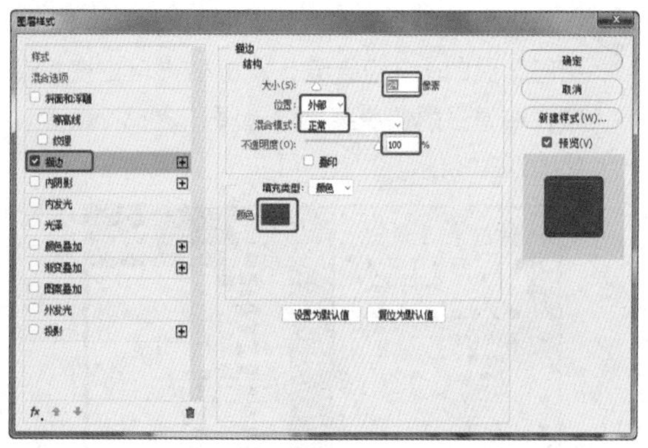

图7-143

41 继续勾选“光泽”复选框，设置合适的参数，如图7-144所示。

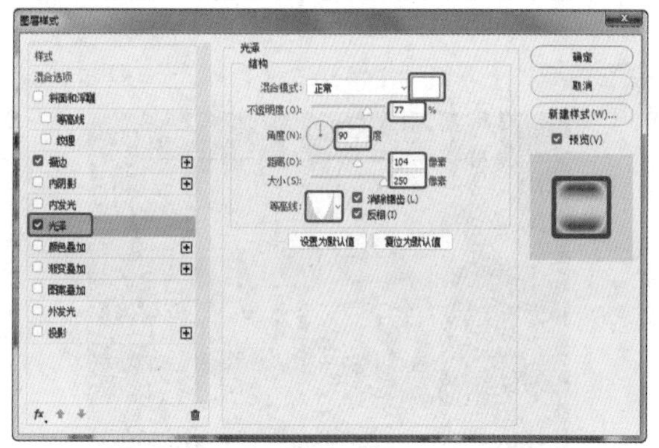

图7-144

42 继续勾选“斜面和浮雕”复选框，设置合适的参数，如图7-145所示。

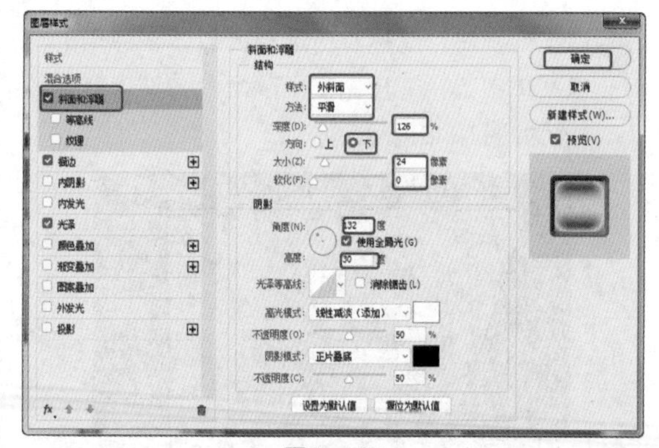

图7-145

43 在舞台中调整素材的位置和大小，并对其进行复制，如图7-146所示，这样正面DM就制作完成了。

44 在背面使用“矩形工具”绘制矩形，设置填充为黄色、轮廓为绿色，如图7-147所示。

45 按Ctrl+R组合键，显示标尺，并向舞台拖曳辅助线，如图7-148所示，根据辅助线添加图像。

图7-146

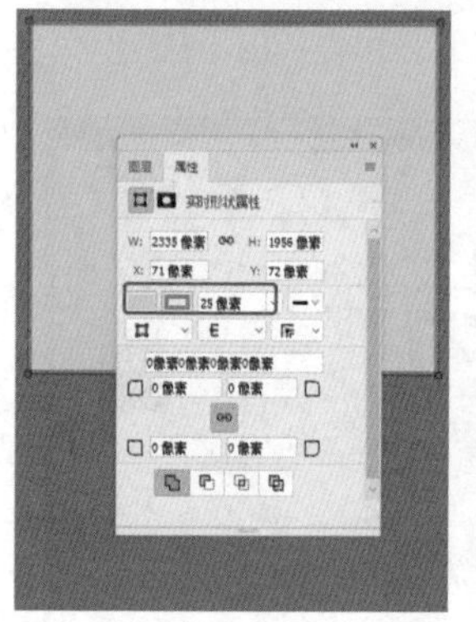

图7-147　图7-148

46 继续使用“矩形工具”，在舞台中创建填充为白色，轮廓为无的矩形，如图7-149所示。

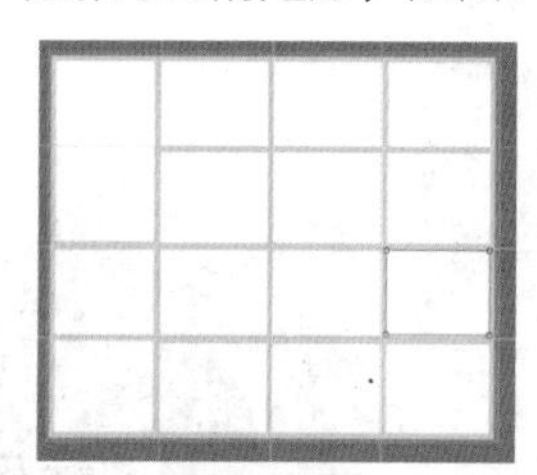

图7-149

47 在舞台中创建文字，并将文字放置到同一个图层组中，设置图层组的“描边”图层样式，如图7-150所示。

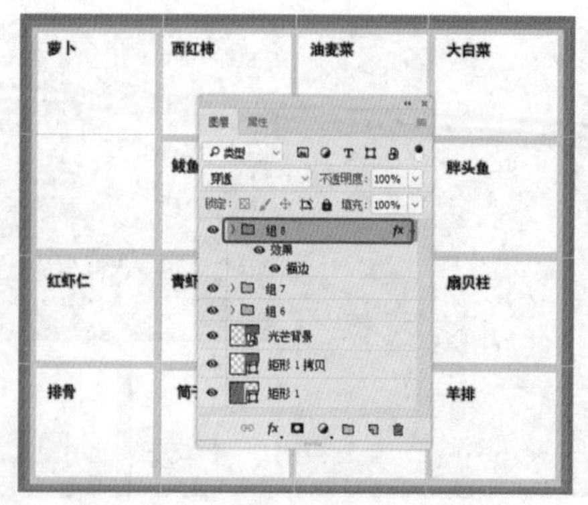

图7-150

48 继续创建并复制文字，如图7-151所示。

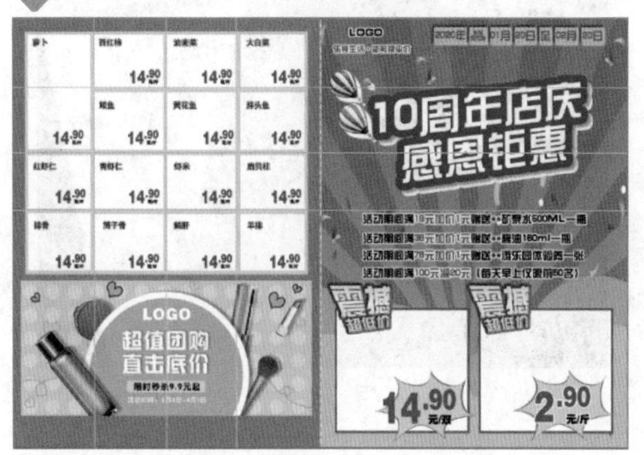

图7-151

49 可以在如图7-152所示的位置添加广告内容。

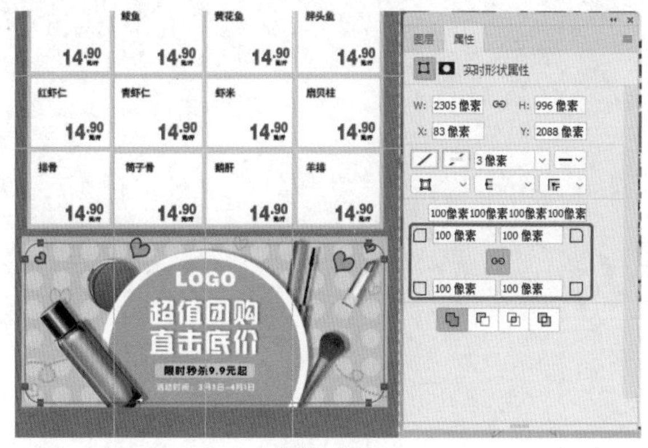

图7-152

50 在广告上创建一个无填充、无轮廓的圆角矩形，如图7-153所示。

图7-153

51 按Ctrl+Enter组合键，将圆角矩形载入选区，在“图层”面板底部单击“添加图层蒙版”按钮，创建蒙版。

52 在菜单栏中选择“文件>置入嵌入对象”命令，在弹出的“置入嵌入的对象”对话框中选择随书配备资源中的“支付.png”文件，单击“置入”按钮，如图7-154所示。

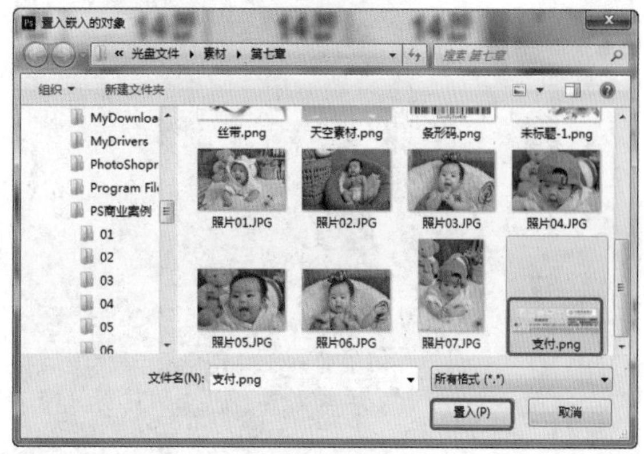

图7-154

53 继续添加文字，调整支付素材的位置，如图7-155所示。

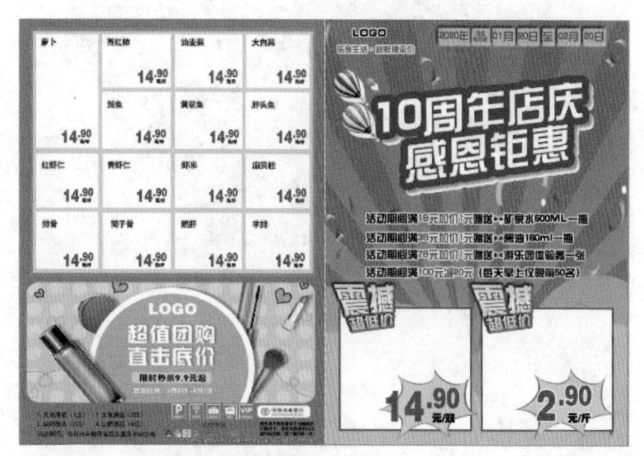

图7-155

54 至此，本实例制作完成。

7.5 优秀作品欣赏

INTERIOR BROCHURE

Nothing but the
BEST RESULTS
Heading 1
Heading 2
FOR MORE ENQUIRIES, CALL US NOW AT 123.456.789
loremcompany

STOREWIDE
CLEARANCE SALE
SAVE UP TO
75%
$59.99
$59.99
$59.99
$59.99

LOGO
点滴成长
我们陪在你身旁
我们不是托管，我们是托辅！

图书、杂志、相册、画册等首先映入眼帘的是封面，封面设置的好与坏直接影响其吸引力和销量。

本章节主要分析和介绍封面设计的一些相关内容。

8.1 封面设计概述

封面也称为书封面、封皮、外封等，一般封面印有书名、出版社、作者和版权等，如图8-1所示为一些优秀的封面设计效果。

图8-1

8.1.1 封面的组成要素

与其他广告和海报的设计一样封面设计同样包括文字、图形和色彩三大要素，设计者就是根据书籍的不同性质、用途和读者对象，把三者有机地结合起来，从而表现出书籍的丰富内涵，并以一种传递信息为目的和一种美感的形式呈现给读者。如图8-2所示为书籍设计的优秀作品。

图8-2

（1）文字。封面中的文字主要包括书名、作者名、出版社名、说明文字、责任编辑、装帧设计者、书号和定价。在设计过程中为了封面画面不与另一书名重复，也可以加上英文或拼音。还可以添加一些内容简介和吸引人的内容等。有时为了画面的需要，封面上也可以不署名作者和出版社，这些信息出现在书脊和扉页上，封面上只留下不可缺少的书名。

（2）图形。封面的图形可以是插画、摄影和图案。

（3）色彩。色彩是书籍装帧和广告中重要的艺术语言，代表着作品的风格和情感暗示，是一种特殊的语言表达形式。封面可以没有图形，但不能没有色彩，而色彩的运用要与书籍内容的基调相吻合，与绘画色彩设计不同，书籍色彩采用装饰性色彩，更具概括力，也更醒目。

8.1.2 封面设计的表现手法

根据封面效果封面设计有三大表现手法。

（1）写实法。用书中的具体情节和形象来表现书的内容。写实手法的特点就是形象直观、易于理解，如图8-3所示。

图8-3

（2）象征法。用联想、比喻、象征、抽象等方法简洁地体现书籍的内容，如图8-4所示。

图8-4

（3）装饰法。用与书籍内容精神相协调的线条、色块和装饰图案来表现，适用于不宜用具体形象表达书籍内容的封面，通常用于理论书籍，如图8-5所示。

图8-5

8.1.3 封面设计的重要性

封面是体现书籍美学的一种表现形式，从美学上和传播价值上都起到非常重要的作用，它既是从业人员创造力的表达，也是产品观点的表达。

从视角角度来考虑，封面只要醒目、可识别，可以抓住人们需求的能力，这样就决定了杂志或书籍的零售成效。封面能营造话题，形成长期深入的营销力量，并体现书籍、杂志或画册的文化。

封面设计的成败也取决于设计定位。要做好前期与客户的沟通，通过客户的需求，设计师们来定位封面的风格。通过分析企业文化和产品特点，来对产品的封面进行行业特点的定位。客户的观点有时可能影响封面设计的风格，所以，在设计封面前期和中期的沟通也是非常重要的。

8.2 商业案例——求职简历封面模板设计

8.2.1 设计思路

扫码看视频

■ 案例类型

本案例是制作一款个人简历的模板设计。

■ 项目分析

个人简历是求职中最重要的部分，一般紧跟在求职信的后面，是求职者全面素质和能力体现的缩影，简历同时也是对求职者能力、经历、技能等的简要总结。它的主要任务就是争取让对方和求职者联系，唯一的目的就是争取到面试机会。一份好的简历，好比是产品的广告说明书，既要在短短几页纸中把求职者的形象和其他竞争者分别开来，又要切实把求职者的价值令人信服地表现出来。一份好的简历无疑是开启新工作的敲门砖。

■ 设计定位

本案例将制作一款比较简约的几何图形的个人简历。

8.2.2 配色方案

配色方案我们将采用较为商务的灰白黑色调作为主色，避免过于呆板，我们将使用活跃的黄色来作为辅助色，使整个简历在商务化的同时还带有活泼灵活的年轻化效果。

8.2.3 同类作品欣赏

8.2.4 项目实战

■ 制作流程

本案例首先绘制矩形，并设置矩形的遮罩；然后创建并移动选区；最后创建文字注释，如图8-6所示。

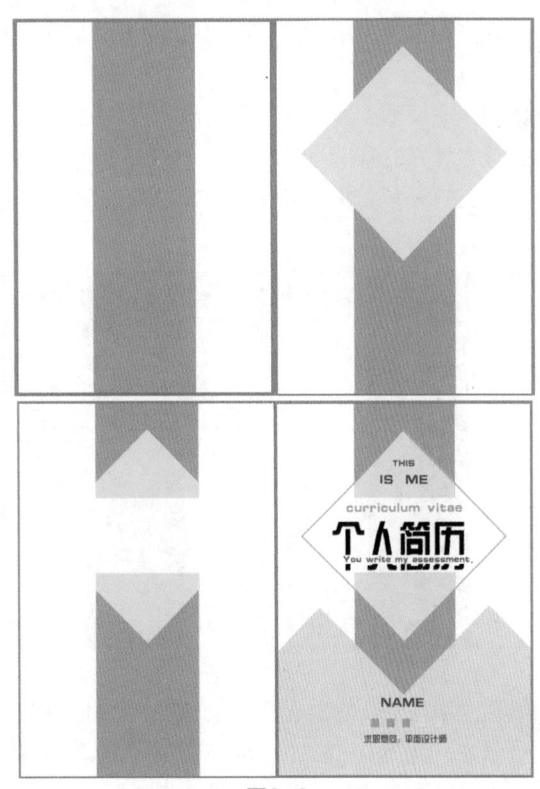

图8-6

■ 技术要点

使用“矩形工具”绘制矩形；

使用“添加图层蒙版”设置矩形的遮罩；

使用“描边”命令设置选区的描边；

使用“矩形选框工具”创建并移动选区；

使用“横排文字工具”创建文字。

■ 操作步骤

01 运行Photoshop软件， 在“欢迎”界面中单击“新建”按钮，在弹出的“新建文档”对话框中设置“宽度”为210毫米、“高度”为297毫米，设置“分辨率”为300像素/英寸，单击“创建”按钮，如图8-7所示。

图8-7

02 使用“矩形工具”在舞台中创建矩形，设置填充为灰色的RGB为170、170、170，如图8-8所示。

03 使用“矩形工具”按钮▢在舞台中创建矩形，设置填充的RGB为255、255、0，按Ctrl+T组合键，打开“自由变换”命令，在舞台中旋转矩形，如图8-9所示。

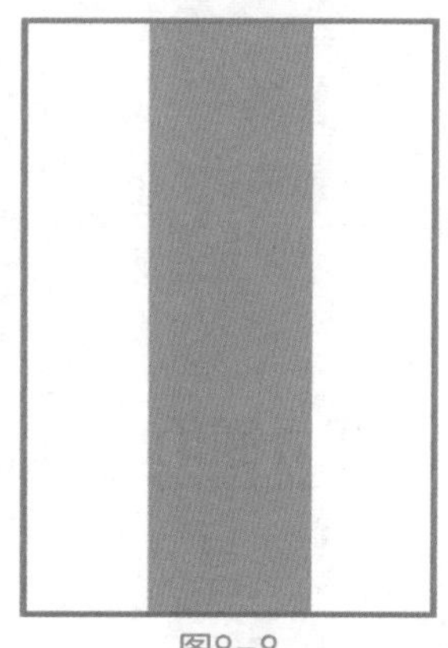
图8-8

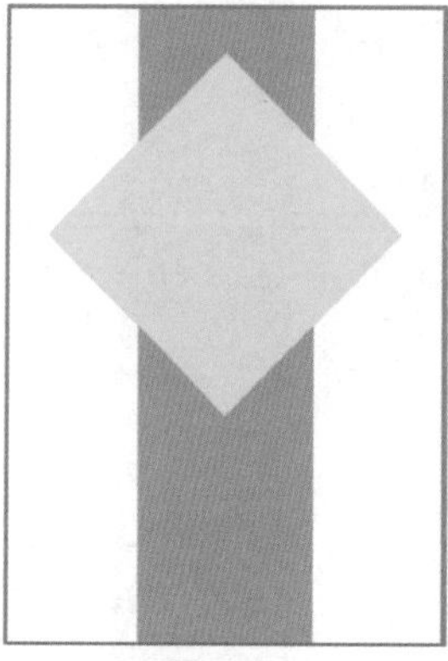
图8-9

04 在“图层”面板中选择“矩形2”，按住Ctrl键单击“矩形1”前的图层缩览图，将矩形1载入选区，选择“矩形2”图层，单击“添加图层蒙版”按钮◘，创建选区为蒙版，如图8-10所示。

05 创建蒙版后的效果如图8-11所示。

图8-10

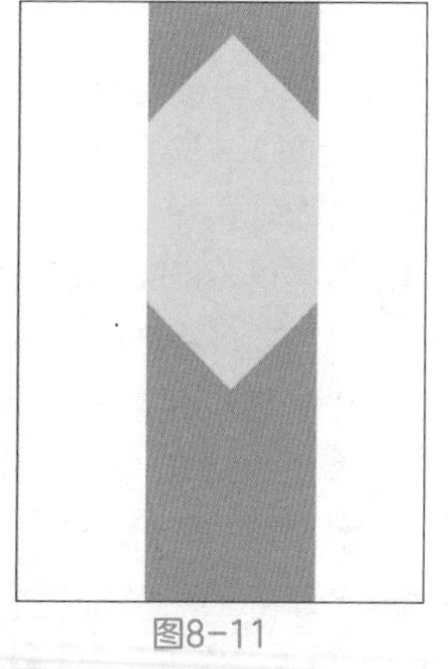
图8-11

06 使用“矩形工具”按钮▢，在舞台中创建矩形，设置填充为白色，如图8-12所示。

07 按住Ctrl键单击“矩形2”图层前的缩览图，创建一个新图层，将黄色的矩形载入选区。在菜单栏中选择“编辑>描边”命令，在弹出的“描边”对话框中设置“宽度”为10像素，设置颜色的RGB为170、170、170，如图8-13所示。

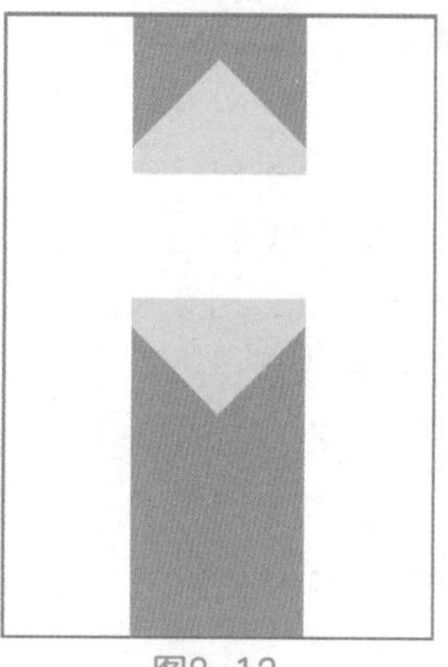
图8-12

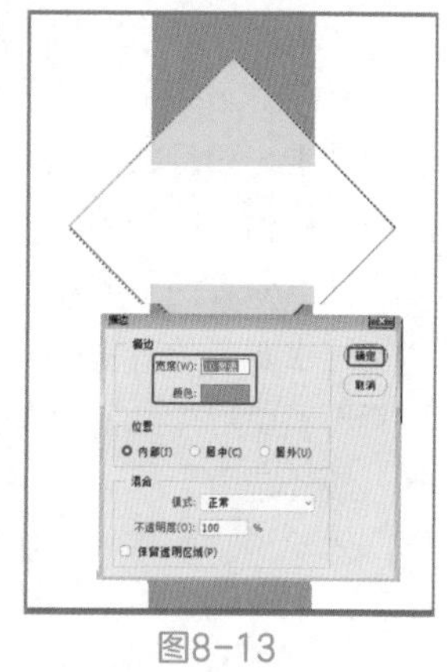
图8-13

08 使用“横排文字工具”T，在舞台中创建文字，如图8-14所示。

09 在创建的文字图层上鼠标右击，在弹出的快捷菜单中选择“栅格化文字”命令，栅格化文字图层，如图8-15所示。

图8-14

图8-15

10 使用“矩形选框工具”⬚，在舞台中选择如图8-16所示的区域，使用“移动工具”✥在舞台中调整选区图像的位置。

图8-16

11 使用“矩形选框工具”⬚在舞台中选择如图8-17所示的文字区域，并按Ctrl+T组合键，调整选区中图像的大小。

12 调整图像后，按Enter键确定调整自由变换，按Ctrl+D组合键，取消选区的选择，使用“横排文字工具”T，在舞台中创建文字，如图8-18所示。

图8-17

图8-21

图8-22

⑰ 使用“矩形工具”□在舞台中创建矩形，设置矩形的填充，如图8-23所示。

图8-23

⑱ 至此，本案例制作完成。

图8-18

⑬ 继续在标题文字中创建文字，如图8-19所示。

⑭ 在舞台中选择创建遮罩后的“矩形2”图层，按两次Ctrl+J组合键，复制两个矩形，设置两个矩形的颜色的RGB为227、227、227，如图8-20所示。

图8-19

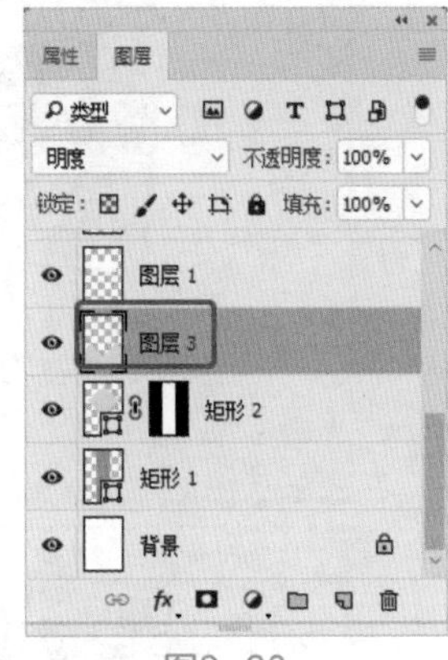

图8-20

⑮ 选择两个底部的矩形，按Ctrl+E组合键，合并图层为一个图层，并使用“多边形套索工具”创建选区，并填充RGB为227、227、227，如图8-21所示。

⑯ 使用“横排文字工具”T，在舞台中创建横排文字，如图8-22所示。

8.3 商业案例——儿童写真封面模板设计

8.3.1 设计思路

扫码看视频

■ 案例类型

本案例设计制作一款儿童写真封面模板。

■ 项目诉求

根据女宝宝来定位一个甜美、粉色、干净系列的封面，制作主题为美好童年的封面模板。

■ 设计定位

根据客户需求我们将主题定义为甜美风，主要利用花朵背景和整体色调来体现甜美主题。

8.3.2 配色方案

色彩上我们使用客户定位的色彩，围绕这个色彩，我们在粉色的基础上使用白色来作为辅助色搭配整体氛围，使其看上去干净、甜美。

8.3.3 同类作品欣赏

8.3.4 项目实战

■ 制作流程

本案例首先设置照片的圆角矩形遮罩，设置照片的描边、投影和内发光；然后创建文字注释；最后创建形状和背景，绘制线，如图8-24所示。

图8-24

图8-24（续）

■ 技术要点

使用“色阶”调整照片效果；

使用“添加图层蒙版”设置照片的圆角矩形遮罩；

使用“图层样式”设置照片的描边、投影和内发光；

使用“横排文字工具”创建文字；

使用“自定形状工具”创建形状；

使用“直线工具”创建背景；

使用“画笔工具”绘制线。

■ 操作步骤

01 运行Photoshop软件，在“欢迎”界面中单击“新建”按钮，在弹出的“新建文档”对话框中设置“宽度”为16厘米、“高度”为12厘米、“分辨率”为300像素/英寸，单击“创建”按钮，如图8-25所示。

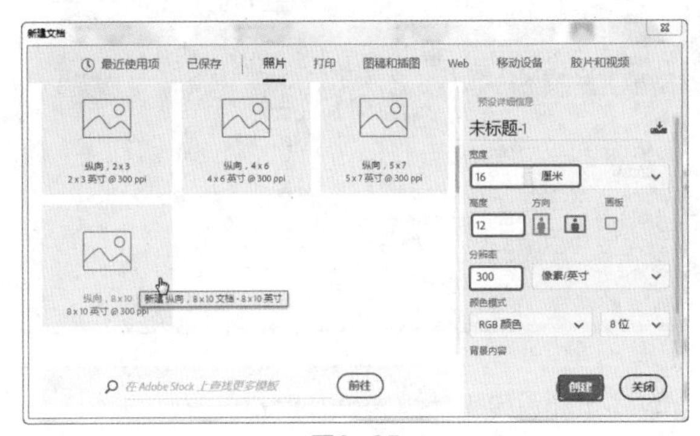

图8-25

02 在菜单栏中选择“文件>打开”命令，在弹出的“打开”对话框中选择随书配备资源中的“DSC_0092.jpg”文件，单击“打开”按钮。照片效果如图8-26所示。

03 打开照片后，按Ctrl+L组合键，在弹出的“色阶”对话框中调整色阶参数，如图8-27所示。

图8-26

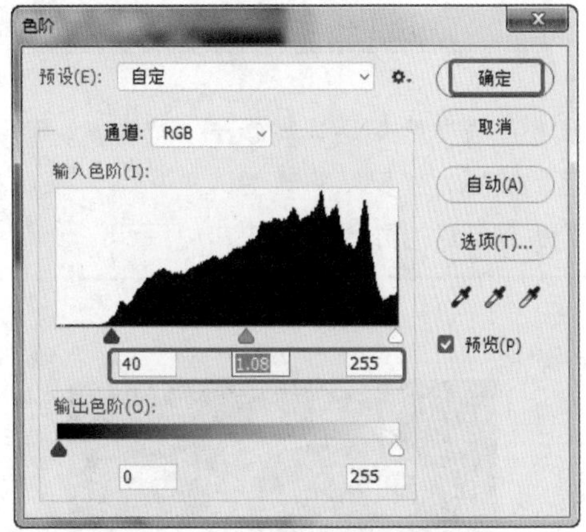

图8-27

04 使用“多边形套索工具”创建如图8-28所示的选区。

图8-28

05 确定选区处于选择状态，按Shift+F6组合键，弹出“羽化选区”对话框，从中设置合适的参数，单击“确定”按钮，如图8-29所示。

图8-29

06 设置羽化后，按Ctrl+L组合键，在弹出的“色阶”对话框中调整色阶参数，如图8-30所示。

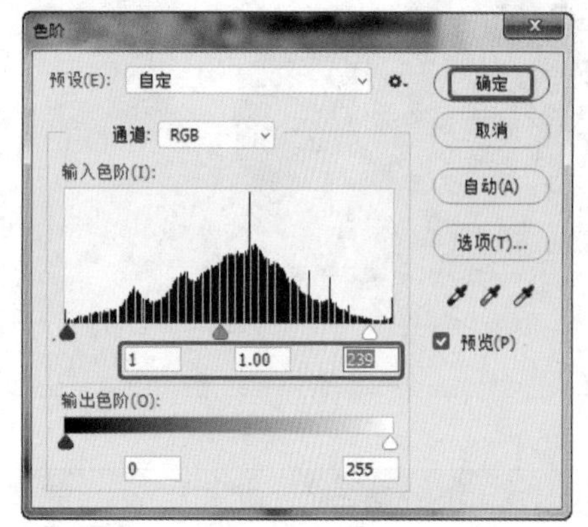

图8-30

07 调整脸部的效果后，按Ctrl+D组合键，取消选区的选择，使用“移动工具”，将照片素材拖曳到新建的舞台中，如图8-31所示。

图8-31

08 使用“圆角矩形工具”，在工具属性栏中设置填充为无、轮廓为无，在舞台中如图8-32所示的位置创建圆角矩形路径。

图8-32

09 按Ctrl+Enter组合键，将圆角矩形载入选区，选择照片图层，单击创建“添加图层蒙版”按钮，创建蒙版，如图8-33所示。

图8-33

10 双击图层，在弹出的“图层样式”对话框中勾选“描边”复选框，设置合适的参数，如图8-34所示。

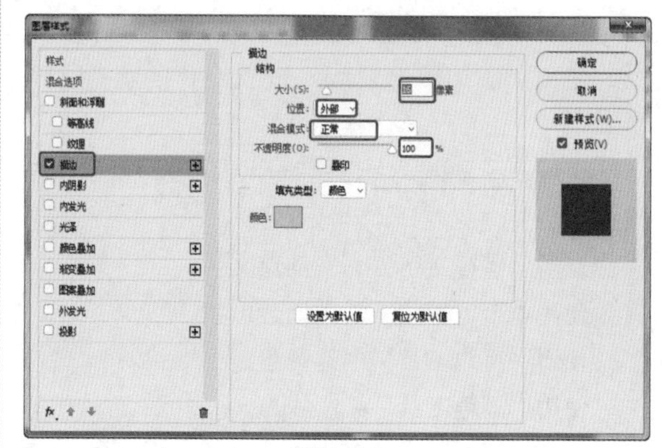

图8-34

11 继续勾选“内发光”复选框，设置合适的参数，单击“确定”按钮，如图8-35所示。

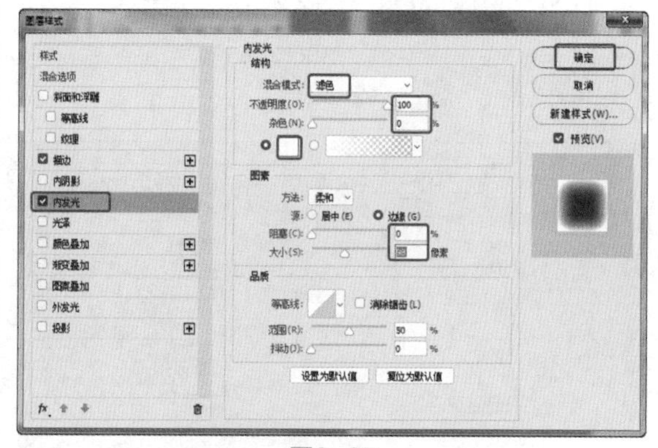

图8-35

12 描边和内发光的效果如图8-36所示。

图8-36

13 使用“自定形状工具” ，在工具属性栏中选择花朵的形状，在舞台中创建花朵，设置花朵的填充为粉红色，如图8-37所示。

14 使用“直线工具” 在舞台中绘制斜线，并复制斜线，如图8-38所示。

图8-37　　图8-38

15 将所有的线图层选中，按Ctrl+E组合键，合并为一个图层，在舞台中复制并调整花朵，如图8-39所示。

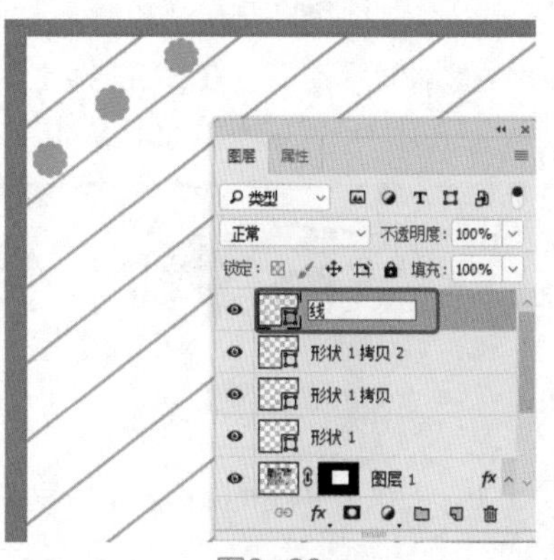

图8-39

16 选中其中一个花朵，设置花朵为无填充，设置合适的描边，如图8-40所示。

图8-40

17 继续在舞台中复制并调整花朵，如图8-41所示。

图8-41

18 将花朵和斜线的图层放置到同一个图层组中，设置图层组的“不透明度”为60%，如图8-42所示。

图8-42

19 选择照片图层，并双击该图层，在弹出的“图层样式”对话框中修改“描边”样式为图案描边，选择合适的图案，设置合适的参数，如图8-43所示。

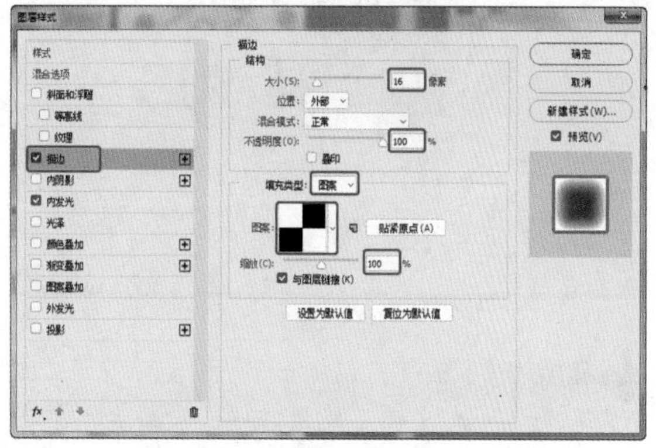

图8-43

20 勾选“投影”复选框，设置投影颜色为稍深一点的粉红色，设置合适的参数，单击“确定”按钮，如图8-44所示。

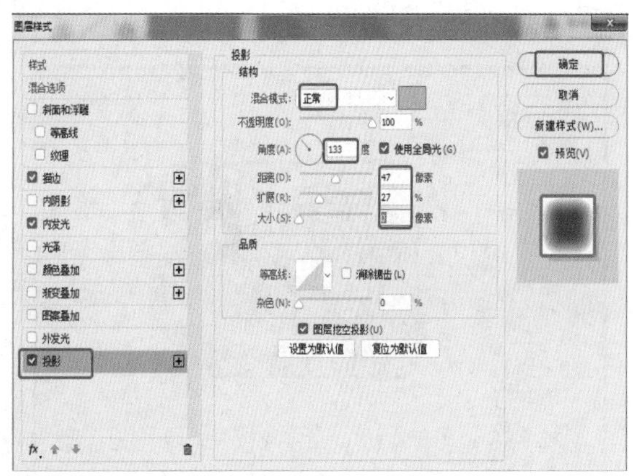

图8-44

21 填充出的照片效果如图8-45所示。

图8-45

22 按Ctrl+T组合键，旋转照片，如图8-46所示。

图8-46

23 在照片图层的下方创建一个新图层，使用“画笔工具” ，在工具属性栏中设置合适的参数，绘制照片上的线，颜色设置为稍暗的粉红色，如图8-47所示。

24 在照片的上方创建两个装饰形状，如图8-48所示。

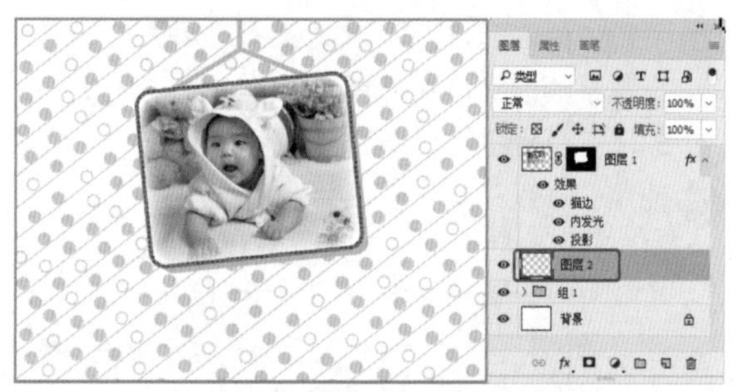

图8-47

图8-48

25 使用“横排文字工具” T，在舞台中创建文字，设置合适的文字属性，如图8-49所示。

图8-49

26 继续创建文字，如图8-50所示。

图8-50

27 设置背景颜色为浅粉红色，调整花朵和斜线的颜色为白色（可将花朵和斜线合并为一个图层，使用“色相/饱和度”命令，调整“明度”为100），如图8-51所示。调整投影和装饰的颜色，直到满意为止。

图8-51

28 将制作完成的相册封面的正面进行存储，存储之后，删除不需要的图像，调整出封面背面的效果，如图8-52所示。

图8-52

29 将封面背面进行存储。至此，本案例制作完成。

8.4 商业案例——儿童图书封面模板设计

8.4.1 设计思路

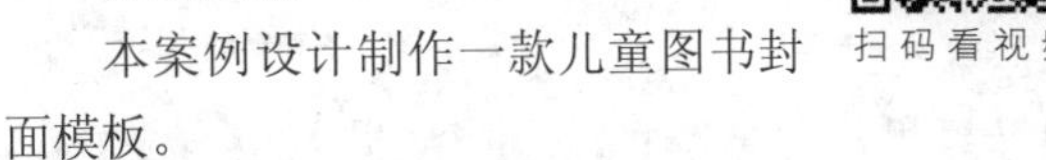

扫码看视频

■ 案例类型

本案例设计制作一款儿童图书封面模板。

■ 项目诉求

本案例需要设计一款贴纸书的封面，要求封面要卡通、色彩鲜艳。

■ 设计定位

根据项目要求，我们需要设计一款简笔画效果的卡通封面。

8.4.2 配色方案

由于是套系，这里我们先设计其中一款饱和度较高的蓝色和红色卡通，并使用一些装饰色调，例如黄色、白色、绿色。

8.4.3 项目实战

■ 制作流程

本案例首先创建矩形，创建路径并调整路径的形状，设置路径的填充和描边，绘制高光并设置描边，创建形状，设置图层的样式；然后创建文字，调整文字的变形效果；最后设置选区的收缩量，结合使用一些其他的辅助工具来完成整体封面的制作，如图8-53所示。

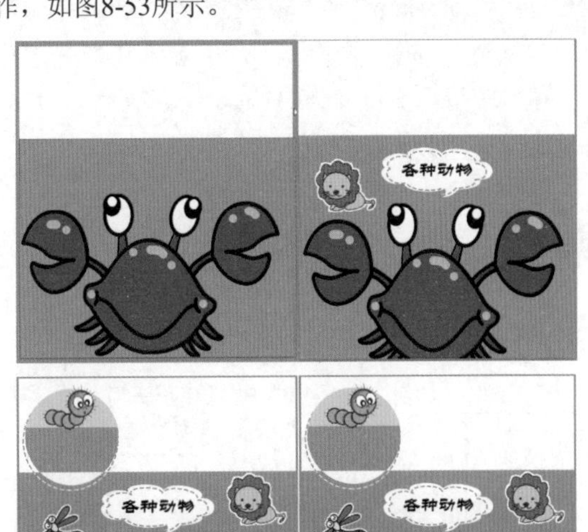

图8-53

图8-53（续）

技术要点

使用“矩形工具”和“圆角矩形”创建矩形；

使用“钢笔工具”创建路径；

使用“转换点工具”调整路径的形状；

使用“路径”面板和“图层描边”设置路径的填充和描边；

使用“画笔”工具，设置画笔属性，绘制高光并设置描边；

使用“椭圆工具”绘制眼睛；

使用“自定形状工具”创建形状；

使用“置入嵌入对象”命令置入素材；

使用“图层样式”设置图层的样式；

使用“横排文字工具”创建文字；

使用“色相/饱和度”命令调整图像的色调；

使用“变形文字”命令调整文字的变形效果；

使用“收缩选区”设置选区的收缩量。

操作步骤

01 运行Photoshop软件，在“欢迎”界面中单击“新建”按钮，在弹出的“新建文档”对话框中设置“宽度”为211毫米、“高度”为232毫米、“分辨率”为300像素/英寸，单击“创建”按钮，如图8-54所示。

02 使用“矩形工具”在舞台中创建矩形，如图8-55所示。

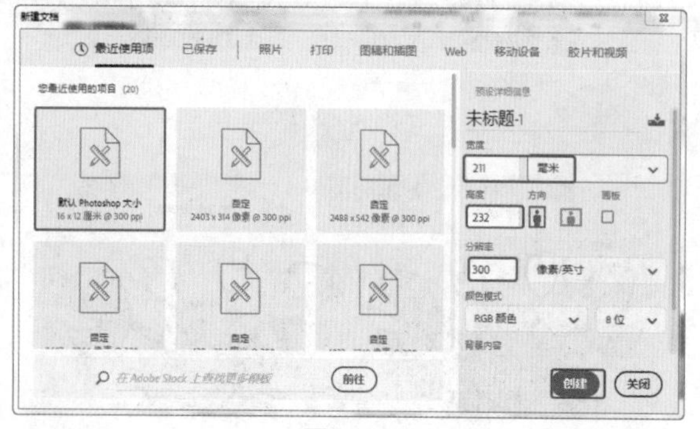

图8-54

03 选择创建的矩形图层，在“图层”面板中单击按钮，将图层锁定，如图8-56所示。

图8-55　图8-56

04 使用“钢笔工具”在舞台中创建如图8-57所示的路径。

05 使用“转换点工具”在舞台中调整路径的形状，如图8-58所示。

图8-57　图8-58

06 在工具箱中选择“画笔工具”，在工具属性栏中设置画笔的笔触，如图8-59所示。

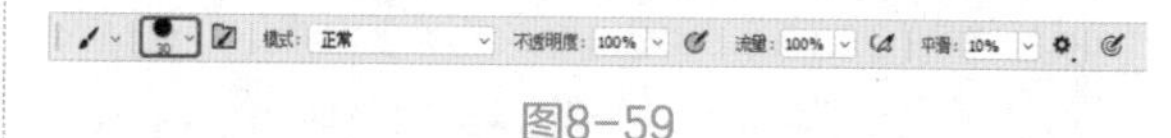

图8-59

07 在“图层”面板中创建图层，在“路径”面板中单击“用画笔描边路径”按钮，为路径描边，如图8-60所示。

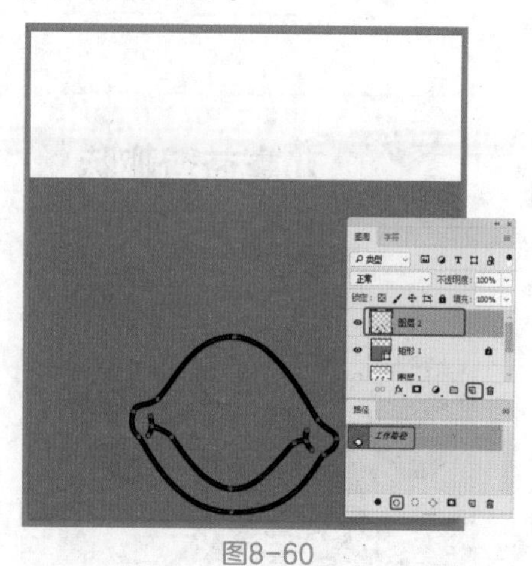
图8-60

08 在工具箱中单击前景色，在弹出的“拾色器（前景色）”对话框中设置前景色的RGB为241、0、0，如图8-61所示。

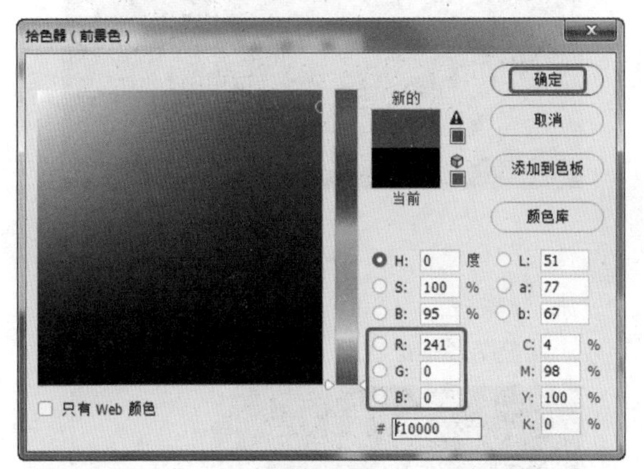

图8-61

09 在“图层”面板中新建图层，单击“用前景色填充路径”按钮●，填充路径为前景色，如图8-62所示。

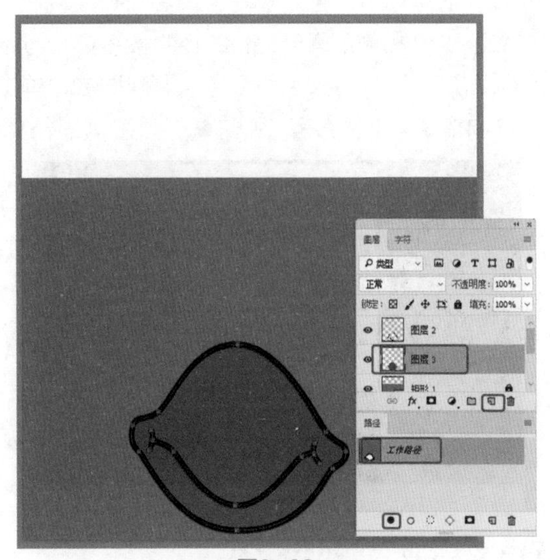

图8-62

10 在“路径”面板中单击“创建新路径”按钮，创建新路径，如图8-63所示。

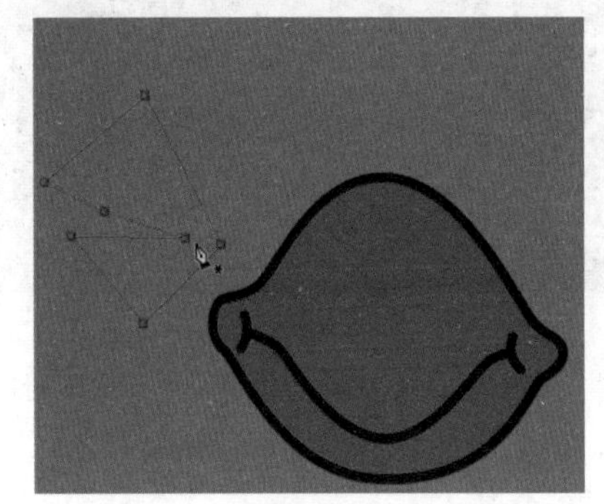

图8-63

11 使用“转换点工具”在舞台中调整路径，如图8-64所示。

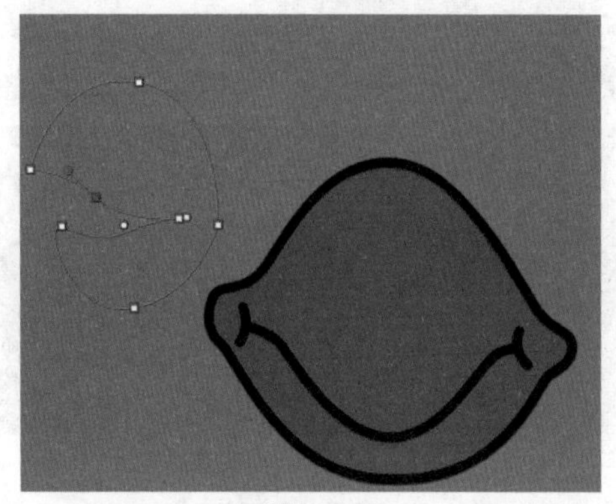

图8-64

12 设置前景色为黑色，选择画笔工具，在“图层”面板中创建图层，在“路径”面板中单击“用画笔描边路径”按钮○，为路径描边，如图8-65所示。

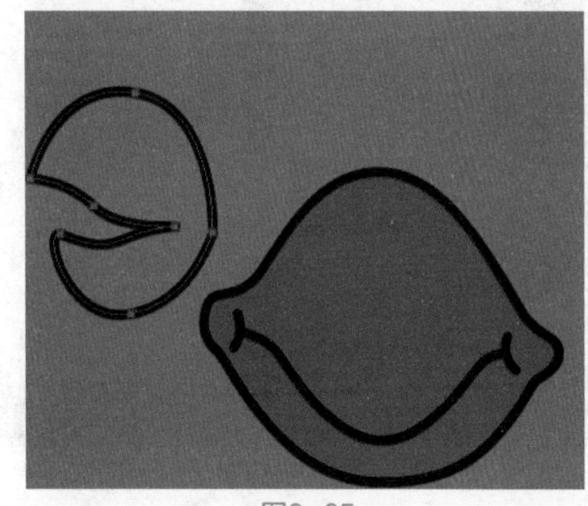

图8-65

13 新建图层，设置前景色为红色，在“路径”面板中单击“用前景色填充路径”按钮●，调整图层合适的位置，如图8-66所示。

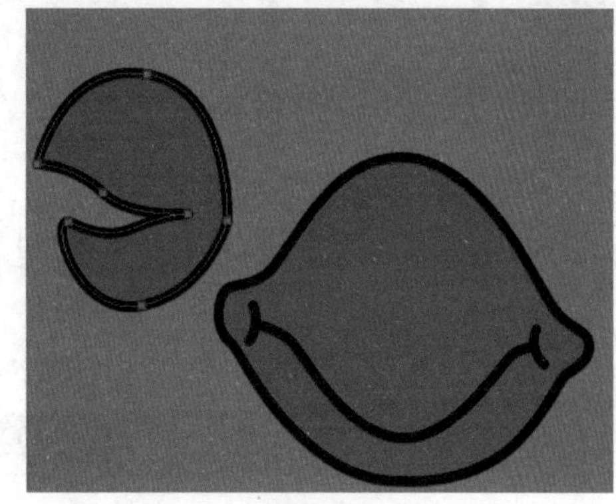

图8-66

14 在“路径”面板中单击“创建新路径”按钮，创建新路径，如图8-67所示。

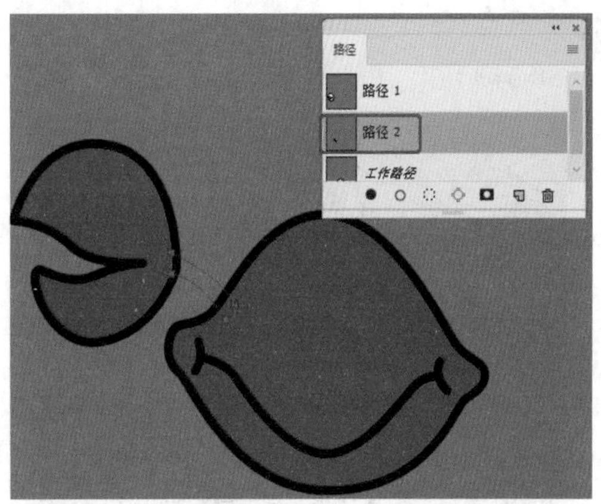

图8-67

15 设置前景色为黑色，选择画笔工具，在“图层”面板中创建图层，在“路径”面板中单击“用画笔描边路径”按钮，为路径描边，如图8-68所示。

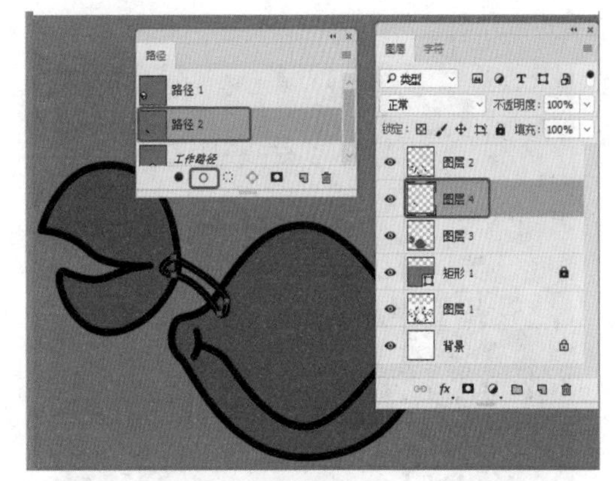

图8-68

16 新建图层，设置前景色为红色，并在“路径”面板中单击“用前景色填充路径”按钮，如图8-69所示。

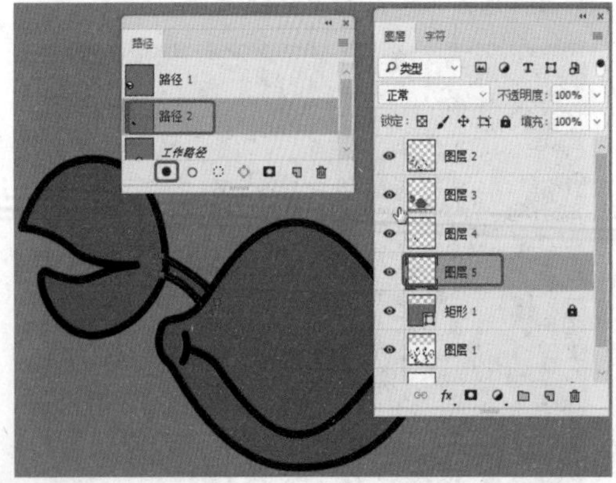

图8-69

17 使用同样的方法创建或复制“螃蟹钳子”，如图8-70所示。

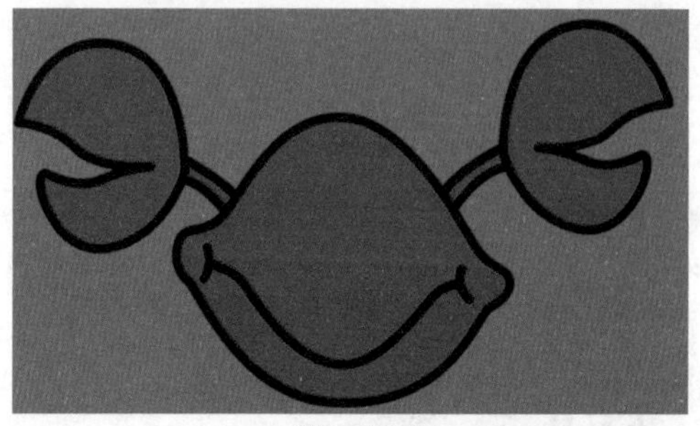

图8-70

18 使用“钢笔工具”，在舞台中创建如图8-71所示的路径，使用“转换点工具”，在舞台中调整路径的形状。

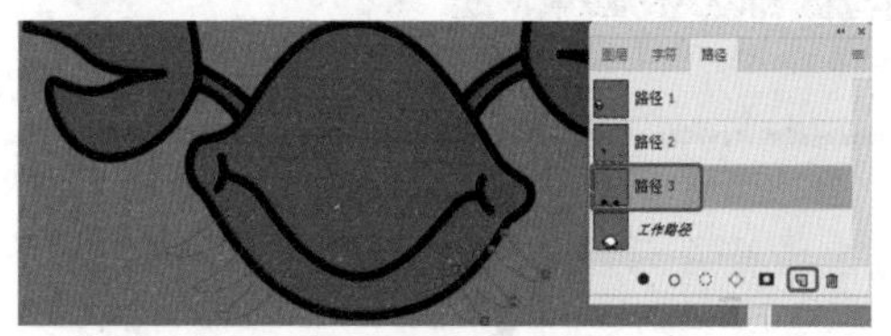

图8-71

19 设置前景色为黑色，创建新图层，在“路径”面板中单击“用画笔描边路径”按钮，为路径描边。设置前景色为红色，新建图层，单击“用前景色填充路径”按钮，如图8-72所示。

图8-72

20 创建如图8-73所示的路径。

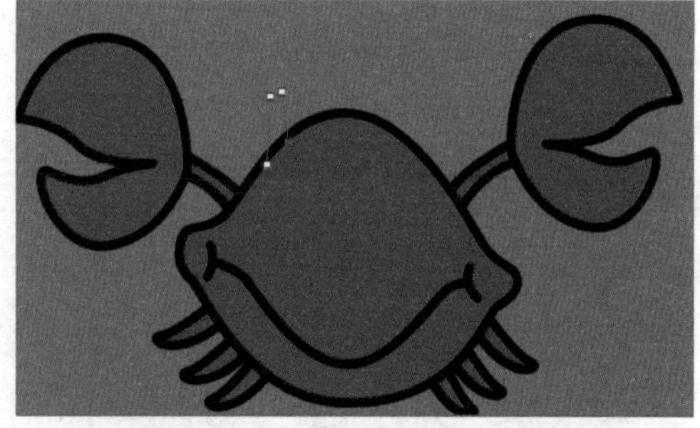

图8-73

21 使用“椭圆工具”，在舞台中创建描边为黑色，填充为白色的椭圆，如图8-74所示，调整合适的参数。

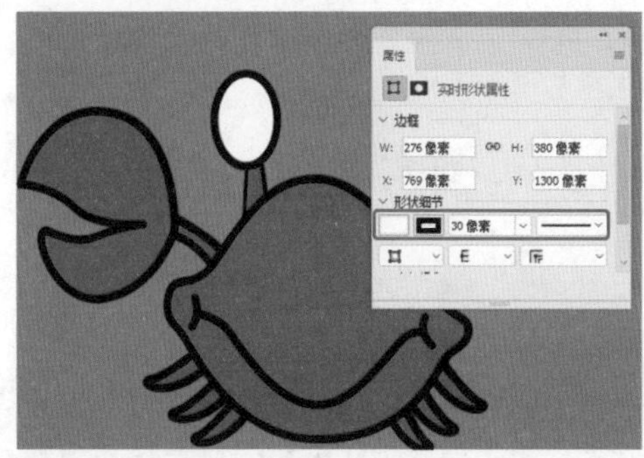

图8-74

22 使用“椭圆工具”⬭，创建填充为黑色、描边为黑色的椭圆，如图8-75所示。

图8-75

23 继续创建白色的椭圆，在舞台中复制眼睛，如图8-76所示。

图8-76

24 使用“画笔工具”🖌，新建图层，设置前景色为白色，设置合适的笔触大小，绘制如图8-77所示的高光。

图8-77

25 在高光所在的图层，设置图层的“不透明度”为70%，如图8-78所示。

图8-78

26 在舞台中将作为背景的矩形解锁（在图层后的🔒按钮上单击即可解锁），调整填充为蓝色，如图8-79所示。

图8-79

27 将绘制的螃蟹图层放置到一个图层组中，使用“自定形状工具”，在工具属性栏中选择一种对话框的形状，在舞台中绘制如图8-80所示的形状，调整图层和图像的位置。

图8-80

28 将对话图像进行复制，在工具属性栏中设置填充为白色，轮廓为背景蓝色，设置轮廓线为虚线，如图8-81所示。

图8-81

29 使用“横排文字工具” T，在对话框中输入文字，如图8-82所示。

图8-82

30 在菜单栏中选择“文件>置入嵌入对象”命令，在弹出的“置入嵌入的对象”对话框中选择随书配备资源中的“小狮子.png”文件，单击“置入”按钮，如图8-83所示。

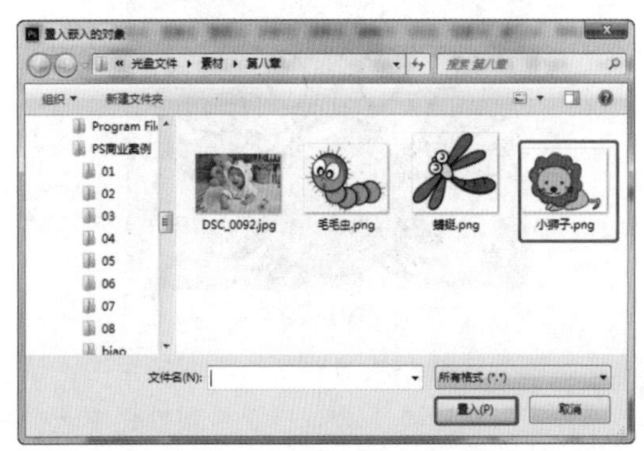

图8-83

31 置入图像后，双击小狮子的图层，在弹出的“图层样式”对话框中勾选“描边”复选框，设置合适的参数，如图8-84所示。

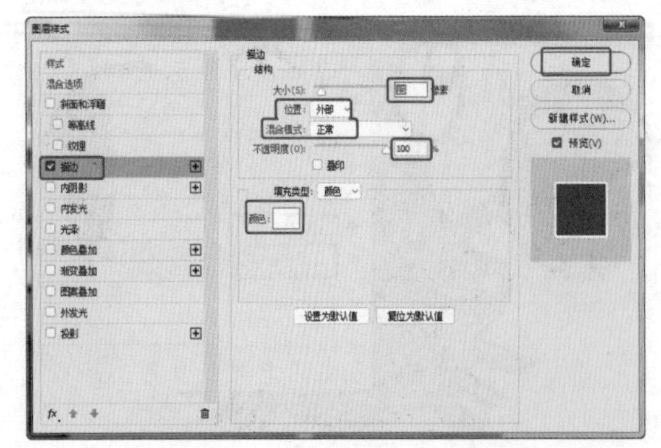

图8-84

32 在舞台中调整小狮子图像的大小和位置，如图8-85所示。

33 在菜单栏中选择“文件>置入嵌入对象”命令，在弹出的“置入嵌入的对象”对话框中选择随书配备资源中的“蜻蜓.png”文件，单击“置入”按钮。置入素材后，调整素材的位置和大小，双击蜻蜓图层，在弹出的“图层样式”对话框中设置“描边”参数（见图8-84），效果如图8-86所示。

图8-85

图8-86

34 调整螃蟹的角度，使用“自定形状工具”，在工具属性栏中选择图案为小猫，设置填充为白色，在舞台中绘制形状，并设置合适的“不透明度”，如图8-87所示。

35 使用“椭圆工具”在舞台中创建椭圆，设置填充为无，设置合适的描边，描边线为虚线，如图8-88所示。

图8-87

图8-88

36 将绘制的椭圆虚线图层栅格化为普通图层，使用“矩形选框工具”在舞台中选择如图8-89所示的区域，按Ctrl+U组合键，在弹出的“色相/饱和度”对话框中设置“明度”为100。

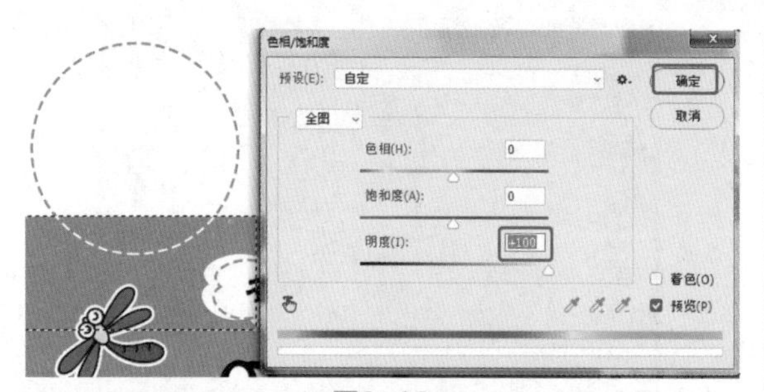

图8-89

37 使用“椭圆工具”，在舞台中创建如图8-90所示的椭圆，设置填充为背景蓝色。

图8-90

38 栅格化蓝色的椭圆，使用“矩形选框工具”，在舞台中创建如图8-91所示的区域，按Ctrl+U组合键，在弹出的“色相/饱和度”对话框中设置“明度”为100。

图8-91

39 继续使用“矩形选框工具”，选择如图8-92所示的选区，按Ctrl+U组合键，在弹出的“色相/饱和度”对话框中设置合适的参数。

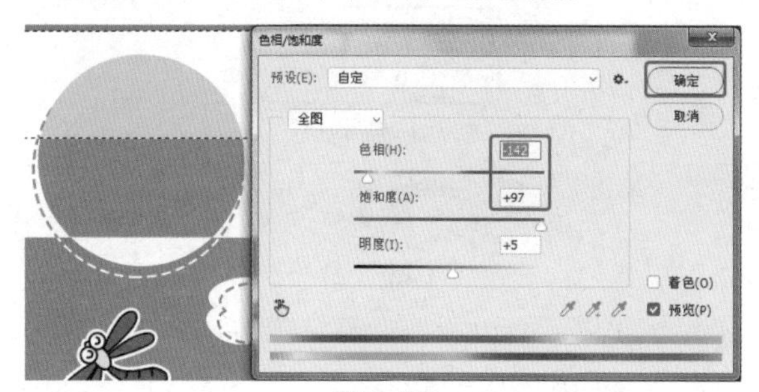

图8-92

40 在菜单栏中选择“文件>置入嵌入对象”命令，在弹出的“置入嵌入的对象”对话框中选择随书配备资源中的“毛毛虫.png”文件，单击“置入”按钮，置入素材后，调整素材的位置和大小，如图8-93所示。

图8-93

41 使用“横排文字工具”，在舞台中创建文字，如图8-94所示。

图8-94

42 在舞台中双击“贴纸书”文字，将其选中，在工具属性栏中单击“创建文字变形”按钮，在弹出的“变形文字”对话框中设置变形文字的属性，如图8-95所示。

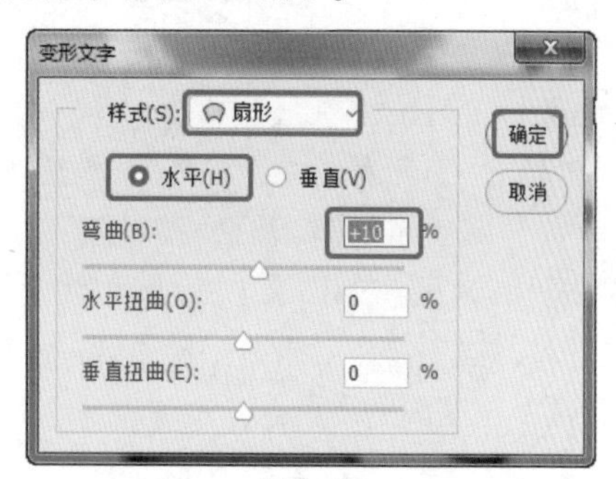

图8-95

43 设置变形文字后，按Ctrl键，单击变形文字前的图层缩览窗，将其载入选区，如图8-96所示。

图8-96

44 在菜单栏中选择“选择>修改>收缩”命令，在弹出的“收缩选区”对话框中设置“收缩量”为15，单击“确定”按钮，如图8-97所示。

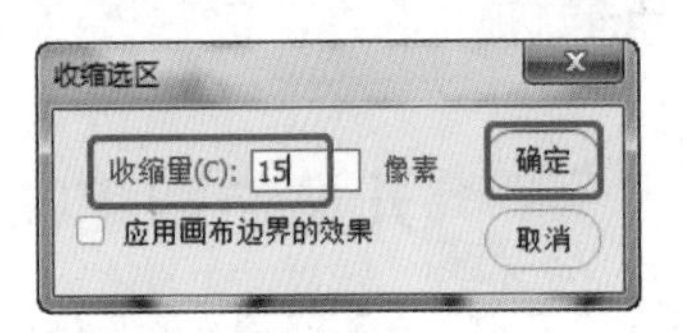

图8-97

45 设置选区后，将文字图层栅格化为普通图层，确定选区处于选择状态，按Ctrl+J组合键，复制选区中的文字区域，如图8-98所示。

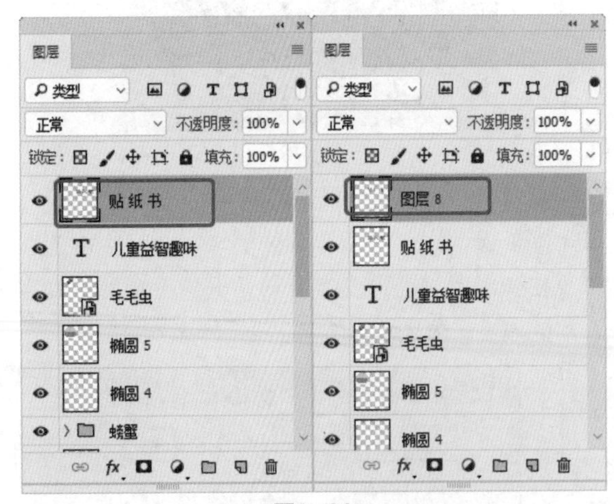

图8-98

46 双击复制选区中的图像，在弹出的“图层样式”对话框中勾选“描边”复选框，设置合适的参数，如图8-99所示。

47 设置描边后的效果，如图8-100所示。

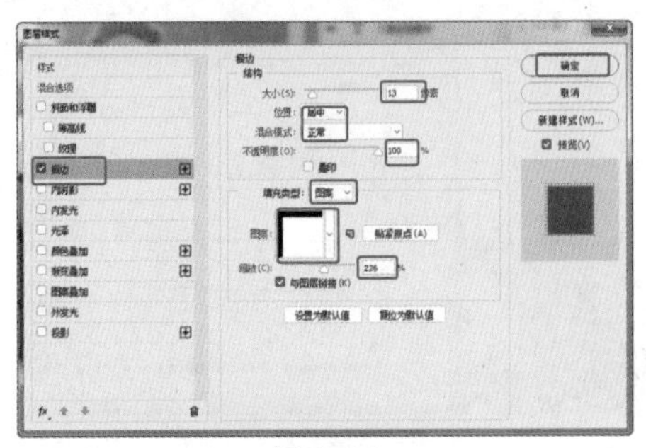
图8-99

图8-100

48 选择“贴纸书”文字所在的图层，双击图层，在弹出的“图层样式”对话框中勾选“描边”复选框，设置合适的参数，单击“确定”按钮，如图8-101所示。

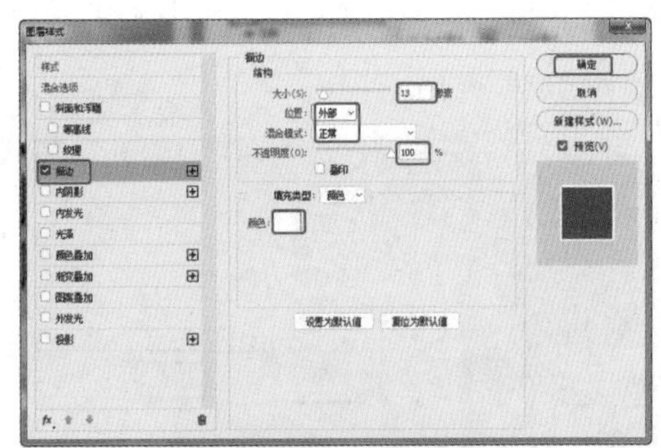

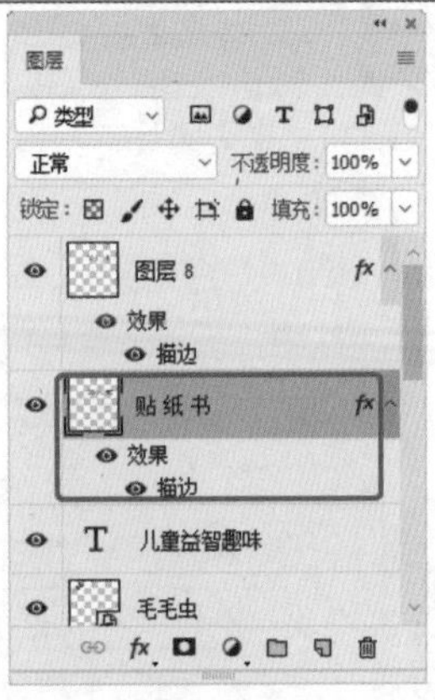

图8-101

49 设置文字描边后，在舞台下方创建出版社名称，如图8-102所示。

50 使用“圆角矩形工具”▢，在封面的上方创建圆角矩形，设置填充为背景蓝色，设置为无轮廓，设置合适的圆角参数，如图8-103所示。

图8-102

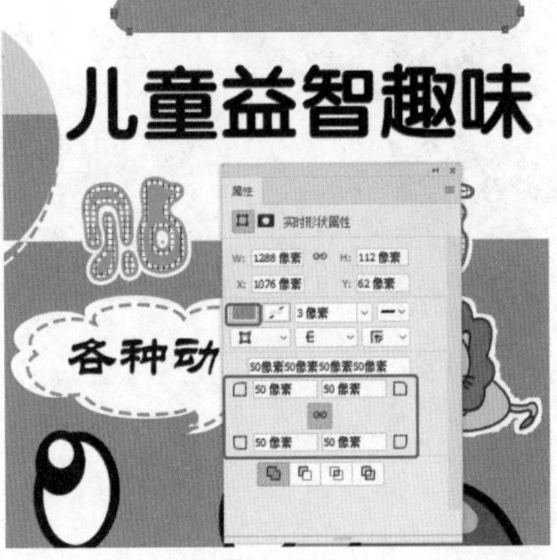

图8-103

51 将圆角矩形栅格化，使用“矩形选框工具”⬚，在舞台中删除多余的区域，并框选其中一部分，按Ctrl+U组合键，在弹出的“色相/饱和度”对话框中设置合适的参数，如图8-104所示。

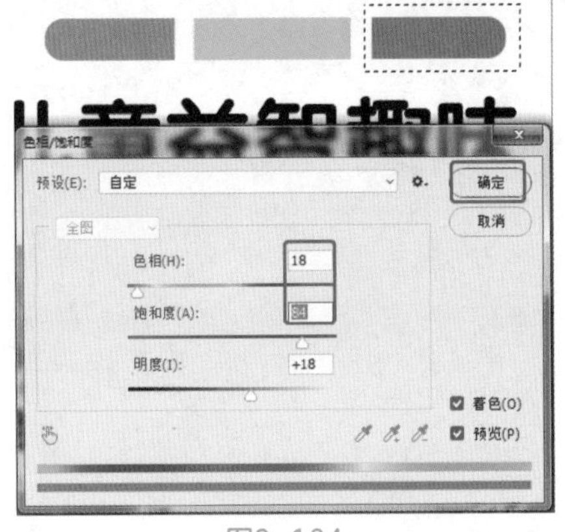

图8-104

52 使用“横排文字工具”T，在调整颜色后的圆角矩形上创建文字，如图8-105所示。

图8-105

53 继续在左侧椭圆上创建文字注释，如图8-106所示。

图8-106

54 至此，本案例制作完成。

8.5 优秀作品欣赏

PATTERNS
PATTERNS

LE FANTASTICHERIE
DEL PASSEGGIATORE
SOLITARIO
002

THIS
IS MY
WORK
2008.

THE
GREATEST
STORIES
EVER TOLD
GREG LAURIE

CITIxGO
New York
60 local creatives bring you the best of the city
New York
New York
New York

09 第9章 画册设计

画册属于印刷品，是企业对外的名片，内容包括产品的外形、尺寸、材质、型号等概况，或是企业的发展、管理、决策、生产等概况。

本章将介绍画册的一些基本常识和设计中需要注意的事项。

9.1 画册概述

画册是企业单位对外宣传的广告媒介之一，是展示自身良好形象的一种宣传方式。画册属于印刷品，内容一般包括宣传公司企业产品、企业文化、业务内容等信息。画册中除了包含文字信息外，还配有图片信息，是多张页面装订在一起的精品册子。

画册是企业的展示平台，是图文并茂的一种理想表达方式，相对于单一的文字或是图册，画册都有着无与伦比的绝对优势。因为画册不但醒目，能让人一目了然，还比较明了，其有相对精简的文字说明，如图9-1所示。

图9-1

图9-1（续）

9.1.1 画册设计的原则

画册设计就是设计师根据客户的企业产品、企业文化、业务内容以及推广策略等，用流畅的线条、震撼的美图、优美的文字、富有创意的排版，使画册具有视觉美感，提升画册的设计品质和企业内涵，使其能够准确有效地表达企业产品、企业文化、业务内容等，达到塑造品牌、广而告之的目的。

下面简单介绍有关画册设计的几个设计原则。

（1）传达正确的信息。精明的点子会让人眼前一亮、印象深刻，但准确的诉求才会改变人的态度，影响人的行为。设计不仅要求美观，还需要在美观的同时，能直观地表达出正确的信息和目的。

（2）确定主题和目的。每个画册都有一定的目的和主题，把握主题，可以引导读者。画册是做给读者看的，目的是为了达成一定的目标，为了促进市场运作，既不是为了取悦广告奖的评审，也不是为了让别人收藏。画册的设计需要揣摩目标对象的心态，这样创意才能起到应有的效果。

（3）简明扼要。客户看宣传册是一种参考，不是为了阅读。画册上的信息要尽量通俗易懂，简单明了地阐述即可，切莫高估读者对信息的理解和分析能力。

（4）将创意视觉化、信息化。对重要的信息进行设计，使其具有创意的效果，不能偏离主题。做到既有夺目的设计效果，又有需要客户看到的信息；既可以达到装饰效果，又能达到醒目效果，如图9-2所示。

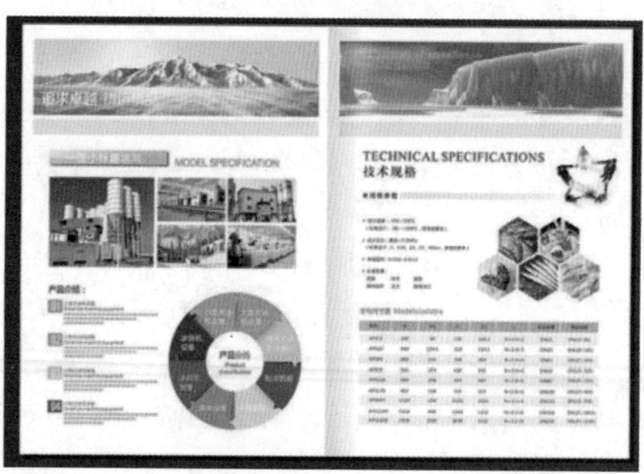

图9-2

9.1.2 画册的常见分类

画册的分类有很多，按分类的方式不同，可能有上百种不同的画册类型。下面整理出几种最为常见的画册设计类型，如企业画册设计、公司形象画册设计、产品画册设计、宣传画册设计、企业年报画册设计、型录画册设计、样本画册设计和产品手册设计。

9.1.3 画册的常见开本

画册样本主要有横开本和竖开本两种形式。其尺寸并不固定，依需要而定，常见的标准尺寸为210mm×285mm，正方形尺寸一般为6 开、12开、20开、24 开。

9.2 商业案例——美食画册菜单设计

9.2.1 设计思路

扫码看视频

■ 案例类型

本案例设计一本美食菜单画册。

■ 项目诉求

要求制作一款大气的家常菜画册，画册中需要包括本店的特色菜和各种家常菜的分类和价格，封面可以用小龙虾配图，因为本店特色也包括小龙虾。

■ 设计定位

根据客户诉求，我们将封面设置为黑色，因为小龙虾的颜色为红色，为了突出和衬托小龙虾，封面我们将采用黑色带有装饰边的背景。画册的内页和封面可以是不同的风格和类型，内页我们将采用简约的白色，并配以一些家常菜的配图来进行排版和分布。

9.2.2 配色方案

配色上我们以黑白作为主色，主要采用以静制动的方案来制作，用纯色的背景来衬托花哨的美食素材。

9.2.3 同类作品欣赏

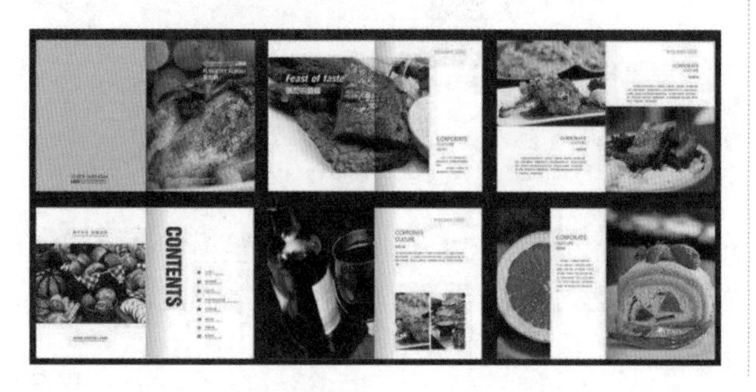

9.2.4 项目实战

■ 制作流程

本案例首先置入素材图像并进行修补；然后创建选区和图像的遮罩，调整图像的采样；最后绘制田字格，创建形状和文字注释，调整图像的样式，如图9-3所示。

图9-3

图9-3（续）

技术要点

使用“置入嵌入对象”命令，置入素材到舞台中；

使用“修补工具”将多余的素材修补掉；

使用“填充”命令填充“内容识别”修补图像；

使用“椭圆选框工具”创建选区；

使用“创建蒙版”创建图像的遮罩；

使用“图像大小”命令调整图像的采样；

使用“矩形工具”和“直线工具”绘制田字格；

使用“自定形状工具”创建形状；

使用“横排文字工具”创建文字注释；

使用“图层样式”调整图像的样式。

操作步骤

01 运行Photoshop软件，在“欢迎”界面中单击“新建”按钮，在弹出的“新建文档”对话框中设置“宽度”为420毫米、“高度”为297毫米，设置“分辨率”为300像素/英寸，单击“创建”按钮，如图9-4所示。

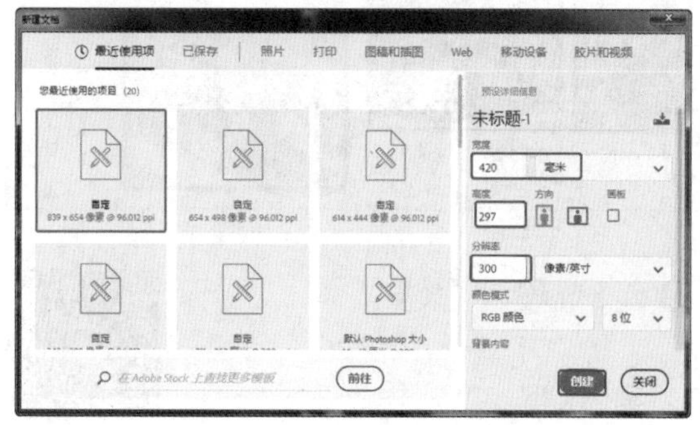

图9-4

02 创建文档后，按Ctrl+R组合键，显示标尺，并在舞台的中心拖曳出辅助线，如图9-5所示。

图9-5

03 在菜单栏中选择“文件>置入嵌入对象”命令，在弹出的“置入嵌入的对象”对话框中选择随书配备资源中的“美食背景.png”文件，单击“置入”按钮，如图9-6所示。

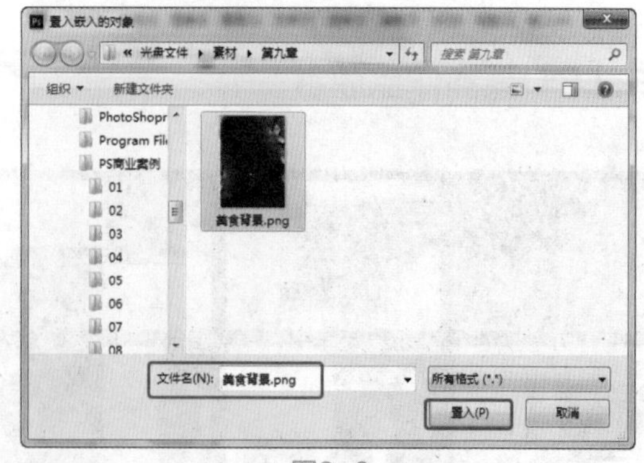

图9-6

04 调整素材在舞台中的位置和大小，如图9-7所示。

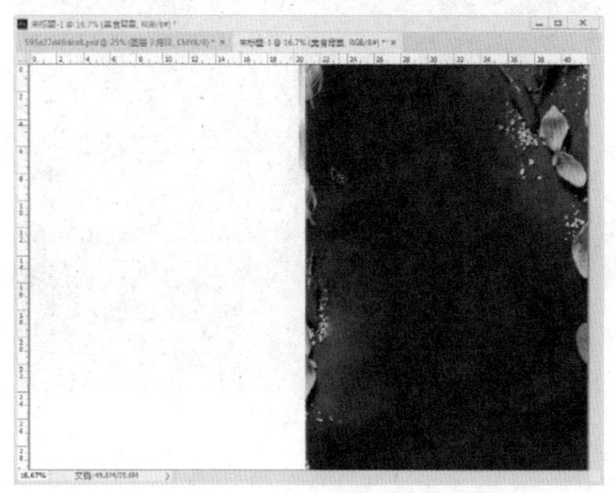

图9-7

05 复制“美食背景”，将复制的“美食背景”调整到另一侧，将其所在的图层栅格化，使用“修补工具” ，在如图9-8所示的位置创建选区。

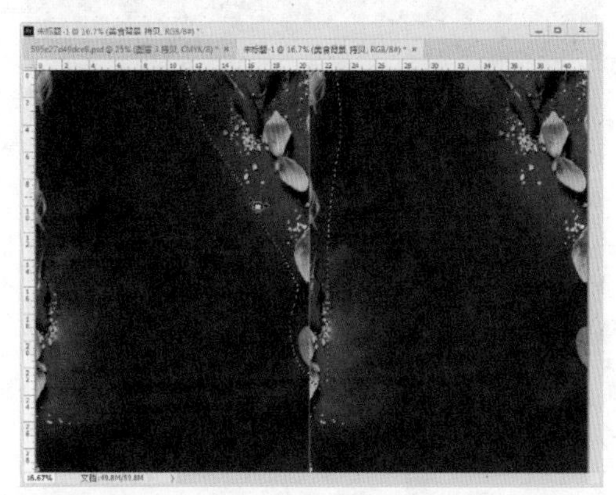

图9-8

06 移动选区到如图9-9所示的素材图像的左侧位置，释放鼠标左键，选区中的图像将被修补。

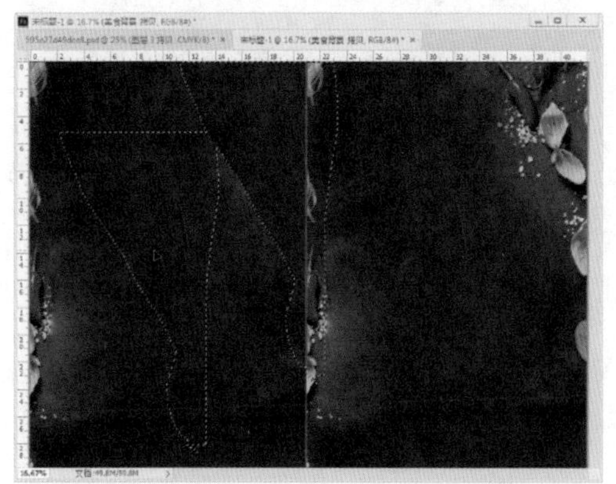

图9-9

07 使用“修补工具” 创建如图9-10所示的选区，并拖曳选区到素材图像的右侧位置，进行修补，如果不满意可以保持选区的选择。在菜单栏中选择“编辑>填充”命令，在弹出的“填充”对话框中选择“内容”为“内容识别”，单击“确定”按钮。

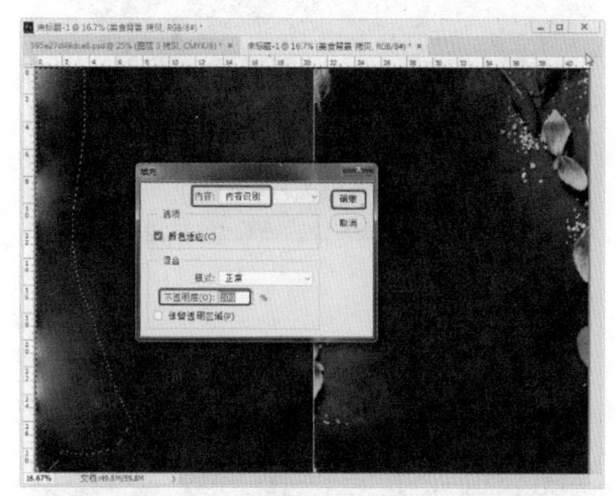

图9-10

08 修补后的背面背景效果如图9-11所示。

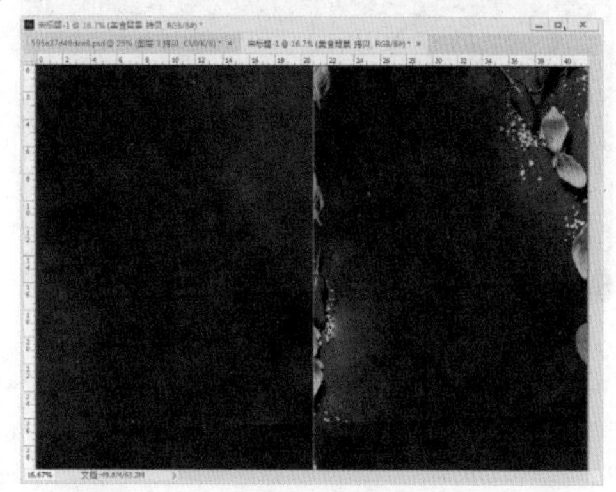

图9-11

09 在菜单栏中选择“文件>置入嵌入对象”命令，在弹出的“置入嵌入的对象”对话框中选择随书配备资源中的“小龙虾.jpg”文件，单击“置入”按钮，如图9-12所示。

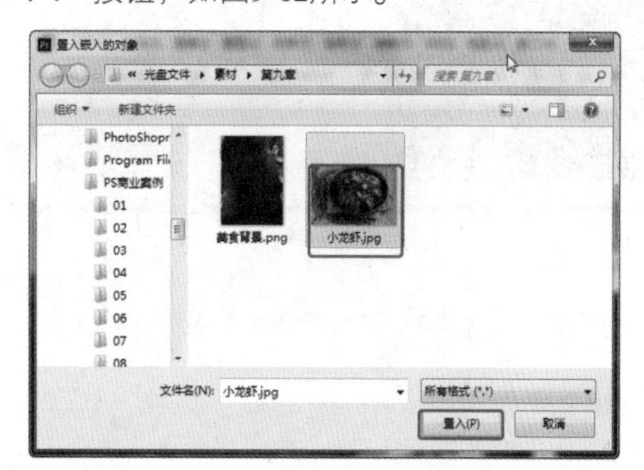

图9-12

10 置入素材后，调整素材的位置和大小，使用“椭圆选框工具” 选择如图9-13所示的区域。

图9-13

11 在“图层”面板中确定小龙虾图层处于选择状态，单击“添加图层蒙版”按钮，创建图层蒙版，如图9-14所示。

图9-14

12 在舞台中继续调整素材的大小，在菜单栏中选择“图像>图像大小”命令，在弹出的“图像大小”对话框中选择“重新采样”为“保留细节2.0”，如图9-15所示。

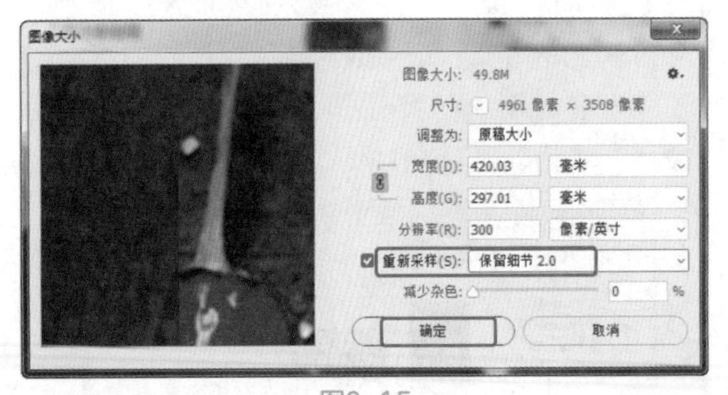

图9-15

使用“保留细节2.0”的提示与技巧

在使用Photoshop调整素材大小时，往往会失真。针对位图失真的问题，可以在缩放图形之前使用“图像>图像大小”命令，在对话框中修改“重新采样”为“保留细节2.0”，这样在放大图像时，可以减少失真的程度。

13 调整图像大小后的效果如图9-16所示。

图9-16

14 选择“矩形工具”，设置填充为无，设置轮廓为灰色，结合使用“直线工具”，在矩形中创建直线，设置直线的填充为灰色，轮廓为无，如图9-17所示。

图9-17

15 选择组成田字格的三个形状图层，单击“链接图层”按钮，这样移动其中一个形状即可移动整个田字格，如图9-18所示。

图9-18

16 使用“移动工具”，按住Alt键移动复制田字格，如图9-19所示。

图9-19

17 在田字格中使用“横排文字工具”T创建标题和底部的文字，使用“自定形状工具”创建形状，并在形状中输入文字，如图9-20所示。

图9-20

18 继续使用“横排文字工具”T，在封面的背面创建画册的信息，如图9-21所示。

图9-21

19 将所有的封面图层选中，单击“创建新组”按钮，将封面放置到一个图层组中，如图9-22所示。

20 在工具箱中单击前景色，在弹出的“拾色器（前景色）”对话框中设置RGB为239、239、239，单击“确定”按钮，如图9-23所示。

图9-22

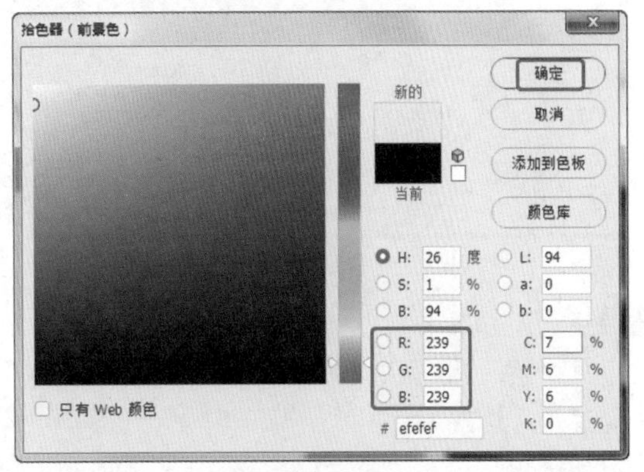

图9-23

21 选择背景图层，按Alt+Delete组合键填充背景图层为前景色，如图9-24所示。

图9-24

22 在菜单栏中选择“文件>置入嵌入对象”命令，在弹出的“置入嵌入的对象”对话框中选择随书配备资源中的“凉菜01.png”文件，单击“置入”按钮，如图9-25所示。

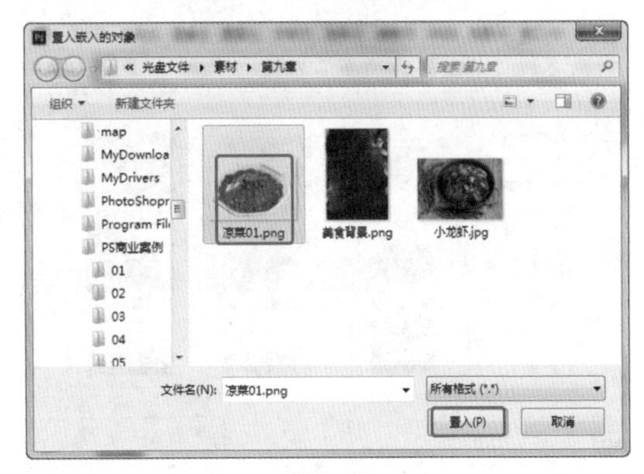

图9-25

23 置入素材后，调整素材的位置和大小，使用“横排文字工具” T 在舞台中创建标题，如图9-26所示。

图9-26

24 使用“自定形状工具” ，在工具属性栏中选择形状，设置合适的颜色，在舞台中绘制形状，使用“横排文字工具” T 创建文字，如图9-27所示。

图9-27

25 在菜单栏中选择“文件>置入嵌入对象”命令，在弹出的“置入嵌入的对象”对话框中选择随书配备资源中的“凉拌耳朵.png”文件，单击“置入”按钮，如图9-28所示。

图9-28

26 置入素材后，调整素材的位置和大小，双击其图层，在弹出的“图层样式”对话框中勾选“描边”复选框，设置合适的参数，如图9-29所示。

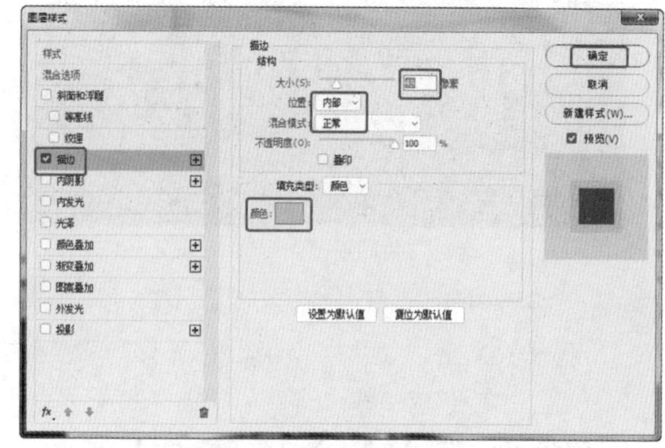

图9-29

27 设置图像的描边后，使用“横排文字工具” T 创建文字，如图9-30所示。

图9-30

28 继续置入图像，调整图像的大小和位置，设置图层的图层样式，并创建文字注释，如图9-31所示。

图9-31

29 继续置入图像，调整图像到合适的位置和大小，设置图层的图层样式，如图9-32所示。

图9-32

30 使用“横排文字工具” T 创建文字，如图9-33所示。

图9-33

31 置入素材，设置图层的遮罩，调整至合适的效果，并添加注释，如图9-34所示。

图9-34

32 将内页的所有图层选中，单击“创建新组”按钮，将图层放置到一个图层组中，命名图层组为“内页1”，如图9-35所示。

图9-35

33 继续创建一个内页版式，将“内页1”隐藏，在舞台中使用“横排文字工具” T 创建文字，如图9-36所示。

图9-36

34 置入素材图像，如果需要将图像放大，使用“图像>图像大小”命令，在弹出的“图像大小”对话框中选择“重新采样”为“保留细节2.0”，单击“确定”按钮，如图9-37所示。

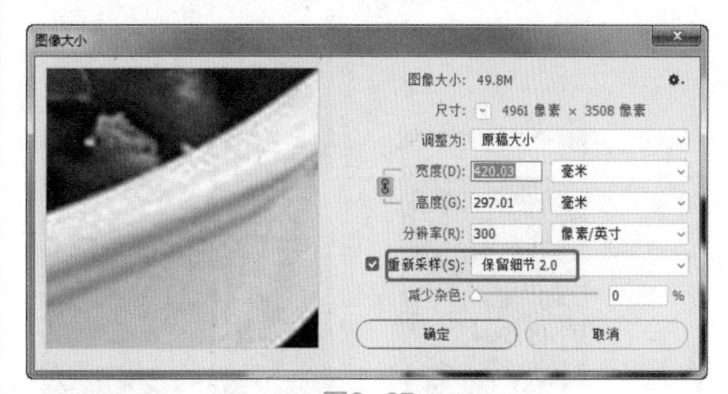

图9-37

35 在置入的素材上使用“矩形选框工具”创建矩形选区，作为遮罩。创建选区后，在“图层”面板中单击“添加图层蒙版”按钮，创建蒙版，如图9-38所示。

图9-38

36 创建蒙版后，双击图层，在弹出的“图层样式”对话框中勾选“描边”复选框，设置合适的参数，单击“确定”按钮，如图9-39所示。

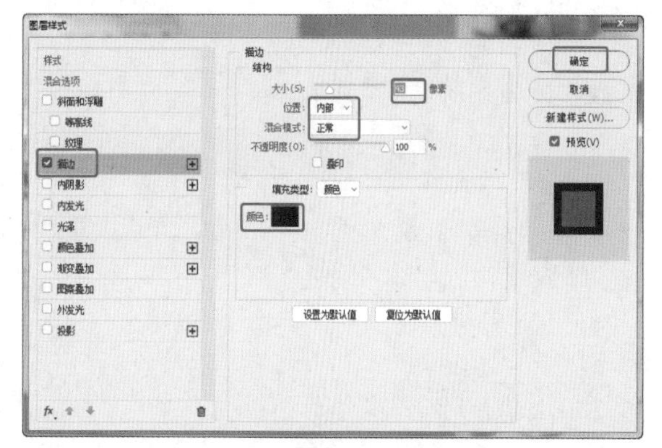

图9-39

37 创建图层样式后，使用“横排文字工具”T创建文字，如图9-40所示。

38 使用同样的方法置入图像，设置图像的蒙版和“图层样式”，使用“横排文字工具”T创建文字，如图9-41所示。

图9-40　　图9-41

39 复制文字到如图9-42所示的位置。

图9-42

40 置入素材，设置素材的蒙版和“图层样式”，添加文字注释。使用“矩形选框工具”在如图9-43所示的位置创建矩形选区，创建一个新的图层。在菜单栏中选择“编辑>描边”命令，在弹出的“描边”对话框中设置合适的参数，描边颜色设置为与标题颜色一致即可。

图9-43

41 描边后，按Ctrl+D组合键，取消选区的选择，继续使用“矩形选框工具”选择右侧一部分区域，按Delete键，将选区中的图像删除，如图9-44所示。

图9-44

42 添加素材，设置素材的蒙版和“图层样式”效果，创建文字注释，如图9-45所示。

图9-45

43 使用“横排文字工具”T创建文字注释，并复制一个半矩形框，如图9-46所示。然后将所有的内页图层放置到同一个图层组中，命名图层组为“内页02”。

图9-46

44 至此，美食画册制作完成。我们一共制作了两个内页的排版，如果内页较多可以重复使用，也可以简单调整一下布局来使用。

9.3 商业案例——公司画册模板设计

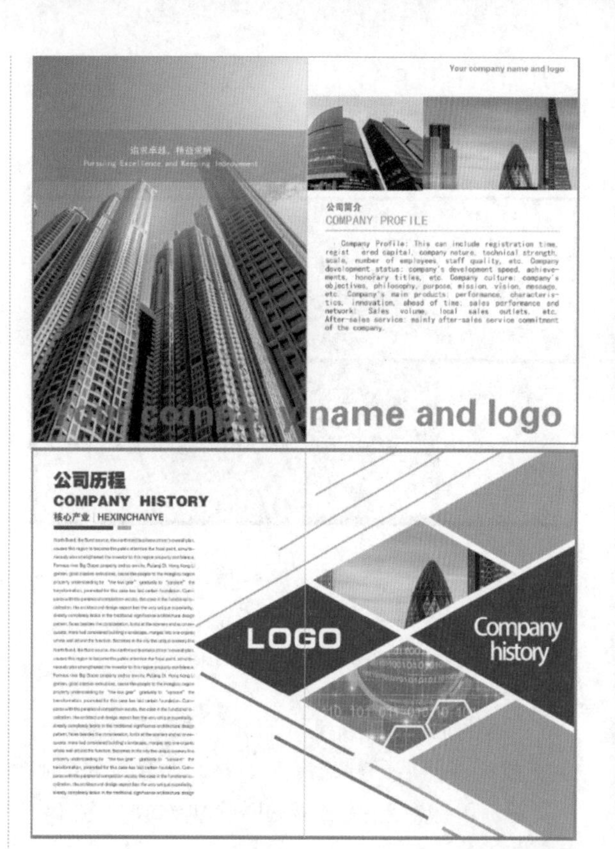

9.3.1 设计思路

扫码看视频

■ 案例类型

本案例设计制作一本公司画册模板。

■ 项目诉求

需要制作一款比较商务的公司画册，风格和类型可以依据蓝色的商务画册制作。

■ 设计定位

根据项目要求，我们将采用商务的蓝色封面和简约几何体内容页来制作，在封面中我们将主要放置一些公司的信息；内页将采用几何体加素材的类型装饰，避免太过呆板的商务效果。

9.3.2 配色方案

配色上，我们将以蓝色和白色作为主色，白色可以用于各种广告和画册中，蓝色是代表商务的颜色。本案例的封面将采用渐变的蓝色制作，内容页也会添加一些蓝色调的素材作为装饰，在主调的基础上我们再添加少许的跳跃颜色，如橘红色。

9.3.3 同类作品欣赏

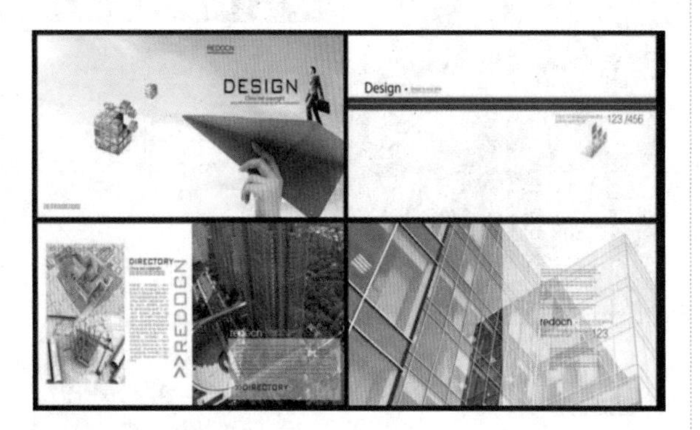

9.3.4 项目实战

■ 制作流程

本案例首先绘制矩形和直线，置入素材图像，填充选区；然后创建选区并调整，创建图像的遮罩；最后创建文字注释，调整图像的样式，如图9-47所示。

图9-47

图9-47（续）

■ 技术要点

使用“矩形工具”和“直线工具”绘制矩形和直线；

使用“置入嵌入对象”命令置入素材到舞台中；

使用“填充”命令填充选区；

使用“多边形套索工具”创建选区并调整选区；

使用“创建蒙版”创建图像的遮罩；

使用“横排文字工具”创建文字注释；

使用“图层样式”调整图像的样式；

使用“色相/饱和度”命令调整色调。

■ 操作步骤

01 运行Photoshop软件，在“欢迎”界面中单击“新建”按钮，在弹出的“新建文档”对话框中设置“宽度”为425毫米、“高度”为291毫米、“分辨率”为300像素/英寸，单击“创建”按钮，如图9-48所示。

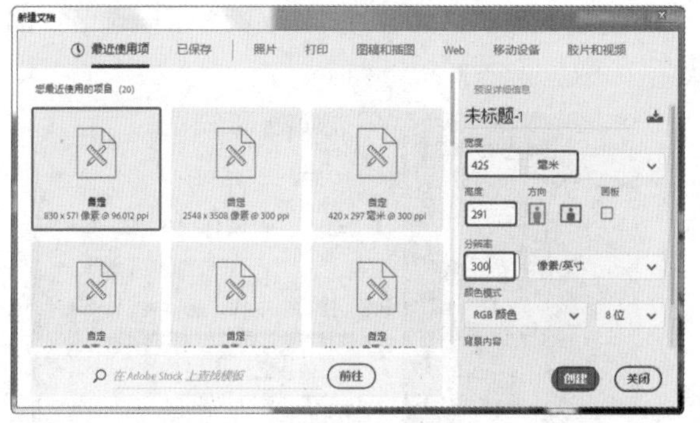

图9-48

02 创建文档后，按Ctrl+R组合键，显示标尺，并在舞台的中心拖曳出辅助线，如图9-49所示。

图9-49

03 使用“矩形工具”□在舞台中创建矩形，在“属性”面板中设置填充为渐变色，设置渐变的RGB为23、167、219到RGB为0、99、156的渐变，如图9-50所示。

图9-50

04 调整矩形的位置和大小，如图9-51所示。

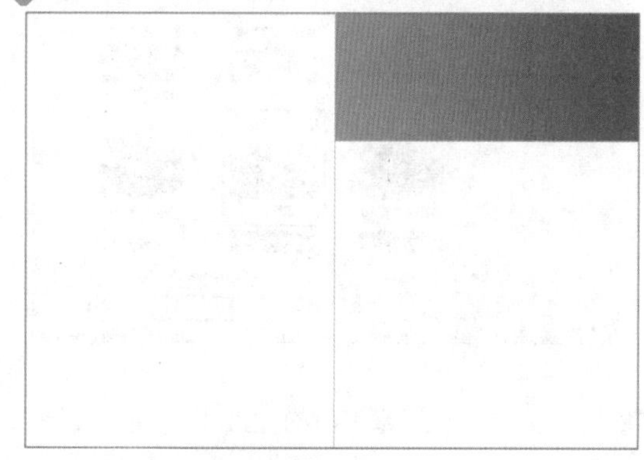

图9-51

05 继续在矩形的下方创建矩形，设置填充渐变的RGB为0、145、199到RGB为0、75、117的渐变，设置两个矩形的轮廓都为无，如图9-52所示。

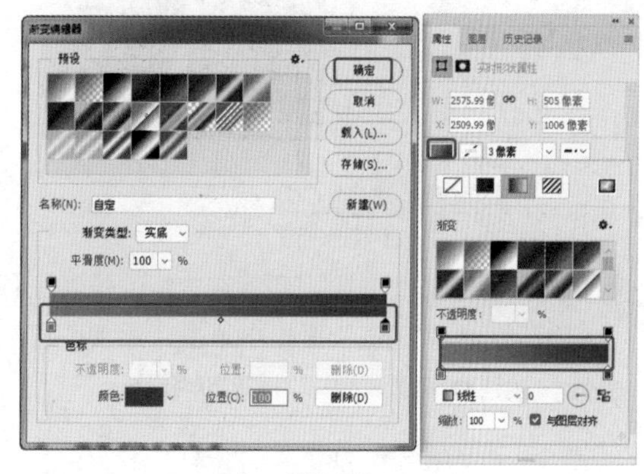

图9-52

06 调整矩形的位置和大小，如图9-53所示。

07 在菜单栏中选择“文件>置入嵌入对象”命令，在弹出的“置入嵌入的对象”对话框中选择随书配备资源中的“建筑.jpg”文件，单击“置入”按钮，如图9-54所示。

图9-53

图9-54

08 置入素材后，调整素材的位置和大小，如图9-55所示。

图9-55

09 使用“矩形选框工具”，在建筑的位置上创建矩形，在“图层”面板中单击“添加图层蒙版”按钮创建蒙版，如图9-56所示。

图9-56

10 设置建筑的蒙版后，在建筑的下方使用“矩形工具”创建矩形，也可以复制矩形，调整其高度，如图9-57所示。

图9-57

11 将建筑下的矩形图层栅格化为普通图层，使用“多边形套索工具”在如图9-58所示的位置创建选区，并按Delete键，删除选区中的图像。

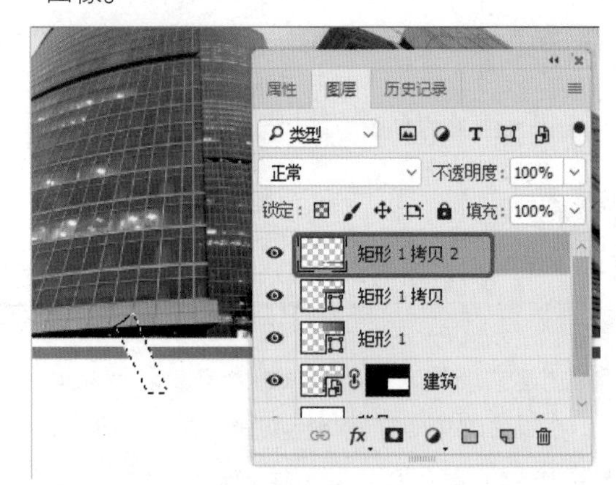

图9-58

12 使用“多边形套索工具”，选择右侧的区域，按Ctrl+U组合键，在弹出的“色相/饱和度”对话框中调整合适的参数，设置颜色为橘红色，如图9-59所示。

图9-59

13 调整颜色后按Ctrl+D组合键，取消选区的选择，如图9-60所示。

图9-60

14 使用“横排文字工具” T 在舞台中创建文字，如图9-61所示。

图9-61

15 使用“矩形工具” □ 在如图9-62所示的位置创建矩形。

图9-62

16 双击创建的矩形图层，在弹出的“图层样式”对话框中勾选“图案叠加”复选框，设置合适的参数，如图9-63所示。

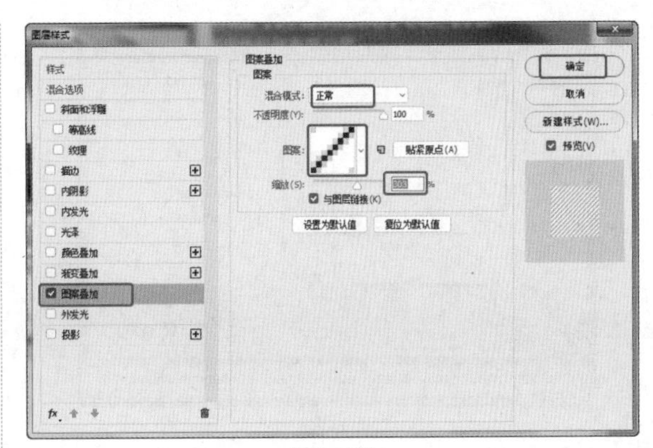

图9-63

17 设置图层样式后的形状效果，设置形状的轮廓为无，如图9-64所示。

图9-64

18 将设置图层样式后的形状图层转换为普通图层，栅格化图层样式，如图9-65所示。

图9-65

19 按Ctrl+U组合键，在弹出的“色相/饱和度”对话框中设置合适的参数，调整效果为蓝色，如图9-66所示。

20 调整后的效果如图9-67所示。

图9-66

图9-67

21 使用“矩形工具”□在舞台中创建矩形，如图9-68所示。

图9-68

22 在“属性”面板中设置渐变颜色，设置渐变的RGB为60、192、239到RGB为32、143、207的渐变，如图9-69所示。

图9-69

23 调整渐变的效果如图9-70所示。

图9-70

24 在舞台中复制图像，如图9-71所示。

图9-71

25 在菜单栏中选择“文件>置入嵌入对象”命令，在弹出的“置入嵌入的对象”对话框中选择随书配备资源中的“科技.png”文件，单击“置入”按钮。调整图像的大小与位置后，效果如图9-72所示。

图9-72

26 将置入的素材放置到如图9-73所示的位置，设置图层的混合模式为“变亮”。

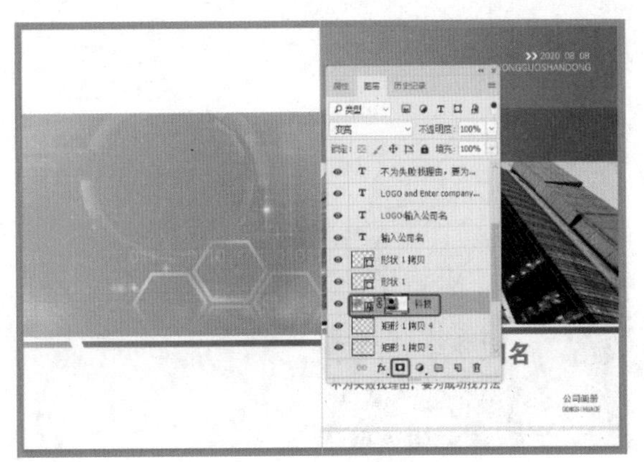

图9-73

27 选择导入的科技素材，在“图层”面板中单击“添加图层蒙版”按钮，使用“画笔工具”设置合适的柔边笔触，并设置画笔的“不透明度”为10%，将前景色设置为黑色，涂抹遮罩如图9-74所示。

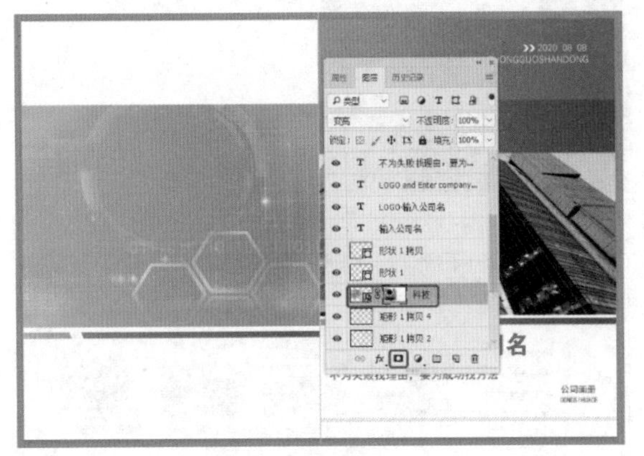

图9-74

28 在如图9-75所示的位置创建矩形，设置填充为蓝色，并设置图层的混合模式为“正片叠底”。

图9-75

29 使用“横排文字工具”在舞台中创建文字注释，如图9-76所示。

图9-76

30 这样公司的封面就制作完成了，将封面所有的图层放置到同一个图层组中，命名图层组为“封面”，如图9-77所示。

图9-77

31 隐藏图层组继续制作内页，在菜单栏中选择“文件>置入嵌入对象”命令，在弹出的“置入嵌入的对象”对话框中选择随书配备资源中的“建筑02.jpg”文件，单击“置入”按钮，如图9-78所示。

图9-78

32 置入素材后，将素材放置到左侧的页面中，单击前景色，设置前景色的RGB为4、118、201，如图9-79所示。

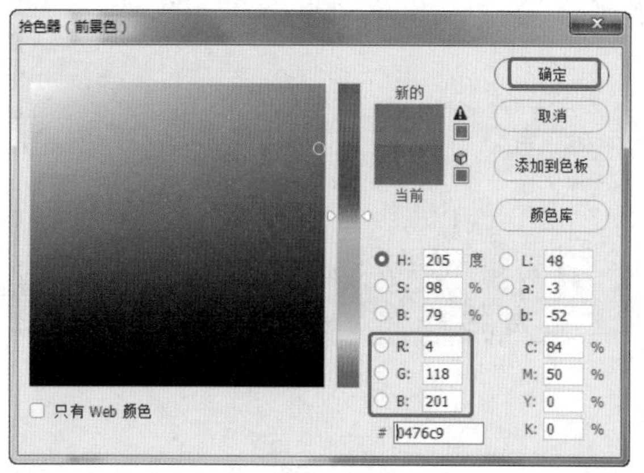

图9-79

33 在如图9-80所示的位置使用“矩形选框工具”创建选区，在“图层”面板中创建新图层，按Alt+Delete组合键，填充前景色，设置“不透明度”为40%。

图9-80

34 在如图9-81所示的位置创建文字注释。

图9-81

35 继续在舞台的底部创建文字，设置填充为灰蓝，并设置文字图层的“不透明度”为80%，如图9-82所示。

36 复制底部的文字到右上角，调整文字的大小，如图9-83所示。

37 在菜单栏中选择“文件>置入嵌入对象”命令，在弹出的“置入嵌入的对象”对话框中选择随书配备资源中的“建筑01.jpg”文件，单击“置入”按钮，如图9-84所示。

图9-82

图9-83

图9-84

38 在菜单栏中选择“文件>置入嵌入对象”命令，在弹出的“置入嵌入的对象”对话框中选择随书配备资源中的“建筑.jpg”文件，单击“置入”按钮，如图9-85所示。

39 将置入的素材调整至合适的位置和大小，如图9-86所示。

40 在舞台中使用“横排文字工具”T创建文字注释，使用“直线工具”绘制两条直线，分别填充为蓝色和橘色，作为分割线，使用“横排文字工具”T在舞台中拖曳出文本框，如图9-87所示。

图9-85

图9-86

图9-87

41 在文本框中输入文字内容，如图9-88所示。

图9-88

42 这样第一个内页就制作完成了，将所有内页图层选中，将其放置到一个图层组中，将图层组隐藏。

43 接下来创建第二个内页，使用“直线工具”，创建如图9-89所示的辅助线。

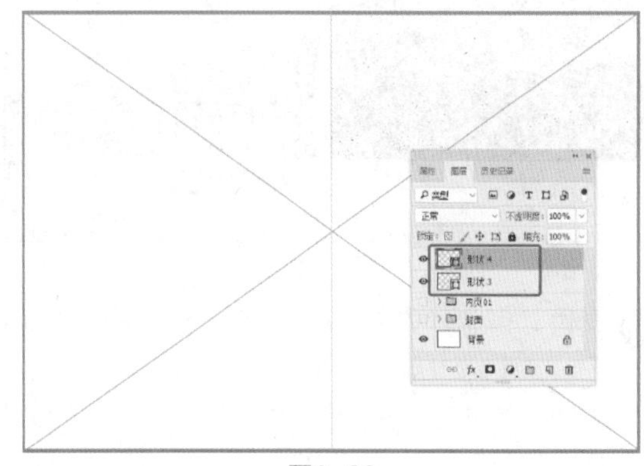

图9-89

44 按Ctrl+T组合键，打开自由变换，在工具属性栏中，调整辅助线的宽度，如图9-90所示。

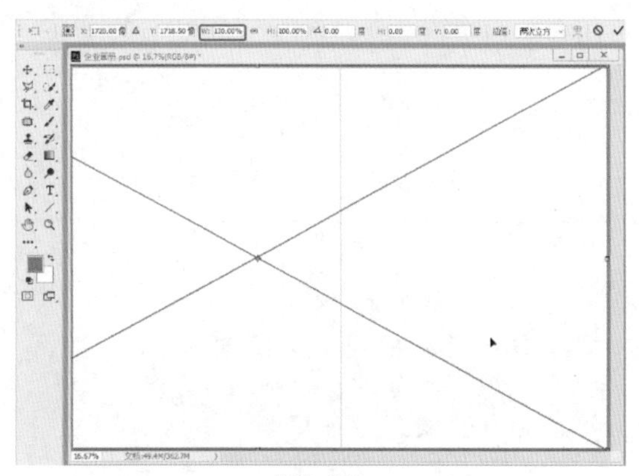

图9-90

45 复制线作为辅助线，如图9-91所示。

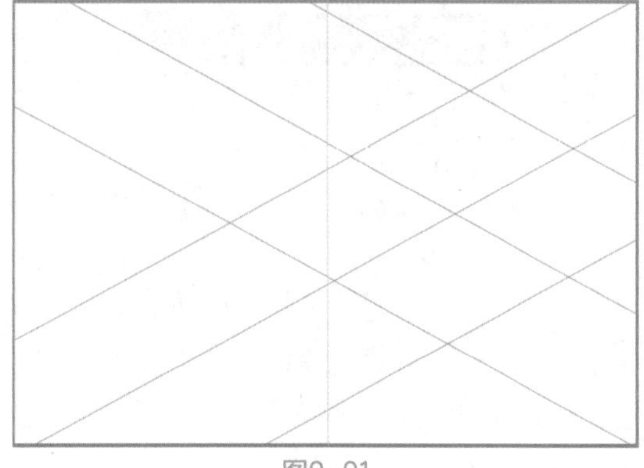

图9-91

46 在工具箱中设置前景色的RGB为7、61、110，如图9-92所示。

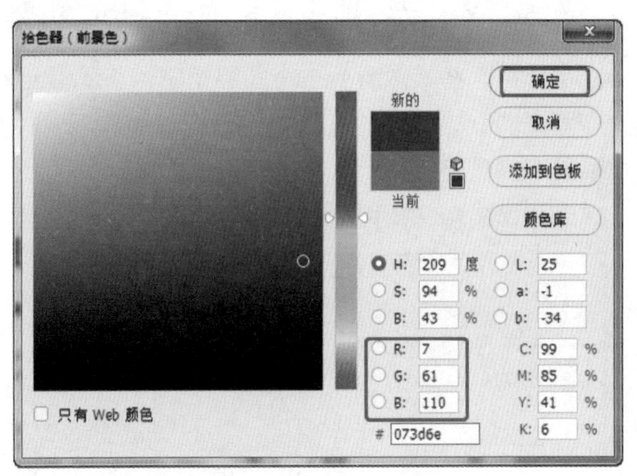

图9-92

47 使用“多边形套索工具”在舞台中创建选区，如图9-93所示。

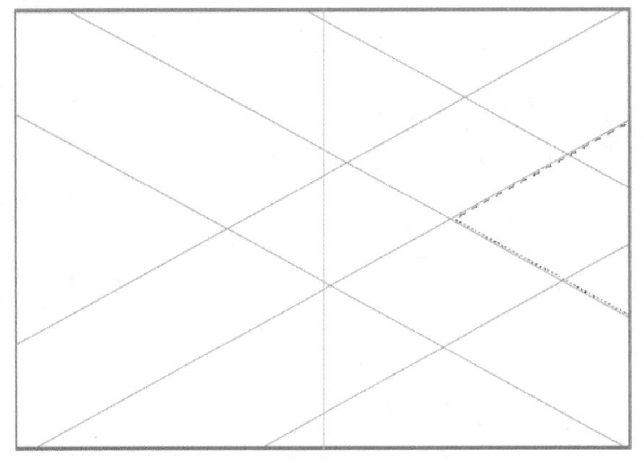

图9-93

48 在“图层”面板中新建图层。按Alt+Delete组合键，填充选区为前景色，如图9-94所示。

图9-94

49 按Ctrl+D组合键，取消选区的选择，再使用“多边形套索工具”创建选区，并填充前景色，在填充前景色的位置使用“横排文字工具”T创建文字，如图9-95所示。

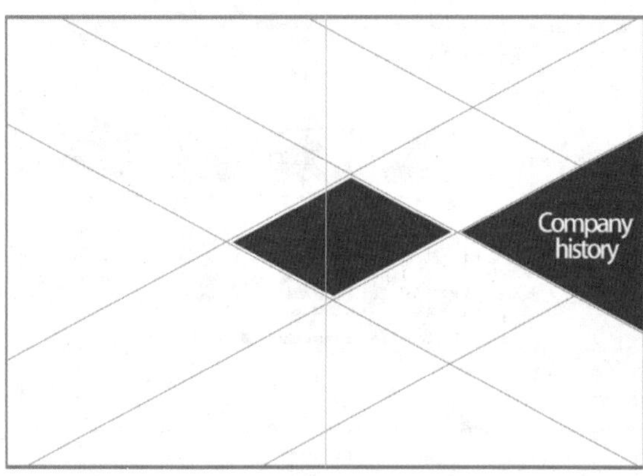

图9-95

50 继续创建文字。使用“多边形套索工具”创建选区，填充选区为灰色。导入素材到舞台中，在素材上创建选区，并单击“添加图层蒙版”按钮，创建蒙版，如图9-96所示。

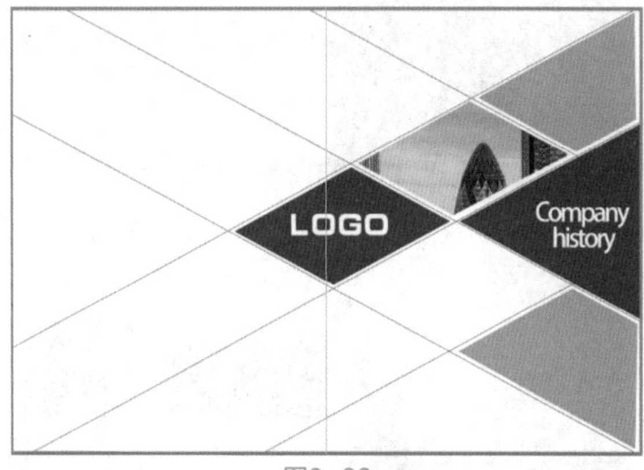

图9-96

51 继续添加素材并设置素材的蒙版，如图9-97所示。

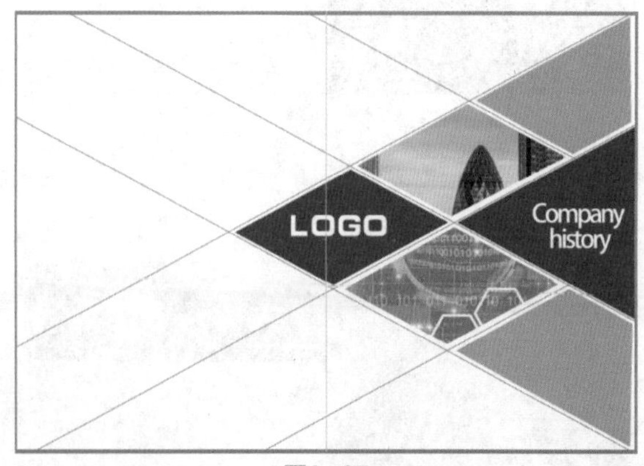

图9-97

52 在舞台中选择右侧的装饰素材和文字，单击“链接图层”按钮，将图层链接，这样移动一个图层，其他链接的图层都被移动和关联，如图9-98所示。

图9-98

53 将辅助线隐藏，如图9-99所示。

图9-99

54 使用"横排文字工具"T.在舞台中创建文字，并使用"矩形工具"▭.在舞台中创建矩形，分别设置矩形为深蓝色和橘色，如图9-100所示。

图9-100

55 在舞台中创建公司简介，如图9-101所示。

56 使用"直线工具"⁄.在舞台中创建线，设置线的填充为灰色，轮廓为无，如图9-102所示。

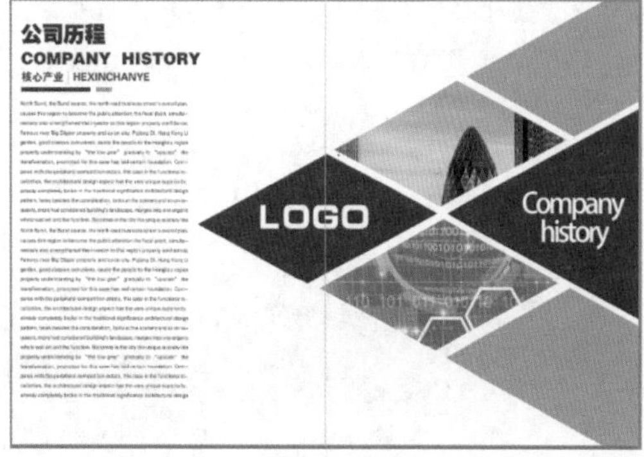

图9-101

图9-102

57 继续使用"直线工具"⁄.，绘制如图9-103所示的线。

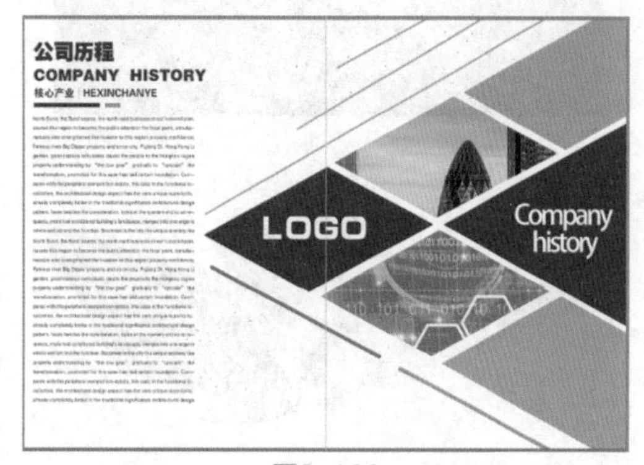

图9-103

58 复制底部的线，如图9-104所示。

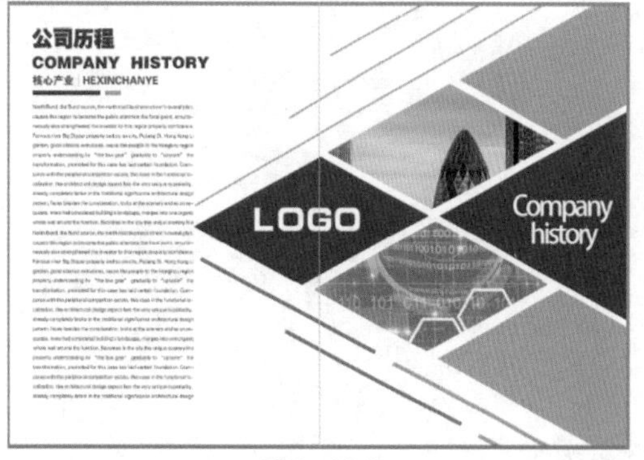

图9-104

59 将内页的图层放置到同一个图层组中，命名图层组为“内页02”，如图9-105所示。

图9-105

60 至此，公司画册模板制作完成。

9.4 优秀作品欣赏

第10章 插画设计

插画被俗称为插图，通常出现在出版物配图、拉筒吉祥物、影视海报、游戏人物的设定中。本章将介绍插画的一些常识和设计。

10.1 插画概述

当今社会插画被广泛地应用于社会的各个领域。随着艺术的日益商品化和新的绘画材料及工具的出现，插画艺术进入商业化时代。如图10-1所示。

图10-1

插画是一种艺术形式，作为现代设计的一种重要的视觉传达形式，其以直观的形象性，真实的生活感和美的感染力，在现代设计中占有特定的地位，已广泛用于现代设计的多个领域，涉及文化活动、社会公共事业、商业活动、影视文化等方面。

10.1.1 什么是插画

插画原指在书籍中的插图，后随着时代的发展，插画已不仅限于图书的插图，也应用于漫画、游戏场景、动画的原始稿件和原型的创作中，如图10-2所示。

图10-2

现代插画与一般意义上的艺术创作插画有一定的区别，两者的功能和表现形式，以及传播媒介方面都有着差异。现代插画的服务对象首先是商品，商业活动要求把所承载的信息准确、明晰地传达给观众，以达到观众接受正确信息，并让观众得到从来没有的感受。

插画在画册、图书、广告中一般作为文字的补充，能够让人们图文并茂地熟悉和了解文字内容，并通过添加插画可以使观众得到感性认识的满足。

10.1.2 插画设计的原则

现代插画的形式多种多样，以媒体不同可以分为印刷媒体与影视媒体。印刷媒体包括招贴海报、报纸、杂志、书籍、产品包装、企业形象插画等，影视媒体包括电影、电视等。

插画设计根据基本的诉讼功能使信息简洁、明确、清晰地传递给观众，引起观众的兴趣，并在审美的过程中使观众欣然接受宣传的内容。

在现代插画设计过程中，不要偏离主题，偏离主题的插画往往使现代插画的功能减弱。因此，设计插画时必须立足于鲜明、单纯、准确。

10.1.3 插画的常见分类

根据插画的应用范围以及目前在市场上的流行性，插画可以分为商业插画、书籍插画、电子插画、涂鸦四大类。

（1）商业插画。商业插画是获有相关报酬的，作者对作品放弃所有权，只保留署名权的商业买卖的行为，被广泛用于广告、商品包装、报纸、书籍装帧、环艺空间、电脑网络等领域，如图10-3所示。

图10-3

（2）书籍插画。书籍插画包括书籍封面、封底、内容页的插画，广泛应用于各类书籍中，如图10-4所示。

图10-4

（3）电子插画。电子插画包括电子游戏插画与动画插画，如图10-5所示。

图10-5

（4）涂鸦。涂鸦是指在公共或私人设施上的人为和有意图的标记。涂鸦可以是图画，也可以是文字，如图10-6所示。

图10-6

10.1.4 插画的表现形式及风格

插画根据市场的定位可以分为写实风格、抽象表现风格、装饰表现风格和漫画表现风格。

（1）写实风格。写实风格是根据实物或照片进行写实描绘或写实设计，并做到与实物基本相符的境界，如图10-7所示。

图10-7

（2）抽象表现风格。从具体事物抽象出、概括出它们共同的方面、本质属性与关系等，而将个别的、非本质的方面、属性与关系舍弃，这种思维过程，称为抽象，如图10-8所示。

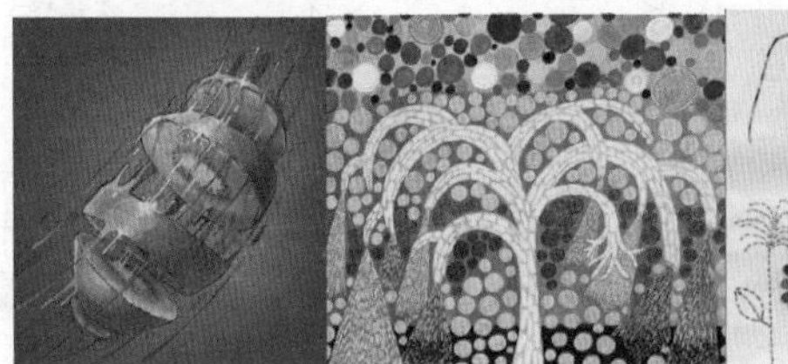

图10-8

（3）装饰表现风格。将主题突出显示并加以一些装饰元素来突出主题，如图10-9所示。

图10-9

（4）漫画表现风格。用简单而又夸张的手法来绘制生活或时事的图画，如图10-10所示。

图10-10

10.2 商业案例——月饼包装盒上的插画设计

10.2.1 设计思路

扫码看视频

■ 案例类型

本案例设计一款月饼包装盒上的圆形插画。

■ 项目诉求

客户要求制作出有中秋特色的一款椭圆形月饼包装盒插画，要求主体背景为黑夜的深蓝色，并加上中秋节的一些主角即可。

■ 设计定位

根据客户的需求我们将制作一个中秋黑夜效果，在黑夜中将绘制有圆圆的月亮、小白兔、桂花等中秋的场景素材。

10.2.2 配色方案

配色上我们将使用黄色和蓝色作为主色调，在黑夜色调基础上制作出温馨团圆的氛围。

10.2.3 同类作品欣赏

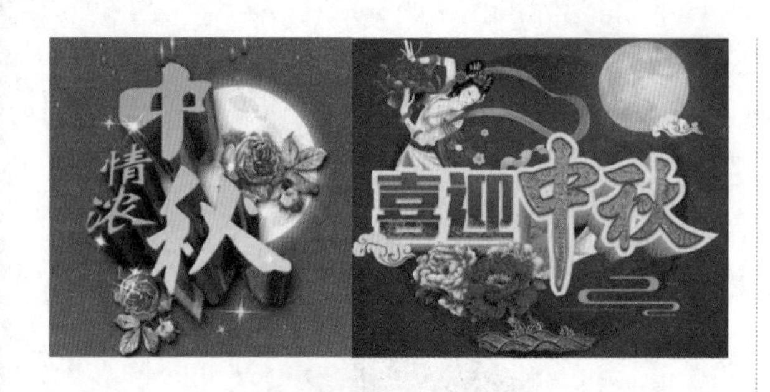

10.2.4 项目实战

制作流程

本案例首先创建椭圆，制作圆形底纹和月亮；然后创建路径，调整路径的形状，选择路径的控制点并调整控制点，设置路径的属性或移动路径；最后绘制图像，调整图像的样式以及调整图像的形状、角度和大小，如图10-11所示。

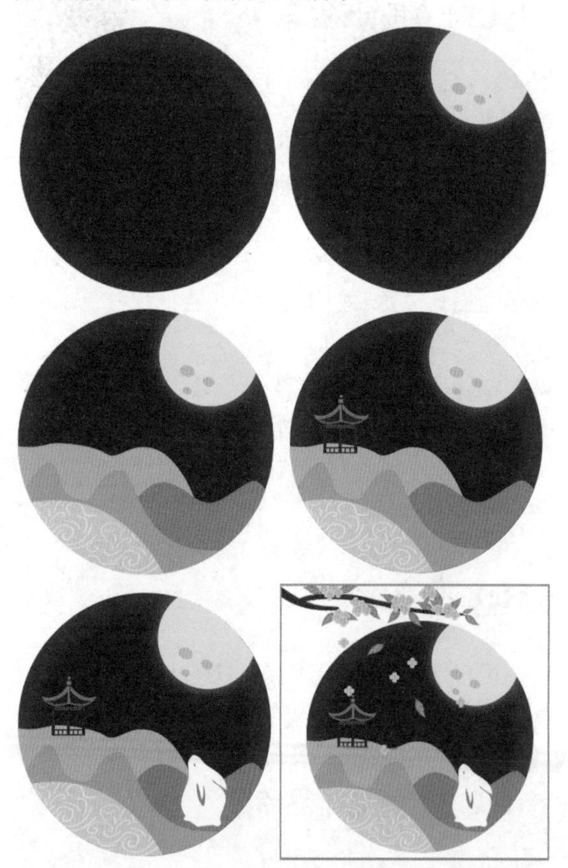

图10-11

技术要点

使用“椭圆工具”创建椭圆，制作圆形底纹和月亮；

使用“钢笔工具”创建路径；

使用“转换点工具”调整路径的形状；

使用“直接选择工具”选择路径的控制点，调整控制点；

使用“路径选择工具”设置路径的属性或移动路径；

使用“画笔工具”绘制图像；

使用“图层样式”调整图像的样式；

使用“自由变换”命令调整图像的形状、角度和大小。

操作步骤

01 运行Photoshop软件，在“欢迎”界面中单击“新建”按钮，在弹出的“新建文档”对话框中设置“宽度”为1000像素、“高度”为1000像素，“分辨率”为300像素/英寸，单击“创建”按钮，如图10-12所示。

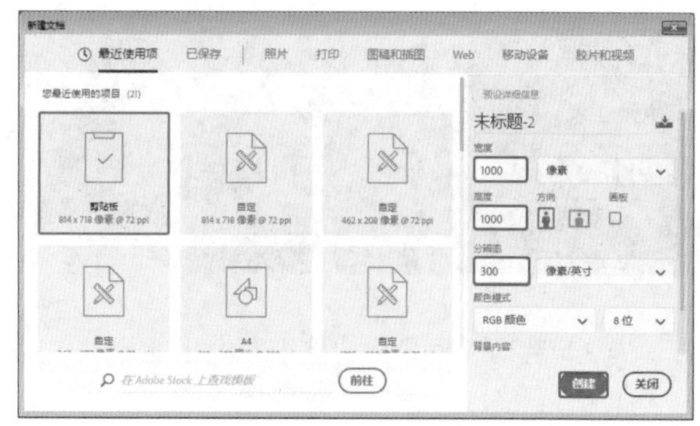

图10-12

02 创建文档后，使用“椭圆工具”在舞台中创建椭圆，设置椭圆的填充RGB为23、29、63，设置轮廓为无，如图10-13所示。

图10-13

03 双击创建的椭圆形状，在弹出的“图层样式”对话框中勾选“内发光”复选框，设置内发光的RGB为42、45、115，设置合适的参数，如图10-14所示。

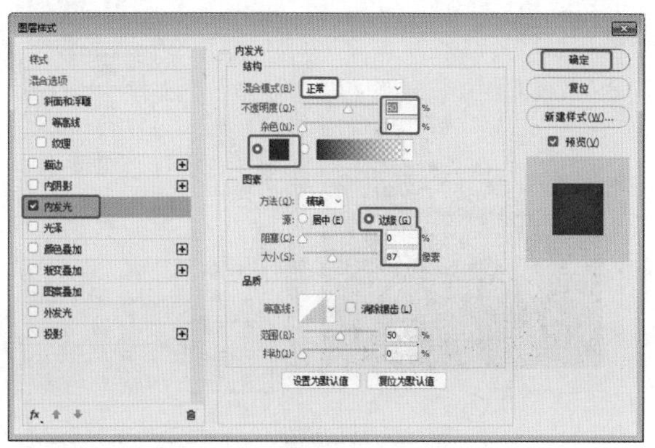

图10-14

04 继续使用“椭圆工具”◯.在舞台中创建椭圆，设置椭圆的填充RGB为255、255、73，设置轮廓为无，如图10-15所示。

图10-15

05 选择作为月亮的椭圆，按住Ctrl键单击第一个椭圆前的缩览窗，将其载入选区，选择月亮椭圆图层，单击“添加图层蒙版”按钮◘，创建蒙版，如图10-16所示。

图10-16

06 创建蒙版后的效果如图10-17所示。

07 使用“椭圆工具”◯.创建三个椭圆，设置三个椭圆的填充RGB为245、207、58，如图10-18所示。

图10-17　　图10-18

08 双击遮罩后的月亮椭圆，在弹出的“图层样式”对话框中勾选“外发光”复选框，设置发光的RGB颜色为255、204、0，设置合适的参数，如图10-19所示。

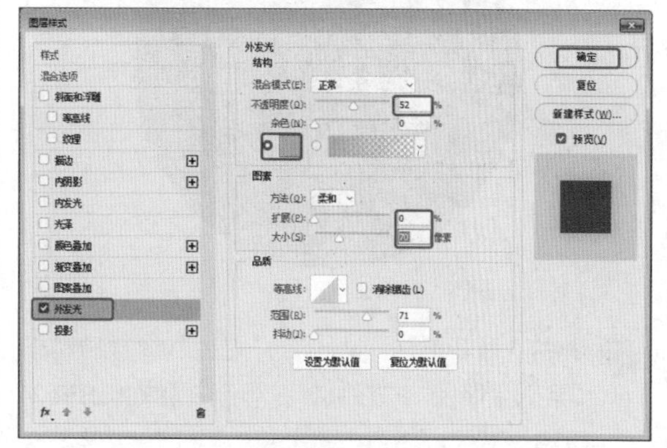

图10-19

09 设置图层样式后的月亮，可以看出发光效果超出了背景，如图10-20所示。

图10-20

10 栅格化月亮图层为普通图层，如图10-21所示。

11 按住Ctrl键单击第一个椭圆前的缩览窗，将其载入选区，然后选择月亮椭圆图层，单击“添加图层蒙版”按钮◘，创建蒙版，如图10-22所示。

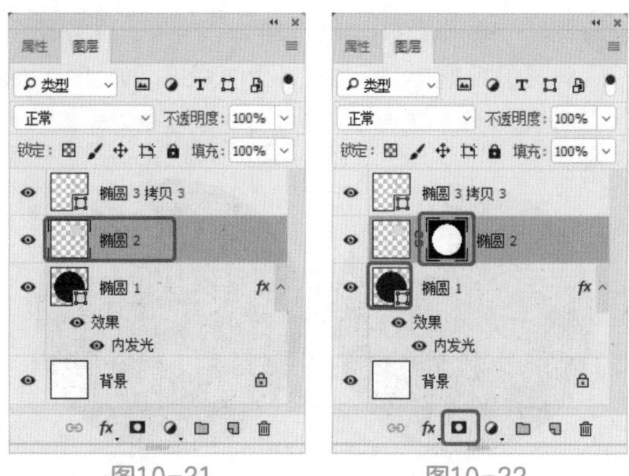

图10-21　图10-22

12 设置图层样式后的月亮效果如图10-23所示。

图10-23

13 使用“钢笔工具”，在“路径”面板中单击“创建新路径”按钮，在舞台中绘制如图10-24所示的形状，使用（转换点工具）调整路径的形状。

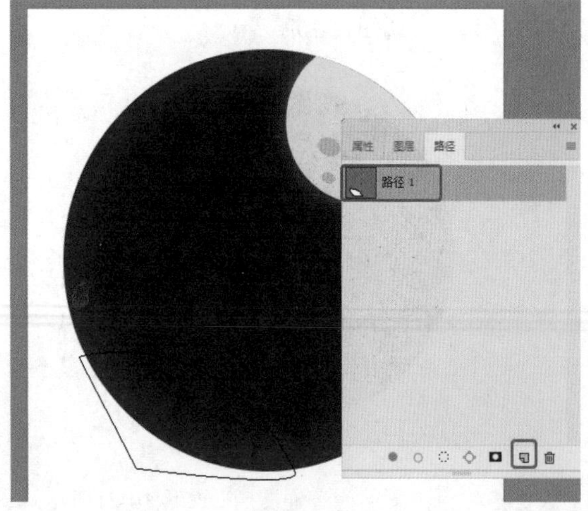

图10-24

14 在工具箱中单击前景色，在弹出的“拾色器（前景色）”对话框中设置RGB为169、215、239，如图10-25所示。

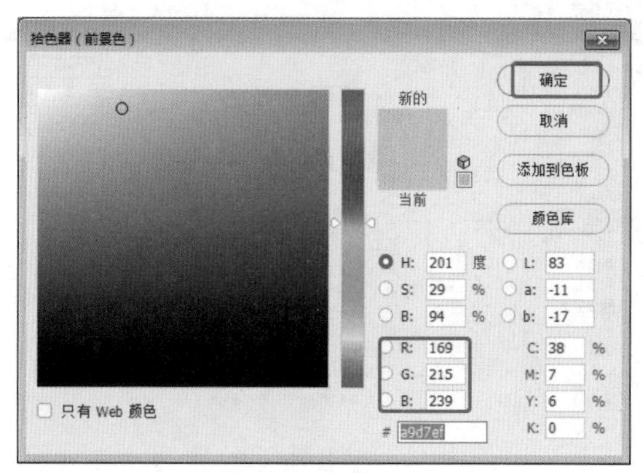

图10-25

创建路径层的重要性

当我们使用“钢笔工具”绘制路径时，如果不单击“创建新路径”按钮，路径将显示为“工作路径”，工作路径的缺点就是，当我创建完路径之后，再次创建新路径时会直接将新的路径显示为“工作路径”，之前的工作路径将视为无用路径直接被替换掉。所以为了方便操作我们将创建新路径层来对路径进行编辑和使用，创建的路径层只要不删除，不压缩存储图像都会保存在“路径”面板中。

15 确定当前路径为选择对象，按Ctrl+Enter组合键将路径载入选区，在“图层”面板中单击“创建新图层”按钮，新建图层。按Alt+Delete组合键，填充选区为前景色；按Ctrl+D组合键取消选区的选择；按住Alt+Ctrl组合键，将月亮的遮罩复制到当前图层上，如图10-26所示。

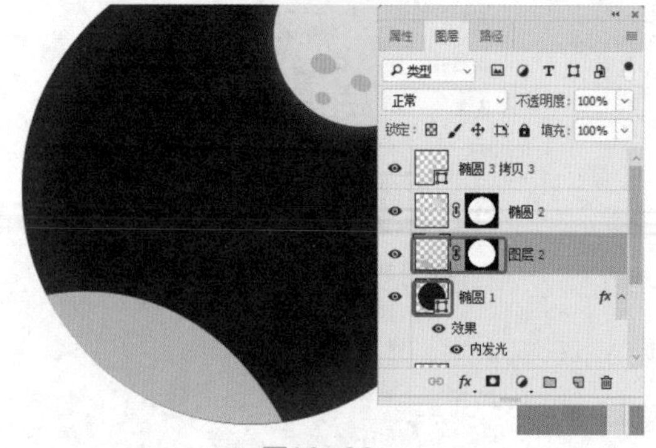

图10-26

16 使用“钢笔工具”，在“路径”面板中单击“创建新路径”按钮，在舞台中绘制如图10-27所示的形状，使用“转换点工具”调整路径的形状，使用“直接选择工具”↖调整点的位置，直至路径得到满意的效果。

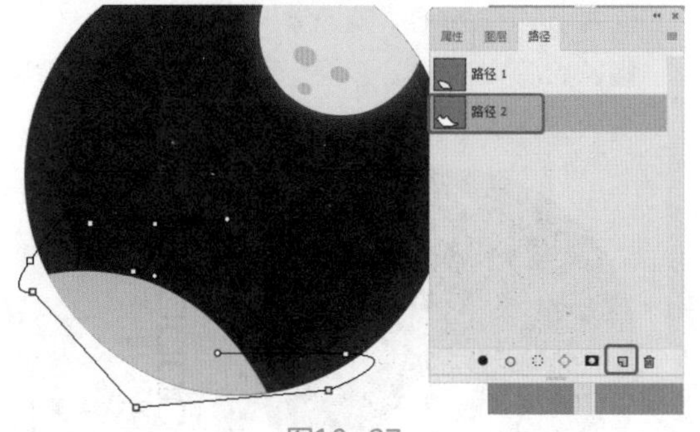

图10-27

17 在工具箱中单击前景色，在弹出的“拾色器（前景色）”对话框中设置RGB为114、168、202，如图10-28所示。

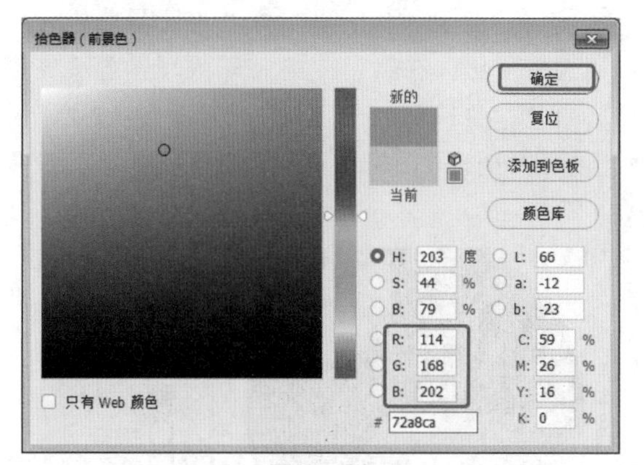

图10-28

18 按Ctrl+Enter组合键将创建的路径载入选区，在“图层”面板中单击“创建新图层”按钮，新建图层。按Alt+Delete组合键，填充选区为前景色；按Ctrl+D组合键取消选区的选择；按住Alt+Ctrl组合键，将月亮的遮罩复制到当前图层上，如图10-29所示。

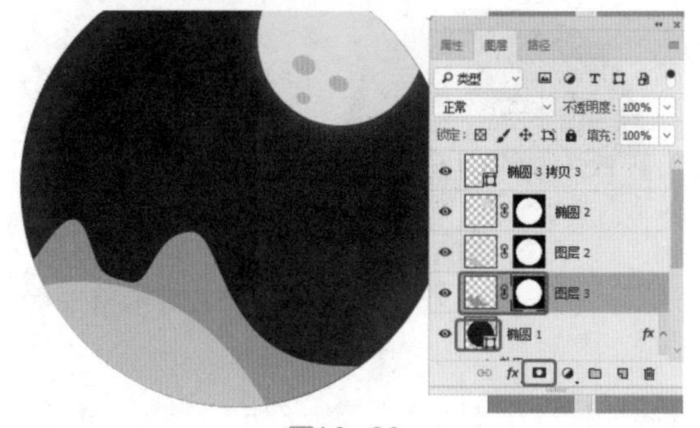

图10-29

19 使用“钢笔工具”，在“路径”面板中单击“创建新路径”按钮，在舞台中绘制如图10-30所示的形状，使用“转换点工具”调整路径的形状，使用“直接选择工具”↖调整点的位置，直至路径得到满意的效果。

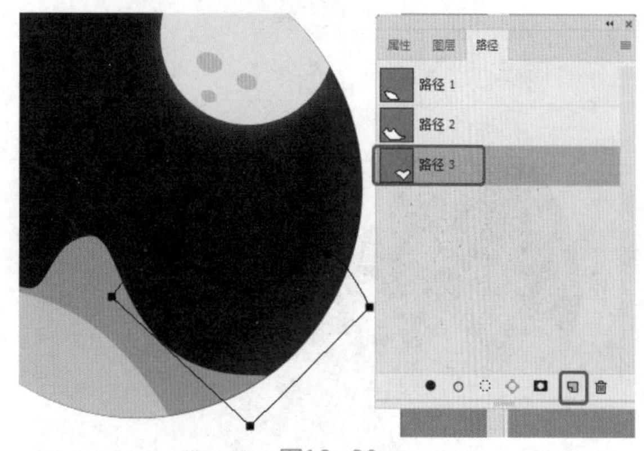

图10-30

20 在工具箱中单击前景色，在弹出的“拾色器（前景色）”对话框中设置RGB为218、110、100，如图10-31所示。

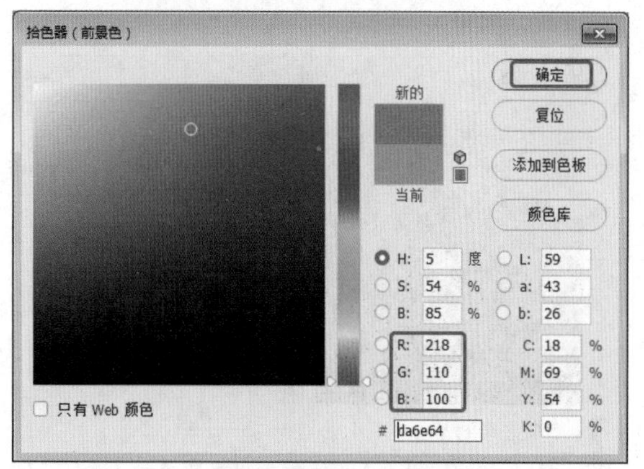

图10-31

21 确定当前路径为选择对象，按Ctrl+Enter组合键将路径载入选区，在“图层”面板中单击“创建新图层”按钮，新建图层。按Alt+Delete组合键，填充选区为前景色；按Ctrl+D组合键取消选区的选择；按Alt+Ctrl组合键，将月亮的遮罩复制到当前图层上，如图10-32所示。

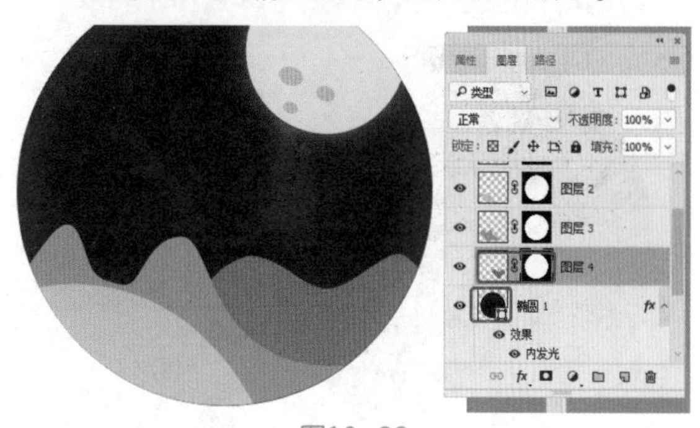

图10-32

22 使用“钢笔工具”，在“路径”面板中单击“创建新路径”按钮，在舞台中绘制如图10-33所示的形状，使用“转换点工具”调整路径的形状，使用“直接选择工具”调整点的位置，直至路径得到满意的效果。

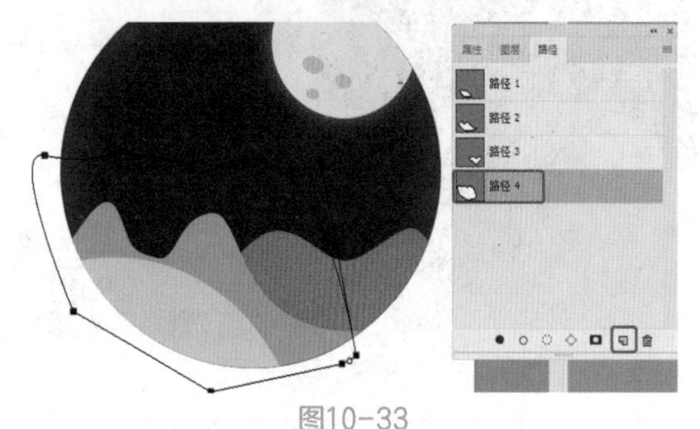

图10-33

23 在工具箱中单击前景色，在弹出的“拾色器（前景色）”对话框中设置RGB为234、179、122，如图10-34所示。

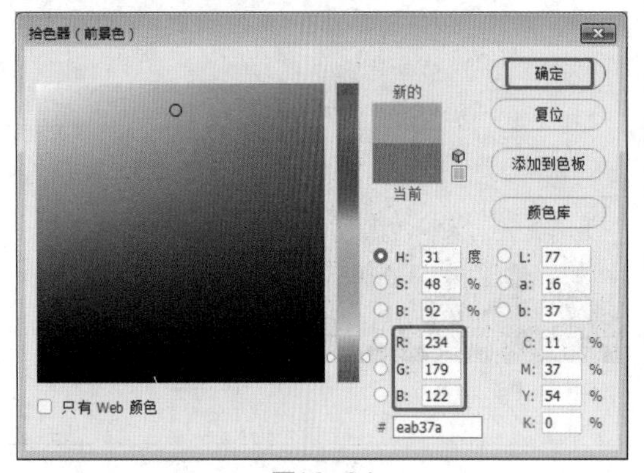

图10-34

24 确定当前路径为选择对象，按Ctrl+Enter组合键将路径载入选区，在“图层”面板中单击“创建新图层”按钮，新建图层。按Alt+Delete组合键，填充选区为前景色；按Ctrl+D组合键取消选区的选择；按Alt+Ctrl组合键，将月亮的遮罩复制到当前图层上，如图10-35所示。

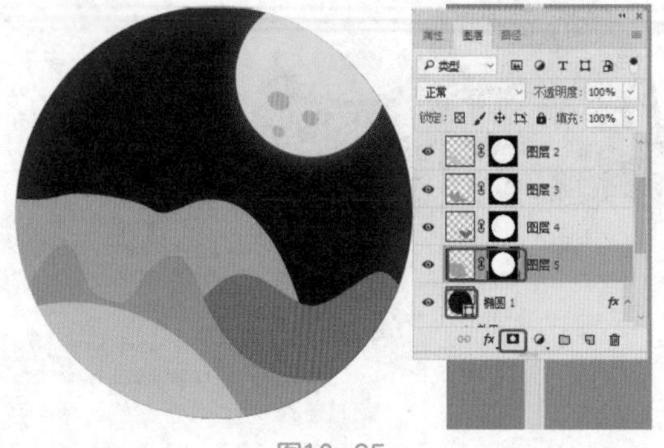

图10-35

25 取消图像和遮罩的链接，可以选择图像缩览窗，激活图像为当前对象，移动图像到合适的位置，这样既不影响遮罩又可以调整图像的位置，如图10-36所示。建议调整图像后，继续将图像和遮罩进行链接。

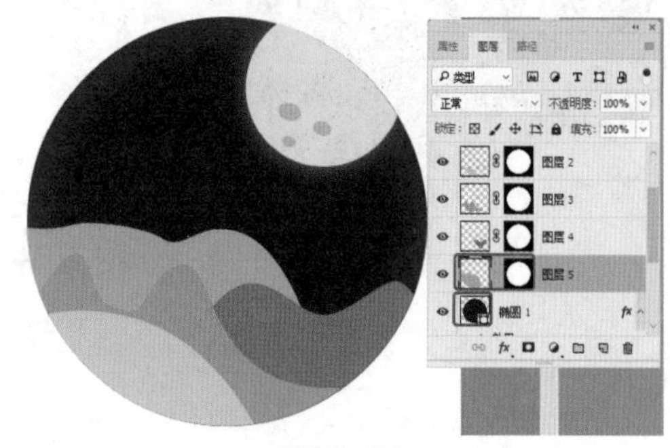

图10-36

26 使用“自定形状工具”，在工具属性栏中选择形状，在舞台中绘制形状，设置填充为白色，并按住Ctrl键，单击如图10-37所示图像的缩览图，将图像载入选区，并为其设置遮罩。

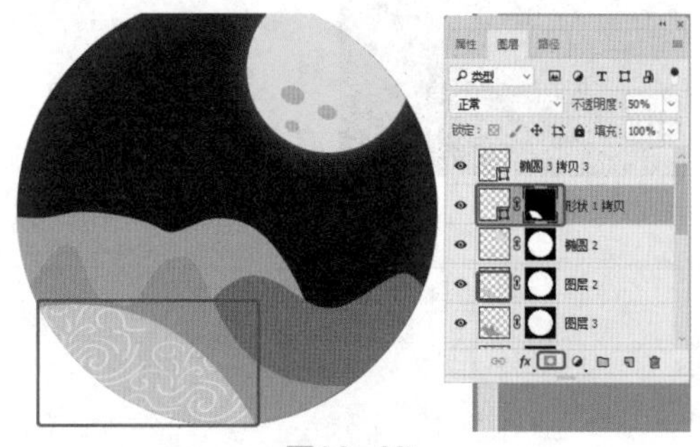

图10-37

27 这样背景就制作完成了，将除第一个背景椭圆图层外的所有图层放置到一个图层组中，如图10-38所示。

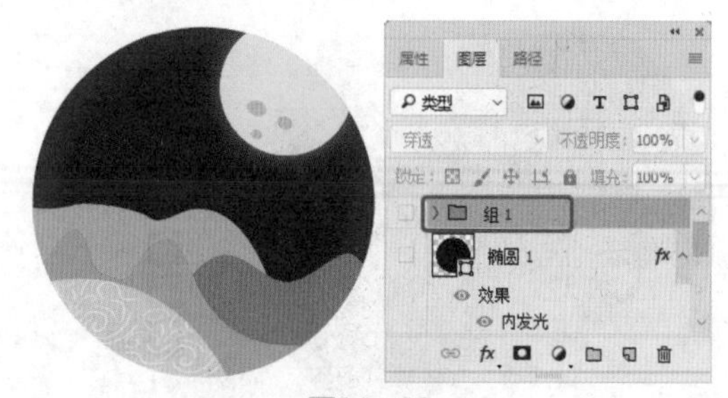

图10-38

28 下面将绘制亭子装饰图像，使用“椭圆工具”和“圆角矩形工具”，在舞台中绘制如图10-39所示的形状，分别设置其填充RGB为176、125、113和RGB为125、0、0。

29 使用“钢笔工具”，在“路径”面板中单击“创建新路径”按钮，在舞台中绘制如图10-40所示形状。

30 使用“转换点工具”调整路径的形状，使用“直接选择工具”调整点的位置，直至路径得到满意的效果，如图10-41所示。

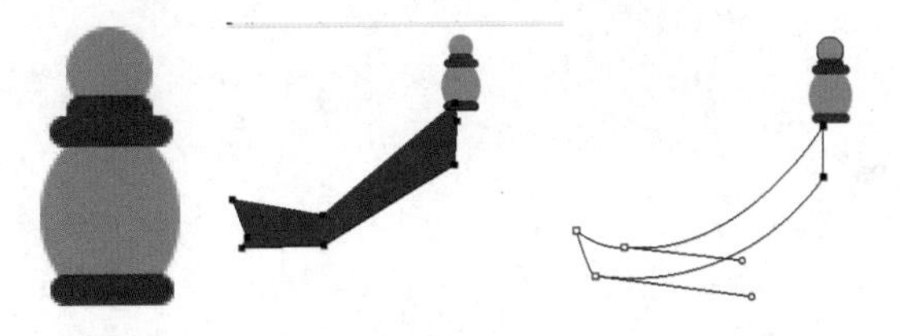

图10-39　　图10-40　　图10-41

31 按Ctrl+Enter组合键，将创建的路径载入选区，新建图层，填充选区的RGB为175、115、119。

32 继续创建路径，调整路径至如图10-42所示的形状。

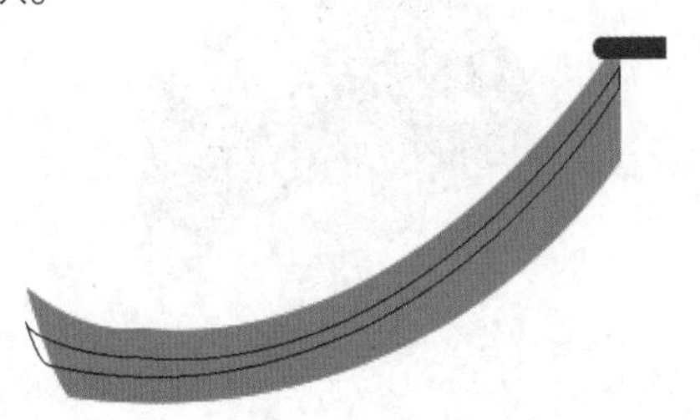

图10-42

33 按Ctrl+Enter组合键，将路径载入选区，将前面创建的形状填充转换为普通图层；按Ctrl+U组合键，在弹出的“色相/饱和度”对话框中调整合适的参数，如图10-43所示。

图10-43

34 按Ctrl+D组合键，取消选区的选择，在舞台中对图像进行复制，如图10-44所示。

35 继续创建路径，并在新图层中填充RGB为125、0、0，调整其所在图层的位置，如图10-45所示。

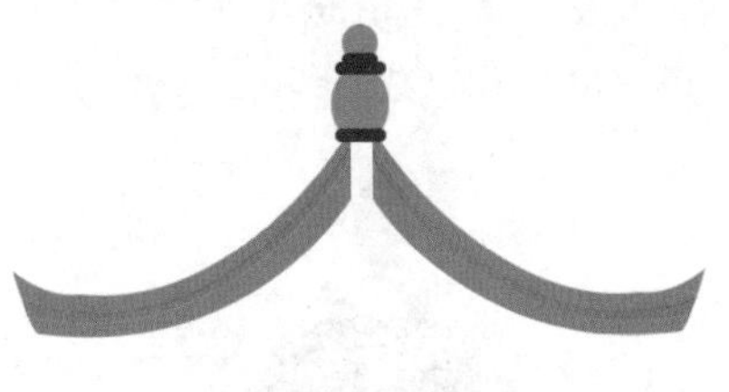

图10-44

图10-45

36 使用“圆角矩形工具”，在舞台中创建组合出如图10-46所示的效果，设置合适的填充。

图10-46

37 复制图10-46所示中绘制的顶图形，调整到如图10-47所示的屋顶下方，调整其填充的RGB为171、115、38。

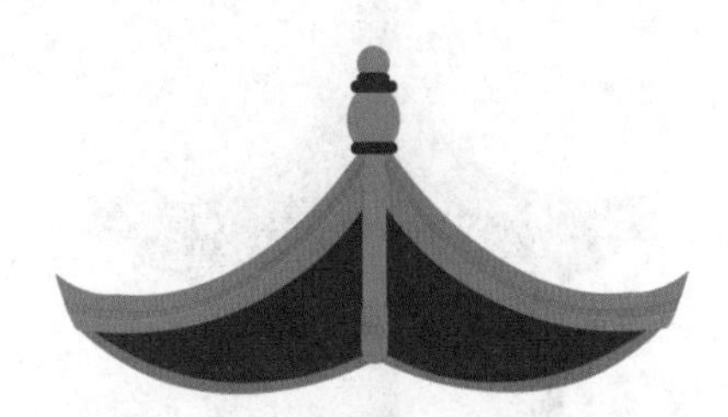

图10-47

38 使用“椭圆工具”绘制并组合成如图10-48所示的檐口效果，将所有的椭圆图层放置到一个图层组中便于管理，或者直接将椭圆图层合并为一个图层。

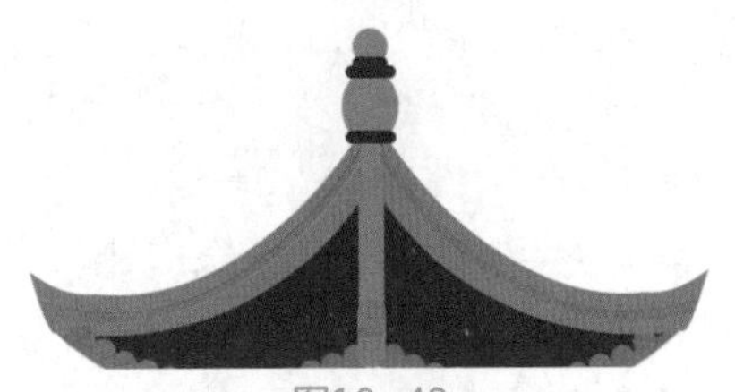

图10-48

39 使用“矩形工具”▭在舞台中创建矩形，设置矩形的RGB填充为68、35、4，如图10-49所示。

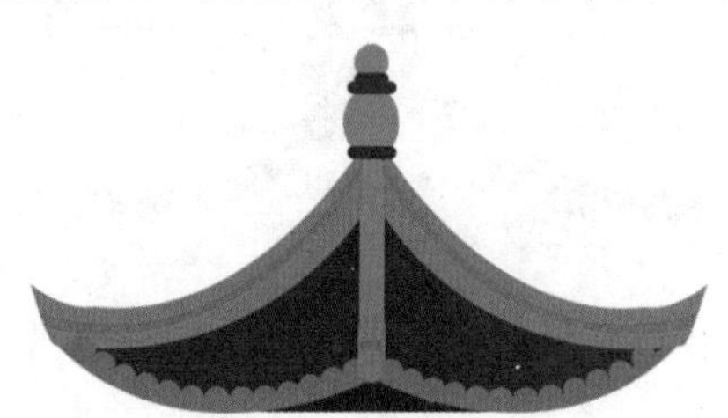

图10-49

40 继续使用“矩形工具”▭创建如图10-50所示的矩形组合形状。

图10-50

41 继续使用“矩形工具”▭制作出亭子底部的栅栏，如图10-51所示。

图10-51

42 将亭子所有的图层放置到一个图层组中，调整亭子图像的位置和大小，如图10-52所示。

43 使用“钢笔工具”，在“路径”面板中单击“创建新路径”按钮，在舞台中绘制如图10-53所示的形状，使用“转换点工具”调整路径的形状，使用“直接选择工具”调整点的位置，绘制出兔子的路径。

图10-52　　图10-53

44 确定当前路径为选择对象，按Ctrl+Enter组合键将路径载入选区，在“图层”面板中单击“创建新图层”按钮，设置前景色为白色，新建图层。按Alt+Delete组合键，填充选区为前景色；按Ctrl+D组合键取消选区的选择；按Alt+Ctrl组合键，将月亮的遮罩复制到当前图层上，如图10-54所示。

图10-54

45 创建新图层，使用“画笔工具”在舞台中创建树枝，按Ctrl+T组合键，打开自由变换，在自由变换区域鼠标右击，在弹出的快捷菜单中选择“变形”命令，调整树枝的效果，如图10-55所示。

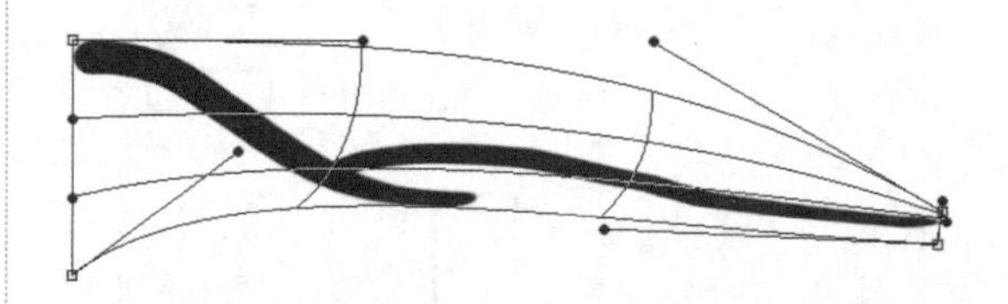

图10-55

46 按Ctrl+U组合键，在弹出的“色相/饱和度”对话框中设置合适的参数，调整树枝的颜色，如图10-56所示。

图10-56

47 创建一个新的图层，设置前景色为鹅黄色，在舞台中使用“画笔工具”，绘制一个柔边的圆，使用“自由变换”中的“变形”调整花瓣的形状，如图10-57所示。

48 设置前景色为橘黄色，按住Ctrl键单击花瓣图层前的缩览图，载入花瓣选区，使用“画笔工具”绘制出花瓣中心的橘黄色，如图10-58所示。

图10-57

图10-58

49 设置花瓣的效果后，取消选区的选择，并在舞台中对花瓣进行复制，将花瓣放置到一个图层组中，如图10-59所示。

图10-59

50 创建一个新的图层，使用“画笔工具”，设置前景色为黄白色，绘制出花蕊，如图10-60所示。要注意，每次在使用“画笔工具”时，都必须在工具属性栏中设置合适的画笔笔触。

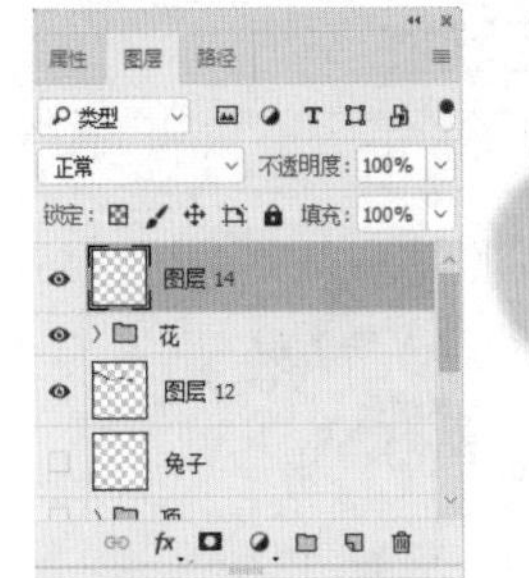

图10-60

51 选择“花”图层组合“花蕊”所在的图层，单击“链接图层”按钮，将花朵链接，如图10-61所示。

图10-61

52 使用“移动工具”按钮，按住Alt键移动复制花朵，调整花朵的大小和位置，如图10-62所示。

图10-62

53 使用“自定形状工具”，在工具属性栏中选择叶子形状，在舞台中绘制叶子形状，填充形状为绿色，轮廓为无，如图10-63所示。

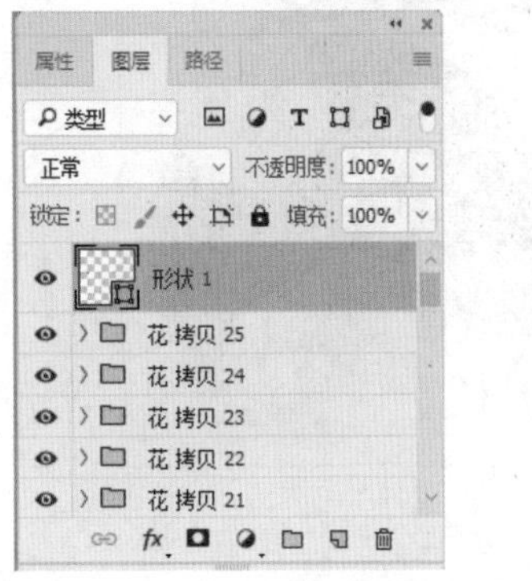

图10-63

54 按住Ctrl键单击叶子形状前的缩览图，将其载入选区，使用“画笔工具”绘制暗部区域和脉络，如图10-64所示。

图10-64

第10章 插画设计

55 将叶子图层放置到一个图层组中，对叶子进行复制，调整图层到花图层的下方，如图10-65所示。

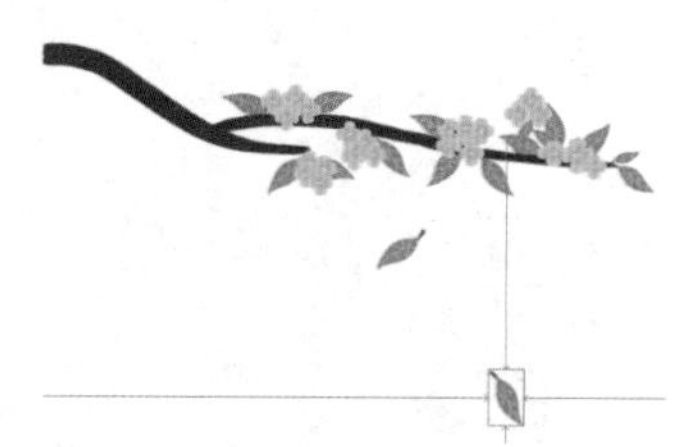

图10-65

56 继续复制掉落的花朵和树叶，如图10-66所示。

图10-66

57 将绘制出的树枝、树叶和花朵放置到一个图层组中，调整其位置，完成月饼包装盒插画的制作，如图10-67所示。

图10-67

10.3 商业案例——书本中的汉服插画设计

10.3.1 设计思路

扫码看视频

■ 案例类型

本案例设计制作一款汉服插画。

■ 项目诉求

本案例需要放置到一本儿童画册中，主要是介绍汉服文化，需要绘制一个Q版可爱的小女孩，并身着汉服的袄裙。

■ 设计定位

袄裙，是对古代汉族女子上身穿袄，下身穿裙的统称。根据袄裙的特色，我们将采用清新简约的效果来体现袄裙的效果，并绘制一个Q版的卡通人物进行展示。

10.3.2 构图方案

Q版卡通人物的比例有些特别，一般都是圆圆的脑袋，肩膀与头齐宽；卡通人物的比例是头部、上身、下身为1：1：1，根据这种构图方式来绘制卡通人物造型，如图10-68所示。

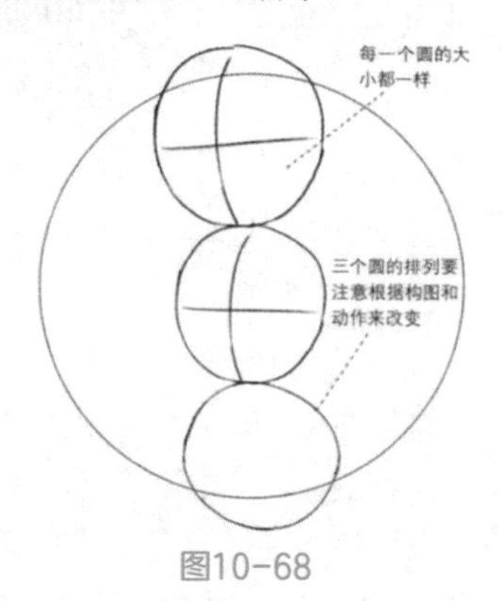

图10-68

10.3.3 同类作品欣赏

10.3.4 项目实战

■ 制作流程

本案例首先绘制脸型和眼睛以及高光耳朵等对象的基础形状；然后绘制路径并调整路径的形状，设置颜色的减淡效果；最后创建选区，置入素材图像，如图10-69所示。

图10-69

■ 技术要点

使用“椭圆工具”绘制脸型和眼睛以及高光耳朵等对象的基础形状；

使用“画笔工具”绘制并结合使用“橡皮擦工具”绘制颜色；

使用“钢笔工具”绘制路径；

使用“转换点工具”和“直接选择工具”调整路径的形状；

使用“滤镜”中的各种命令调整效果；

使用“减淡工具”设置颜色的减淡效果；

使用“色相/饱和度”调整颜色；

使用“多边形套索工具”创建选区；

使用“置入嵌入对象”命令置入素材。

■ 操作步骤

01 运行Photoshop软件，在“欢迎”界面中单击“新建”按钮，在弹出的“新建文档”对话框中设置“宽度”为250毫米、“高度”为353毫米、“分辨率”为300像素/英寸，单击“创建”按钮，如图10-70所示。

02 创建文档后，按Ctrl+R组合键，显示标尺，并向舞台拖曳出辅助线，如图10-71所示。

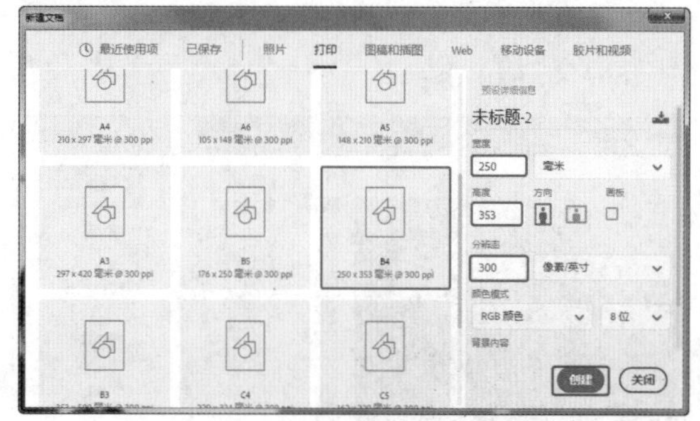

图10-70

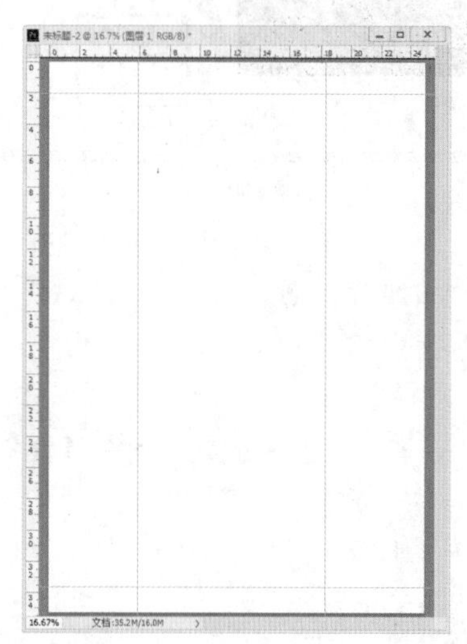

图10-71

03 使用“椭圆工具”◯.在舞台中创建椭圆，设置填充的RGB为253、241、213，设置轮廓为黑色，如图10-72所示。

04 使用“添加锚点工具”，在椭圆上添加两个锚点，使用“直接选择工具”，调整锚点的位置，使用“转换点工具”，调整图形的形状，如图10-73所示。

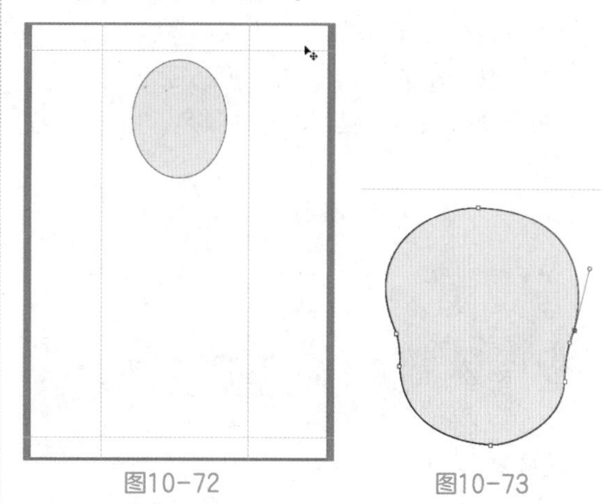

图10-72　　图10-73

05 在工具箱中单击前景色，在弹出的“拾色器

（前景色）”对话框中设置RGB为234、186、166，如图10-74所示。

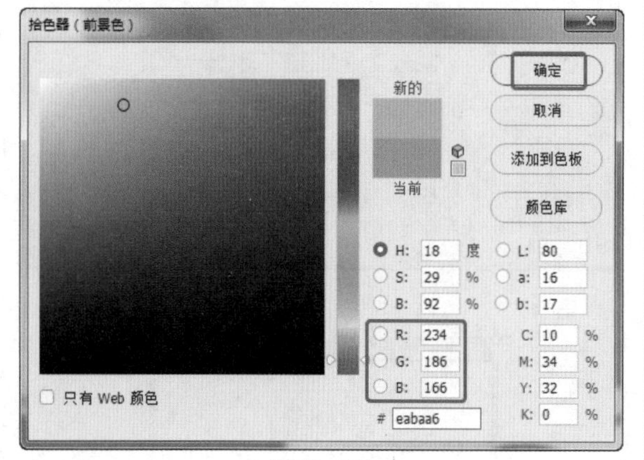

图10-74

06 使用“画笔工具”，在工具属性栏中设置一个较大的画笔笔触，设置合适的柔边，绘制如图10-75所示的效果。

07 在“路径”面板中单击“创建新路径”按钮，使用“钢笔工具”在舞台中创建路径，使用“转换点工具”调整眼睛路径的形状，如图10-76所示。

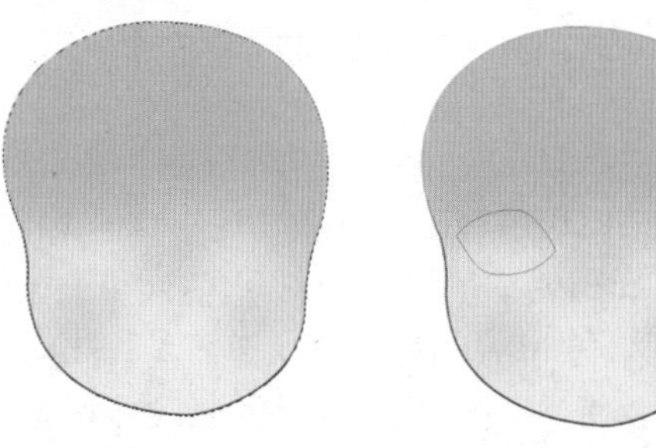
图10-75　　图10-76

08 在“图层”面板中单击“创建新图层”按钮，新建图层后，设置前景色的RGB为244、242、220，按Ctrl+Enter组合键，将路径载入选区；按Alt+Delete组合键，填充前景色，如图10-77所示。

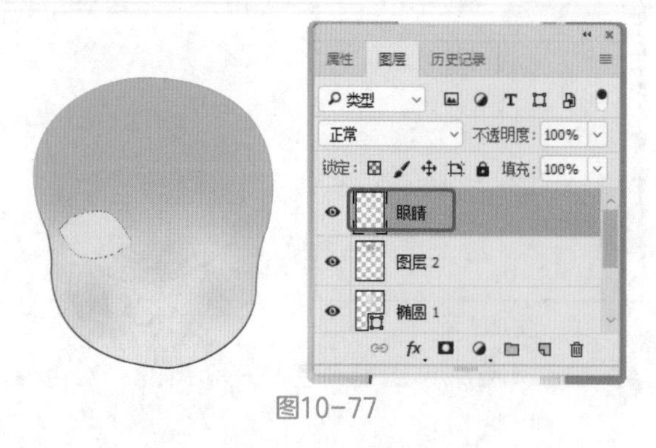

图10-77

09 新建图层，设置前景色为黑色，使用“画笔工具”，设置合适的笔触和大小，在舞台中绘制眼线，结合使用“橡皮擦工具”，在工具属性栏中设置合适的笔触，擦除不合适的区域，如图10-78所示。

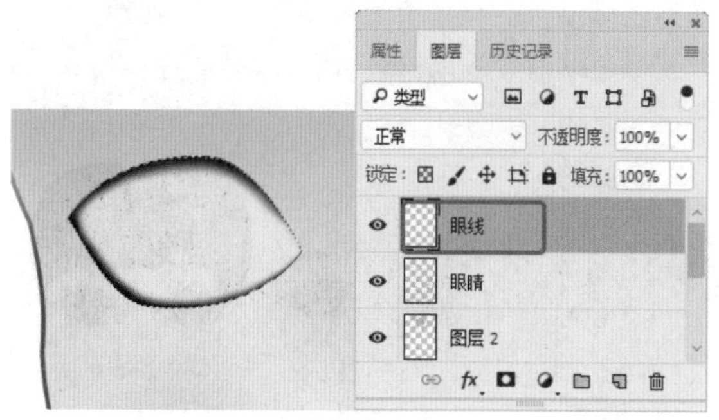

图10-78

10 使用“椭圆工具”，在舞台中眼睛的位置创建椭圆，作为眼球，设置前景色的RGB为25、28、48，设置轮廓为黑色，如图10-79所示。

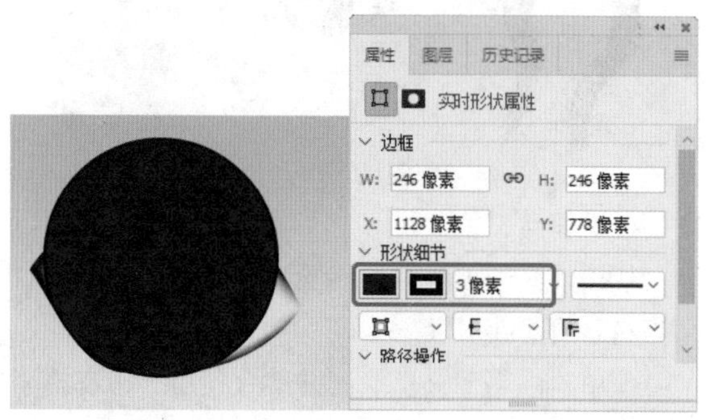

图10-79

11 按住Ctrl键，单击“眼睛”图层前的图层缩览图，将其载入选区，并选择眼球所在的图层，单击“添加图层蒙版”按钮，为眼球创建蒙版，如图10-80所示。

12 使用“减淡工具”，在工具属性栏中设置较小的“曝光度”，在眼球上涂抹出浅色效果，如图10-81所示。

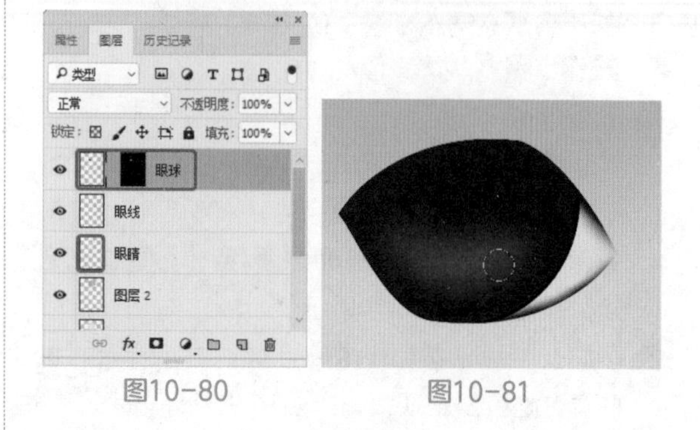

图10-80　　图10-81

13 按Ctrl+U组合键，在弹出的“色相/饱和度”对话框中降低眼球的饱和度，如图10-82所示。

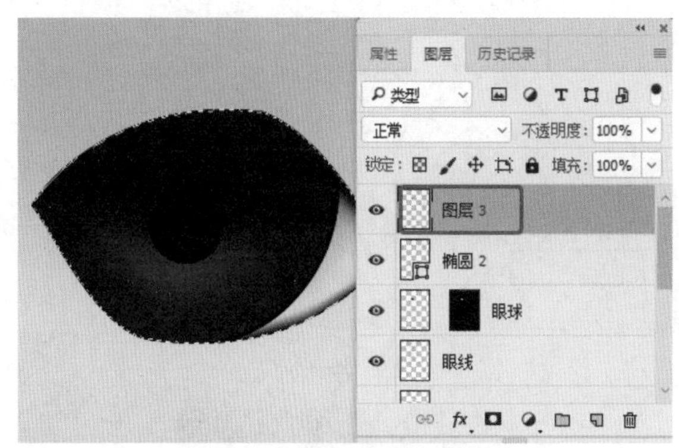

图10-82

14 使用“椭圆工具”创建椭圆，设置填充为白色，描边为无，设置眼球的高光效果，如图10-83所示。

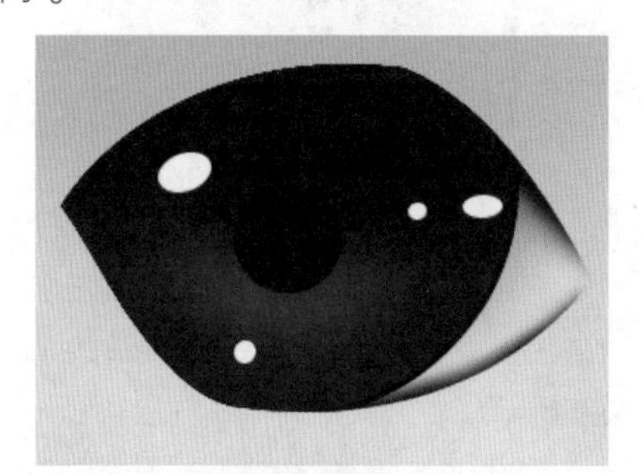

图10-83

15 创建新图层，使用“画笔工具”，绘制眼球内部的线，在工具属性栏中设置合适的画笔笔触，并设置前景色为黑色，绘制线，调整至如图10-84所示的效果（可以使用“滤镜>模糊>高斯模糊”命令，设置“高斯模糊”效果）。

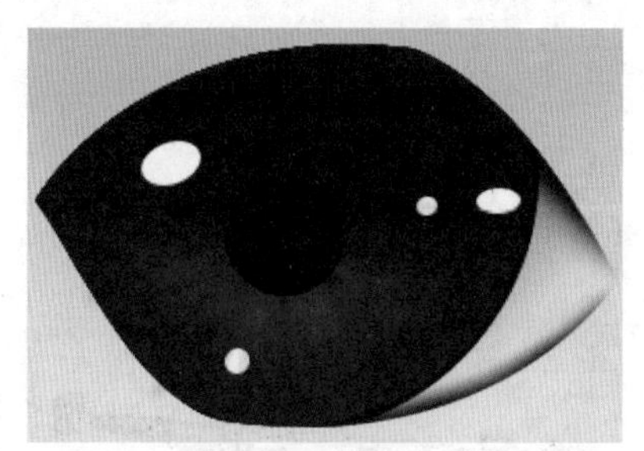

图10-84

16 使用“画笔工具”，设置稍大一点的笔触，设置前景色为黑色，创建新图层，在舞台中绘制圆点，使用“涂抹工具”，涂抹出眼睫毛的效果，如图10-85所示。

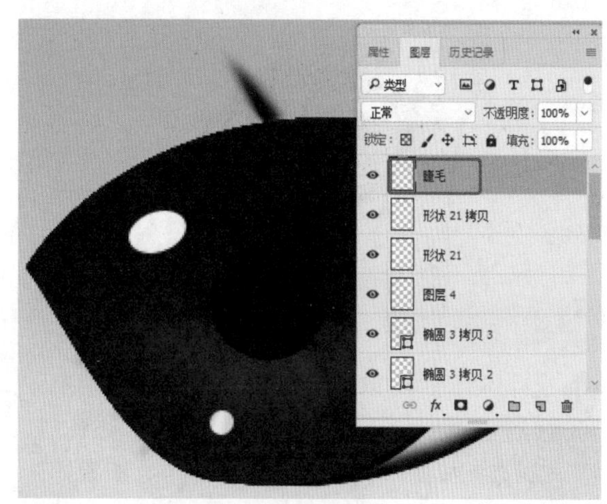

图10-85

17 可以对绘制好的睫毛进行复制，复制后调整其大小和位置，如图10-86所示。

18 将所有的睫毛图层放置到一个图层组中，将眼睛图层放置到一个图层组中，如图10-87所示。

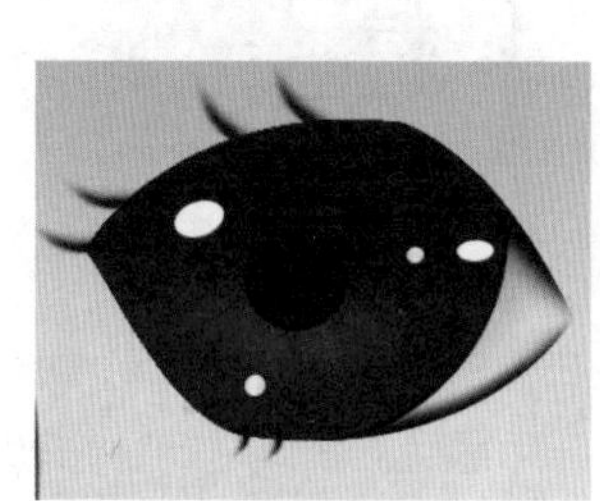

图10-86 图10-87

19 在睫毛图层组下创建新图层，使用“画笔工具”，设置一个较大的画笔笔触，并设置前景色的RGB为236、120、110，在眼睛下绘制颜色，如图10-88所示。

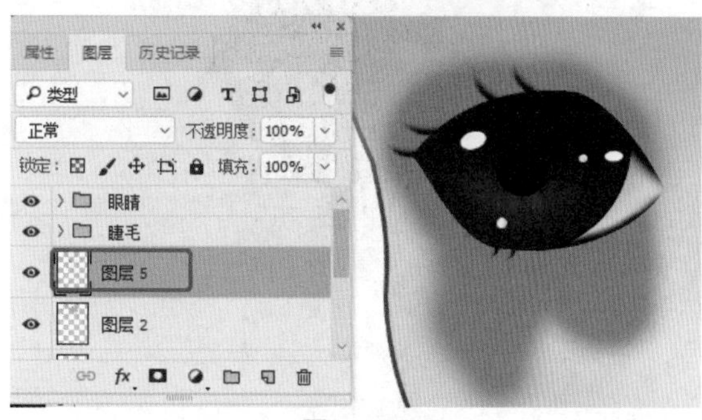

图10-88

20 绘制颜色后，使用“橡皮擦工具”，在工具属性栏中设置合适的笔触，擦除不合适的区域，如图10-89所示。

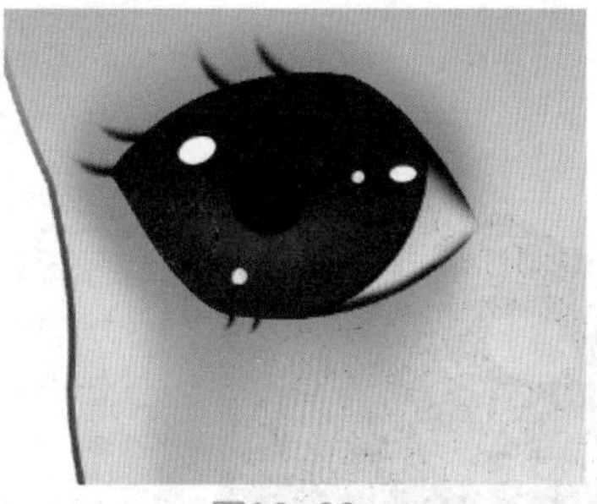

图10-89

21 选择作为眼线的图层，按Ctrl+J组合键，复制眼线到新的图层中，在菜单栏中选择“滤镜>模糊>高斯模糊”命令，在弹出的“高斯模糊”对话框中设置合适的模糊“半径”，如图10-90所示。

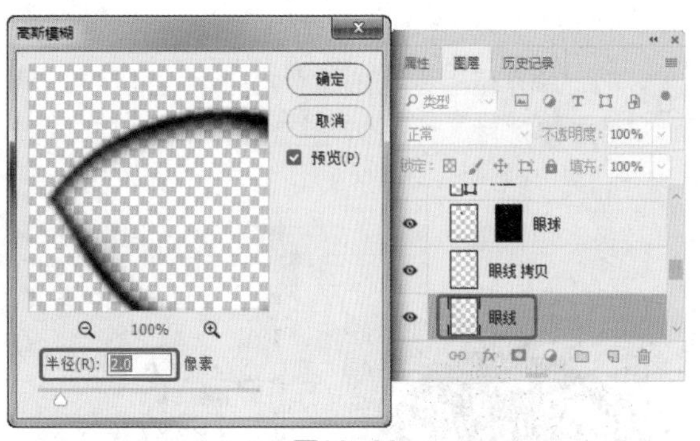

图10-90

22 使用“直线工具” 在舞台中创建直线，设置合适的粗细，设置填充为黑色，轮廓为无。按Ctrl+T组合键，打开“自由变换”命令，在自由变换框中鼠标右击，在弹出的快捷菜单中选择“变形”命令，调整直线形状，如图10-91所示。

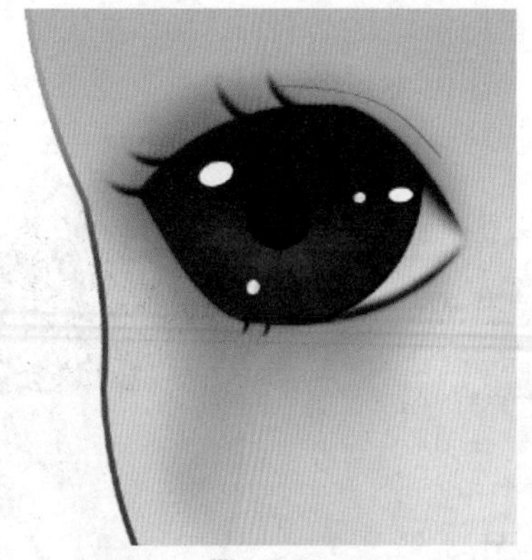

图10-91

23 再次设置复制出的眼线图层的“高斯模糊”效果，设置合适的参数，如图10-92所示。

24 使用“椭圆工具” 绘制白色椭圆作为高光，如图10-93所示。

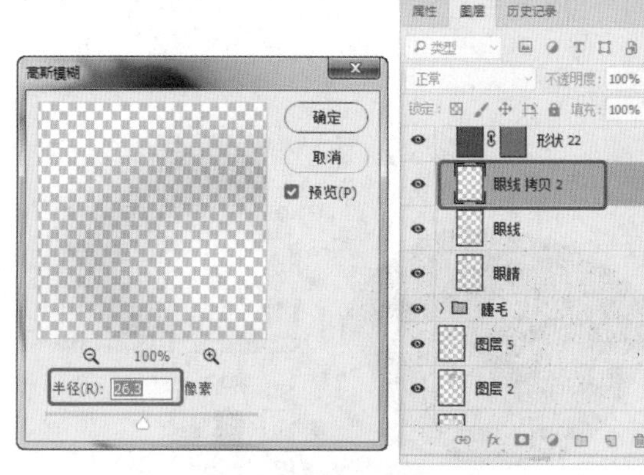

图10-92

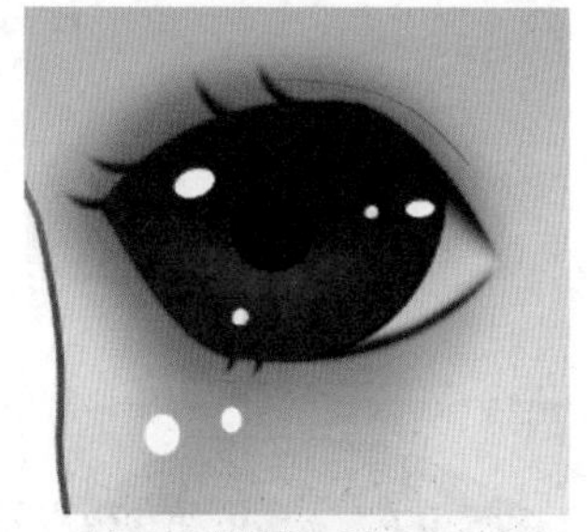

图10-93

25 将所有的眼睛图层放置到一个“左眼”图层组中，复制眼睛图层组，将复制出的图层组合并为一个图层，在舞台中翻转其眼睛的角度，如图10-94所示。

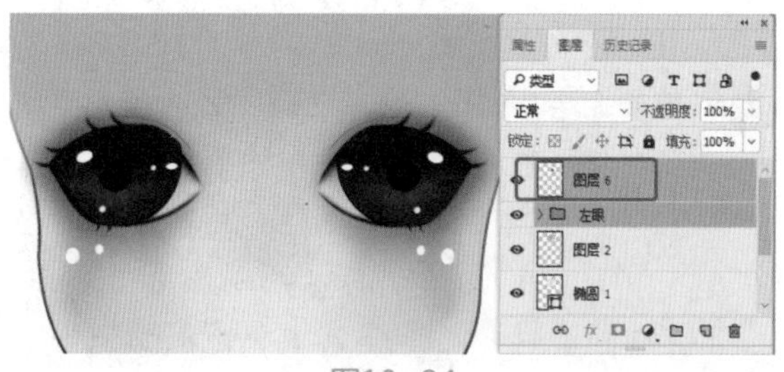

图10-94

26 使用“画笔工具” 、“橡皮擦工具” ，结合使用“自由变换>变形”命令制作出嘴巴的效果，如图10-95所示。

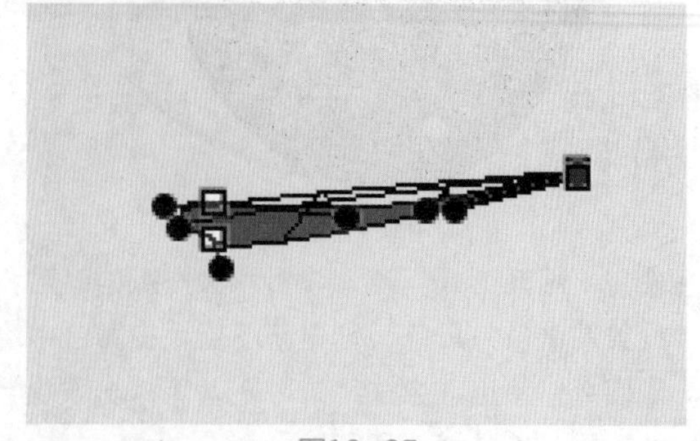

图10-95

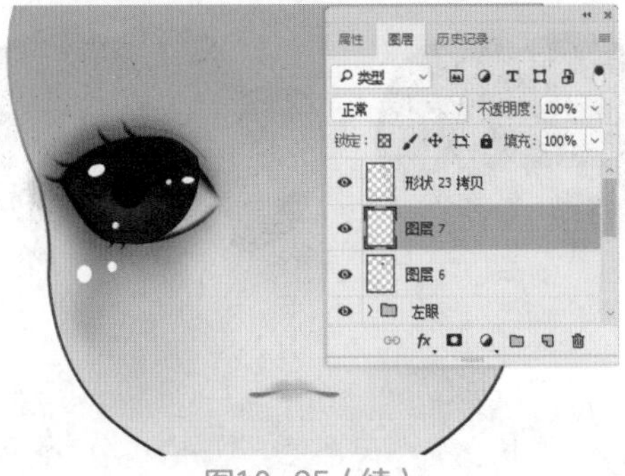

图10-95（续）

27 使用“椭圆工具”，绘制椭圆，设置填充RGB为251、238、212，调整椭圆的角度，设置前景色的RGB为212、182、162，使用“画笔工具”结合“橡皮擦工具”，绘制出耳朵的阴影轮廓，复制耳朵，如图10-96所示，将所有图层放置到“脸”图层组中。

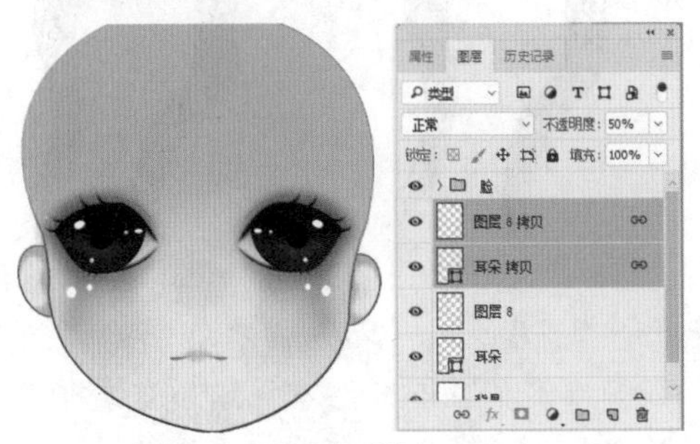

图10-96

28 在“脸”图层组中创建新图层，使用“画笔工具”结合“橡皮擦工具”，绘制出眉毛，如图10-97所示。

图10-97

29 在菜单栏中选择“滤镜>杂色>添加杂色”命令，在弹出的“添加杂色”对话框中设置合适的杂色参数，如图10-98所示。

30 使用“涂抹工具”，在工具属性栏中设置合适的参数，在舞台中涂抹出眉毛的效果，如图10-99所示。

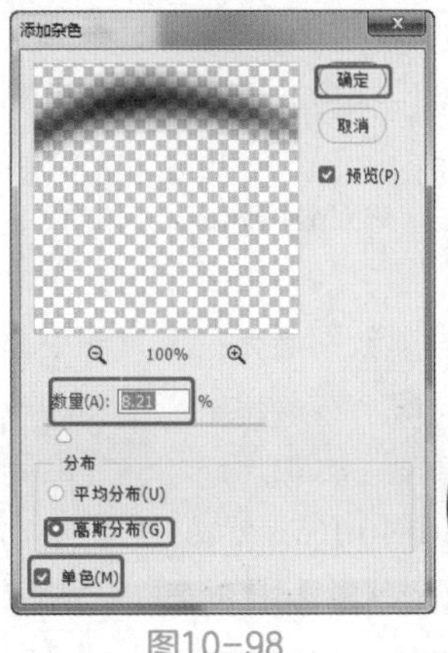

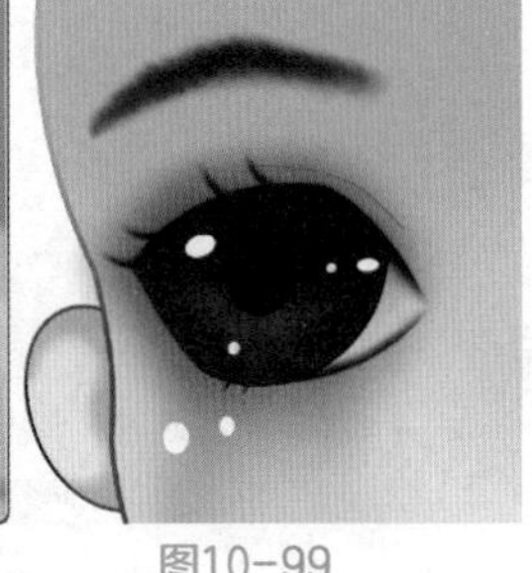

图10-98　　图10-99

31 调整好眉毛后，对眉毛进行复制，翻转其角度，如图10-100所示。

32 将所有图层放置到“头”图层组中，如图10-101所示。

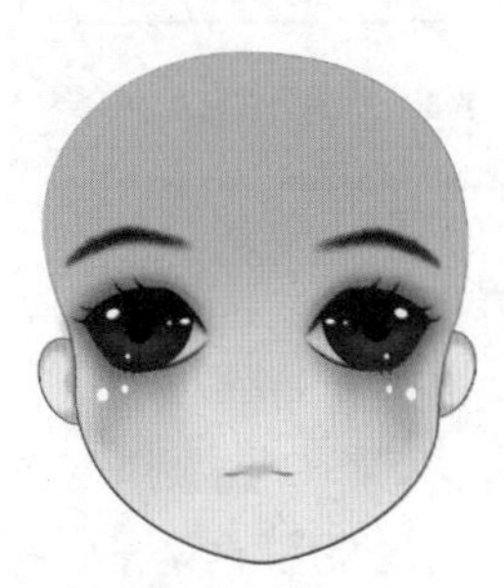

图10-100　　图10-101

33 在“路径”面板中单击“创建新路径”按钮，创建新路径，在舞台中使用“钢笔工具”创建路径，使用“转换点工具”调整路径的形状，如图10-102所示。

34 调整好路径的形状后，按Ctrl+Enter组合键，将路径载入选区，在“图层”面板中单击“创建新图层”按钮，创建新图层，填充颜色为黑色，如图10-103所示，按Ctrl+D组合键，取消选区的选择。

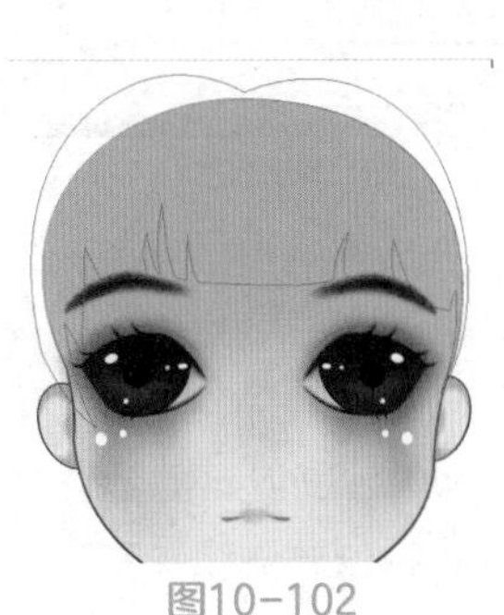

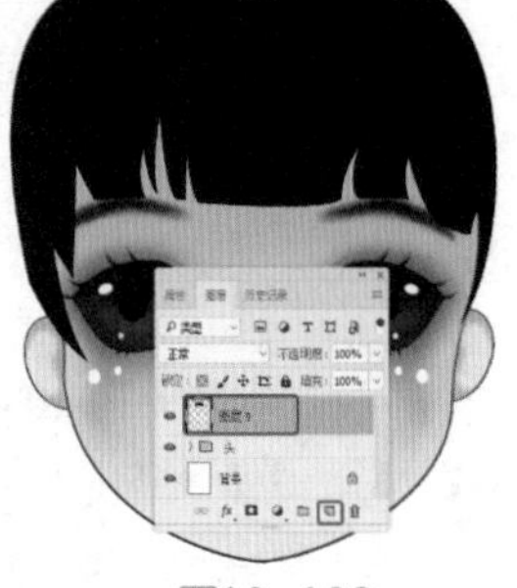

图10-102　　图10-103

35 在“路径”面板中单击“创建新路径”按钮，创建新路径，在舞台中使用“钢笔工具”创建路径，如图10-104所示。

36 调整好路径的形状后，按Ctrl+Enter组合键，将路径载入选区，在“图层”面板中单击“创建新图层”按钮，创建新图层，在工具箱中单击“渐变工具”按钮，在弹出的“渐变编辑器”对话框中设置渐变为RGB为63、69、82到白色的透明渐变，如图10-105所示。

图10-104　图10-105

37 在舞台中拖曳渐变填充，如图10-106所示，填充后按Ctrl+D组合键，取消选区的选择。

38 在菜单栏中选择“滤镜>杂色>添加杂色”命令，在弹出的“添加杂色”对话框中设置合适的参数，如图10-107所示。

图10-106　图10-107

39 使用“涂抹工具”，在工具属性栏中选择合适的画笔，在舞台中涂抹渐变的填充作为头发的高光，如图10-108所示。

40 使用“椭圆工具”在舞台中创建椭圆，调整其图层的位置，使用涂抹的方法涂抹高光效果，如图10-109所示。

图10-108　图10-109

41 绘制形状，并填充黑色，如图10-110所示，对形状进行复制，调整图层至合适的位置。

42 在舞台中对头发进行复制，如图10-111所示。

图10-110　图10-111

43 在菜单栏中选择“文件>置入嵌入对象”命令，在弹出的“置入嵌入的对象”对话框中选择随书配备资源中的“花.png”文件，单击“置入”按钮，如图10-112所示。

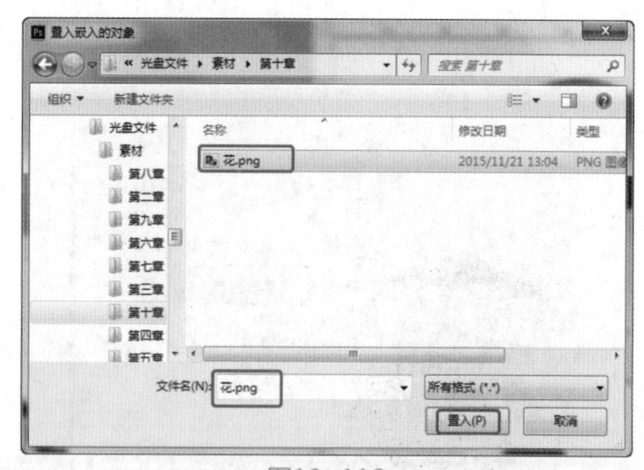

图10-112

44 在舞台中调整花的位置，如图10-113所示。

图10-113

45 使用“画笔工具”，创建一个新图层，设置前景色为白色，创建头发的高光，如图10-114所示。

46 设置前景色为红色，使用“画笔工具”，绘制眉毛中间的红色圆点，如图10-115所示。

图10-114

图10-115

47 将所有的图层放置到“头部”图层组中，继续在舞台中拖曳出辅助线，如图10-116所示。

48 接下来绘制人物的身体，使用“矩形工具”在舞台中创建矩形，设置矩形的填充为渐变，渐变填充的RGB为182、130、117到RGB为248、234、207，使用“转换点工具”调整矩形的形状，如图10-117所示。

图10-116　　图10-117

49 在“路径”面板中单击“创建新路径”按钮，创建新路径，在舞台中使用“钢笔工具”创建路径，使用“转换点工具”调整路径的形状。按Ctrl+Enter组合键，将路径载入选区，在“图层”面板中新建图层，设置前景色的RGB为227、210、164，按Alt+Delete组合键，填充选区为前景色，如图10-118所示。

50 按Ctrl+D组合键，取消选区的选择，使用“多边形套索工具”创建如图10-119所示的选区，按Ctrl+U组合键，在弹出的“色相/饱和度”对话框中设置明度参数，制作出衣襟的高亮效果。

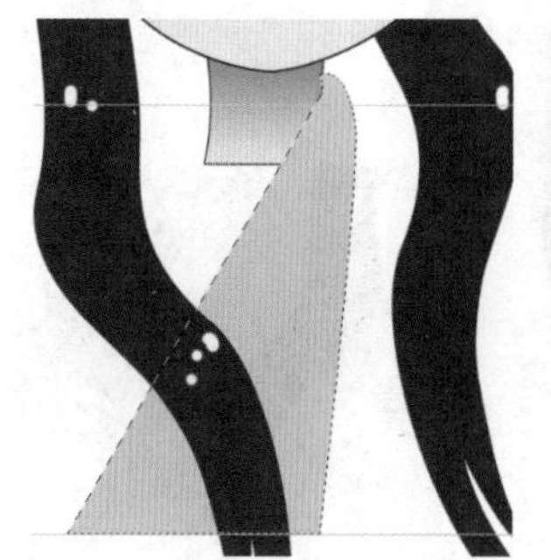
图10-118

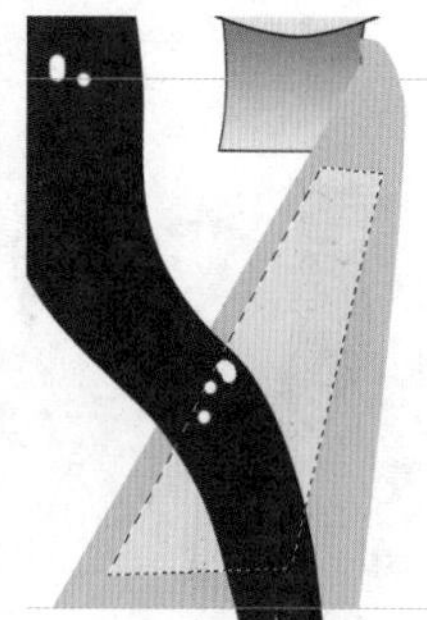
图10-119

51 再次将绘制的衣襟路径载入选区，在菜单栏中选择“编辑>描边”命令，在弹出的“描边”对话框中设置描边参数，设置描边的RGB为56、42、3，如图10-120所示。

52 使用同样的方法创建出另一侧的衣襟，如图10-121所示。

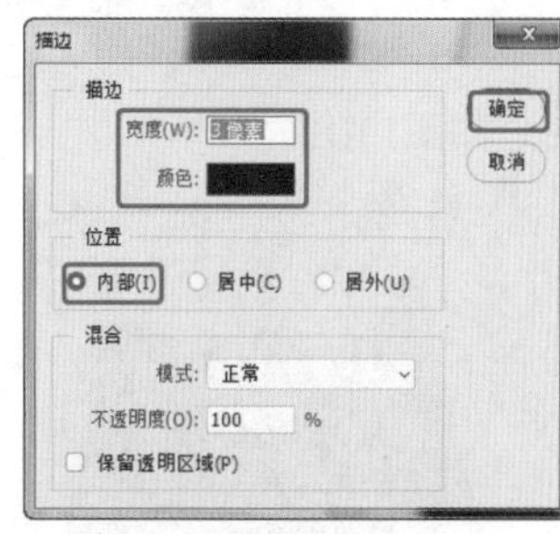

图10-120

图10-121

53 通过使用路径工具，“多边形套索工具”、“色相/饱和度”来制作出如图10-122所示的衣襟和袖口的效果。

54 使用“钢笔工具”绘制路径，设置路径的“用画笔描边路径”效果，使用“多边形套索工具”设置填充颜色的高光区效果，如图10-123所示。

图10-122

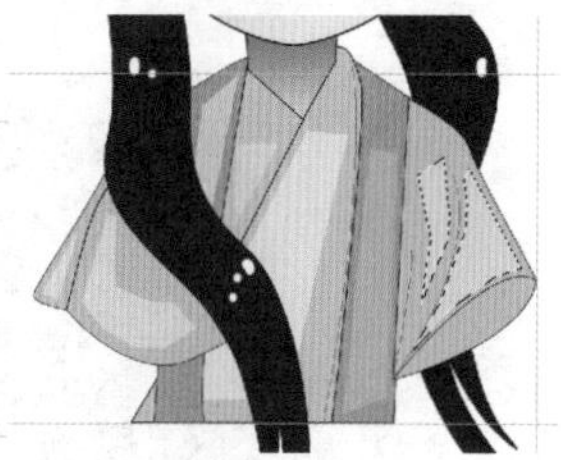
图10-123

55 使用同样的绘制方法绘制出衣袖的效果，如图10-124所示。

56 使用“椭圆工具”创建椭圆，设置椭圆的渐变填充RGB为182、130、117到RGB为248、234、207，使用图层遮罩的方式，制作出手被遮住的效果，如图10-125所示。调整各个图层至合适位置。

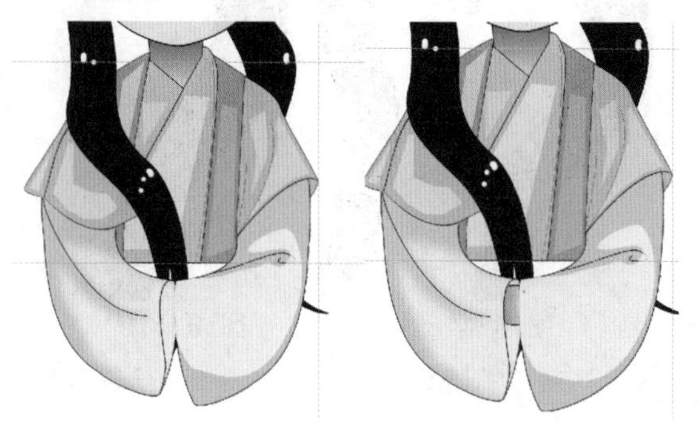

图10-124　　图10-125

57 绘制如图10-124所示的路径，并设置路径的“用画笔描边路径”效果，如图10-126所示。

58 创建路径，并设置渐变填充，填充之前要创建新图层，渐变填充的RGB为230、188、105到RGB为216、145、85，如图10-127所示。

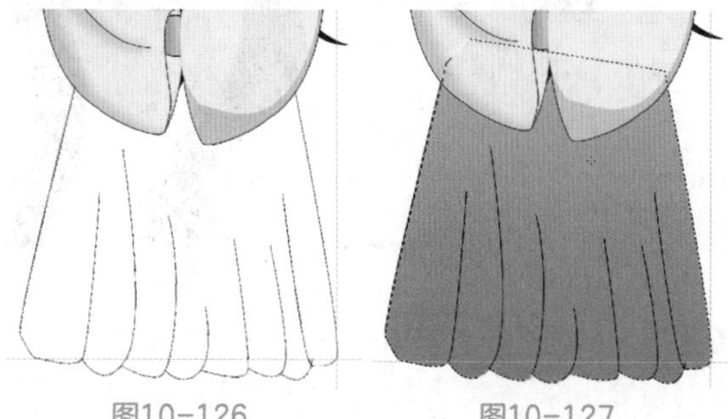

图10-126　　图10-127

59 使用“多边形套索工具”，在舞台中创建高光选区，按Ctrl+U组合键，在弹出的“色相/饱和度”对话框中设置“明度”参数，如图10-128所示。

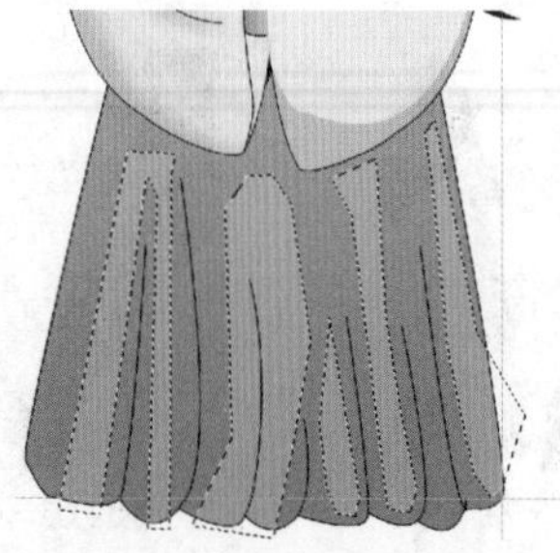

图10-128

60 按Ctrl+D组合键，取消选区的选择。在菜单栏中选择“文件>置入嵌入对象”命令，在弹出的“置入嵌入对象”对话框中选择随书配备资源中的“小花.png”文件，单击“置入”按钮，如图10-129所示。

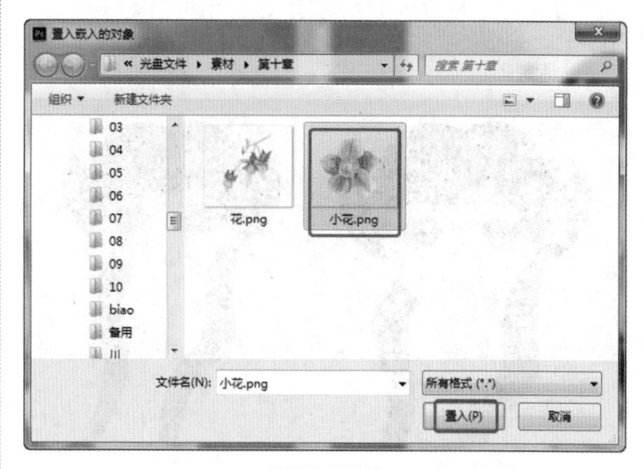

图10-129

61 置入素材后，在菜单栏中选择“滤镜>滤镜库”命令，在弹出的“滤镜库”对话框中选择“素描>影印”效果，设置合适的参数，单击“确定”按钮，如图10-130所示。

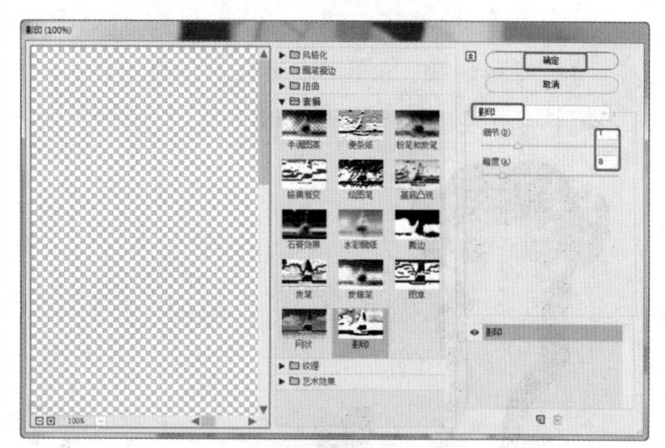

图10-130

62 设置小花的混合模式为“柔光”，移动复制素材，如图10-131所示。

图10-131

63 在舞台中将图层分类到各个图层组中，便于管理和调整，如图10-132所示。

64 复制所有图层，并合并为一个图层，按两次Ctrl+J组合键，复制两个图像，设置如图10-133所示的图层的混合模式为“深色”。

图10-132　　图10-133

65 设置如图10-134所示的图层的混合模式为“浅色”。

66 设置如图10-135所示的图层的混合模式为“叠加”，设置“不透明度”为20%。

图10-134　　图10-135

67 完成整体效果的制作如图10-136所示。

图10-136

68 至此，本案例制作完成。

10.4 优秀作品欣赏

11

第 11 章

产品包装设计

包装作为一件产品最直接的外观显示形态，见证了这个社会的发展历程。产品包装设计是立体领域的设计项目。与标志设计、海报设计等依附于平面设计的项目不同，包装设计需要创造出有材质、体感、重量的“外壳”，必须根据商品的外形、特性采用相应的材料进行设计。

本章节主要从产品包装的含义、产品包装的常见分类、产品包装的常用材料等几个方面来学习产品包装设计。

11.1 产品包装设计概述

包装是在流通的过程中保护产品、方便储蓄、促进销售，按一定的技术方法所用的容器以及辅助物等的总称。

11.1.1 什么是产品包装

产品是品牌理念、产品特性、消费心理的综合反映，它直接影响消费者的购买欲望。产品包装既能保护产品的内容又能通过包装美化来促进消费者的感官，从而引导消费，如图11-1所示。

图11-1

11.1.2 产品包装的常见形式

产品包装的形式多种多样，分为盒类、袋类、瓶类、罐类、坛类、管类、包装筐和其他类型。

（1）盒类包装：盒类包装包括纸盒、木盒、皮盒等多种类型，如图11-2所示。

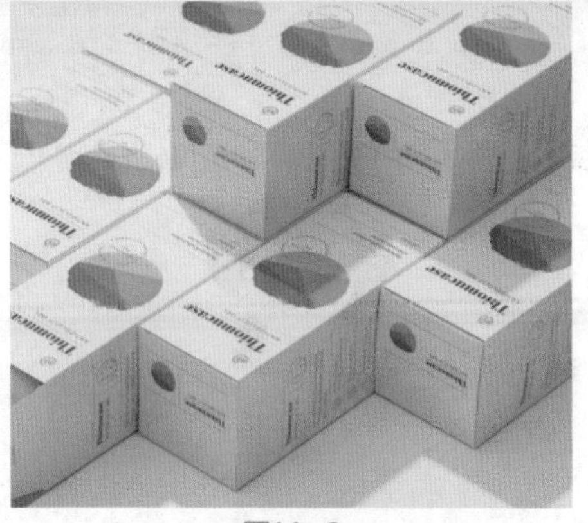

图11-2

（2）袋类包装：袋类包装重量轻、强度高、耐腐蚀，是最常见也是最方便的一种包装方式，包括塑料袋、布袋、纸袋等多种类型，应用范围广，如图11-3所示。

图11-3

（3）瓶类包装：瓶类的包装也是十分常见的一种包装方式，一般应用于液体包装，如酒、洗发水、洗衣液、化妆品等，常用的瓶类材质有玻璃、塑料等类型，如图11-4所示。

图11-4

（4）罐类包装：罐类包装一般用于咖啡、糖、饼干、调料、罐头等，常见的罐类包装材质有铁罐、铝罐、玻璃罐等。由于罐类包装刚性好、不易破损，所以也是常用的一种包装类型，如图11-5所示。

图11-5

（5）坛类包装：坛类包装一般用于酒类和腌制品，如图11-6所示。

（6）管类包装：管类包装常用于盛放凝胶状液体，包括软管、复合软管、塑料软管等类型，如图11-7所示。

图11-6

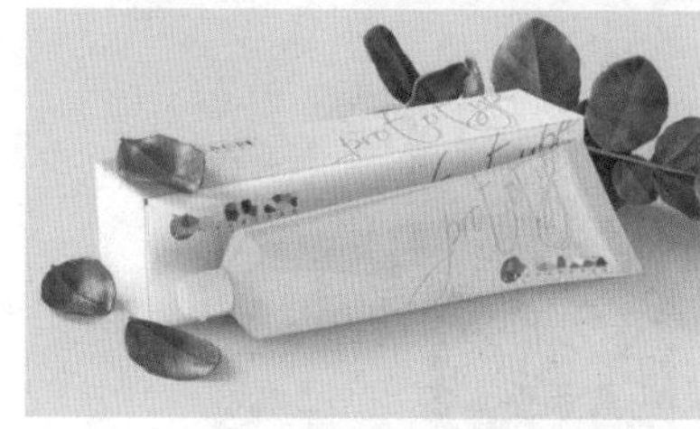

图11-7

（7）包装筐：多用于数量较多的产品，如瓶酒、饮料类，如图11-8所示。

图11-8

（8）其他包装类：包括托盘、纸标签、瓶封等多种类型，如图11-9所示。

图11-9

11.1.3 产品包装的常用材料

产品的包装是产品的重要组成部分，它不仅在运输过程中起保护的作用，而且直接关系到产品的综合品质。

下面我们介绍常用的包装材料。

（1）纸质包装：纸包装是一种轻薄、环保的包装。纸质包装也可分为包装纸、蜂窝纸、纸袋纸、干燥剂包装纸、蜂窝板纸、牛皮纸、工业纸板、蜂窝纸芯等。纸包装应用广泛，具有成本低、便于印刷和可批量生产的优势，如图11-10 所示。

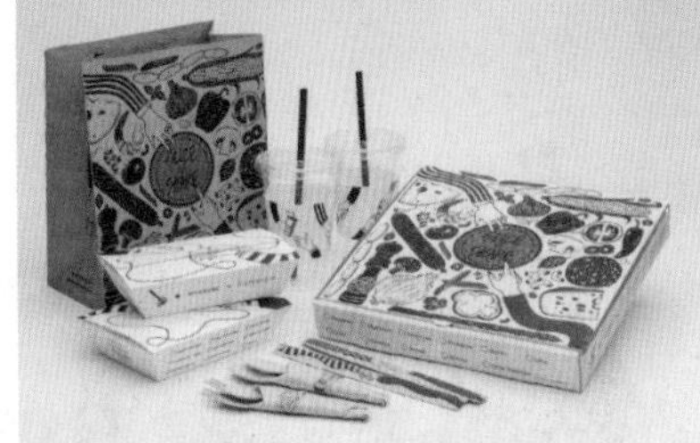

图11-10

（2）塑料包装：塑料包装是用各种塑料加工制作的包装材料，有封口膜、收缩膜、塑料膜、缠绕膜、热收缩膜等类型。塑料包装具有强度高、防滑性好、防腐性强等优点，如图11-11所示。

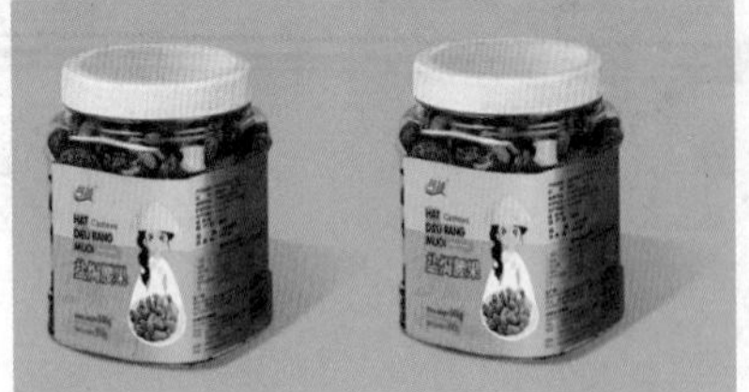

图11-11

（3）金属包装：常见的金属包装有马口铁皮、铝、铝箔、镀铬无锡铁皮等类型。金属包装具有耐蚀性、防菌、防霉、防潮、牢固、抗压等特点，如图11-12 所示。

图11-12

（4）玻璃包装：玻璃包装具有无毒、无味、透明性好等特点；但其最大的缺点是易碎，且重量相对过重。玻璃包装包括食品用瓶、化妆品瓶、药品瓶、碳酸饮料瓶等多种类型，如图11-13所示。

图11-13

（5）陶瓷包装：陶瓷包装是一个极富艺术性的包装容器。瓷器釉瓷有高级釉瓷和普通釉瓷两种。陶瓷包装具有耐火、耐热、坚固等优点。但其与玻璃包装一样，易碎，且有一定的重量，如图11-14所示。

图11-14

图11-14（续）

11.2 商业案例——月饼包装盒设计

11.2.1 设计思路

扫码看视频

■ 案例类型

本案例设计一款抽屉式月饼包装盒。

■ 项目诉求

客户要求制作出有中秋特色的一款月饼包装盒，需要放置一幅插画到月饼的包装盒上，要求主体背景为黑夜的深蓝色，并加上中秋节的一些主角即可。

■ 设计定位

根据客户的需求我们将制作一个中秋黑夜效果，在此条件的基础上，我们绘制一些中国元素的古老花纹，并导入前面章节绘制的月饼插画即可。

11.2.2 配色方案

配色上要根据客户的需求来设计，通过客户要求的色调添加一些与之相协调的配色，使整个构图完整，有吸引力和大气的效果即可。

11.2.3 项目实战

■ 制作流程

本案例首先创建椭圆，制作圆形底纹；然后创建云；最后创建文字注释，设置文字效果，如图11-15所示。

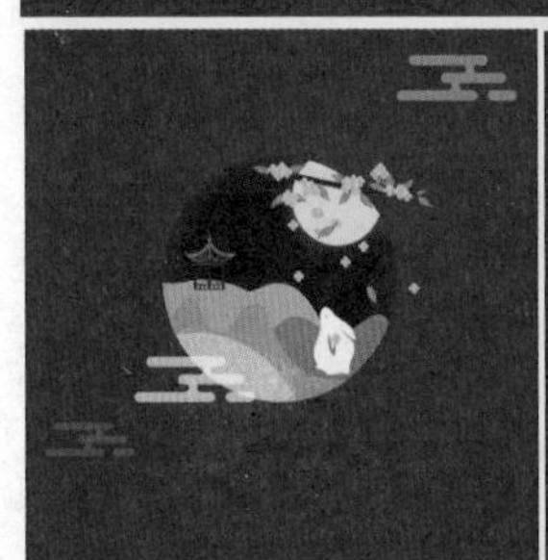

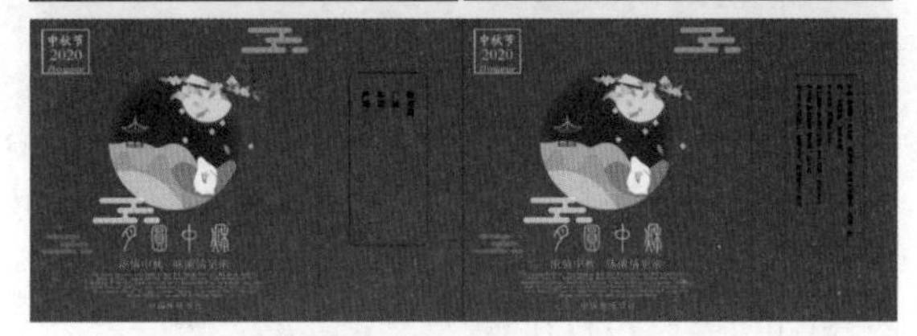

图11-15

■ 技术要点

使用“椭圆工具”创建椭圆，制作圆形底纹；

使用“圆角矩形工具”和“钢笔工具”创建云；

使用“横排文字工具”创建文字注释；

使用“图层样式”设置文字效果。

■ 操作步骤

01 运行Photoshop软件，在“欢迎”界面中单击“新建”按钮，在弹出的“新建文档”对话框中设置“宽度”为100厘米、“高度”为100厘米、“分辨率”为300像素/英寸，单击“创建”按钮，如图11-16所示。

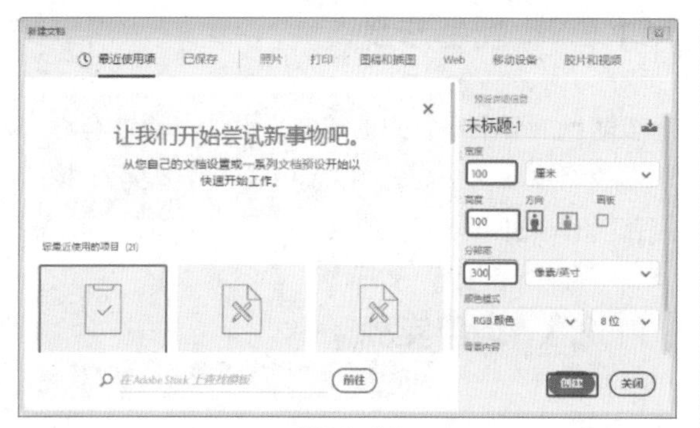

图11-16

02 使用“矩形工具”▭在舞台中创建矩形，在“属性”面板中设置宽度和高度均为20厘米，设置填充RGB为9、47、121，如图11-17所示。

图11-17

03 使用“椭圆工具”◯在舞台中创建椭圆，设置填充为白色，轮廓为黑色，多个圆组合成如图11-18所示的效果。

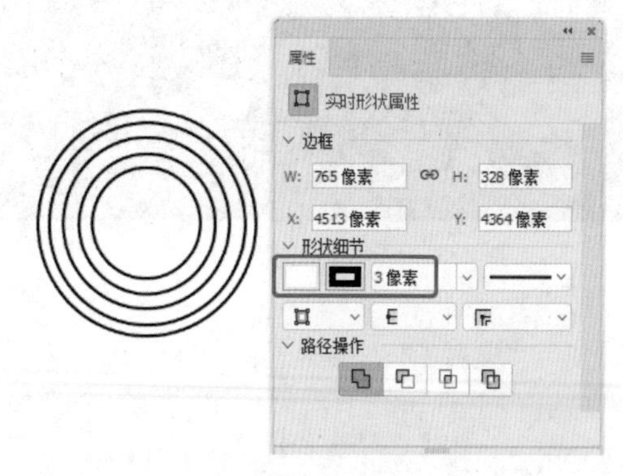

图11-18

04 将椭圆形状放置到一个图层组中，在舞台中对椭圆进行复制，如图11-19所示。

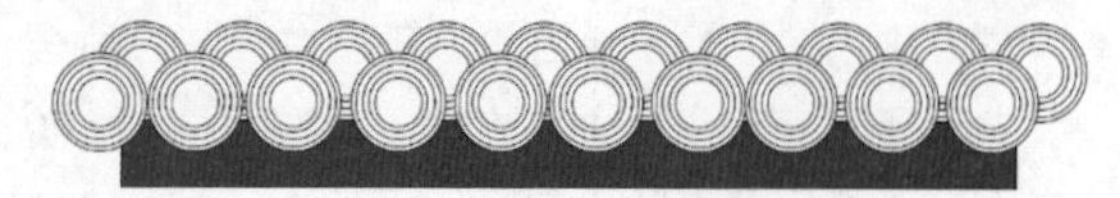

图11-19

05 可以将复制出的椭圆图层组合并为一个图层，如图11-20所示。

图11-20

06 对其进行复制，复制后合并为一个图层，按住Ctrl键，单击矩形前的缩览窗，将其载入选区，选择合并后的形状图层，单击“添加图层蒙版”按钮◘，创建蒙版，如图11-21所示。

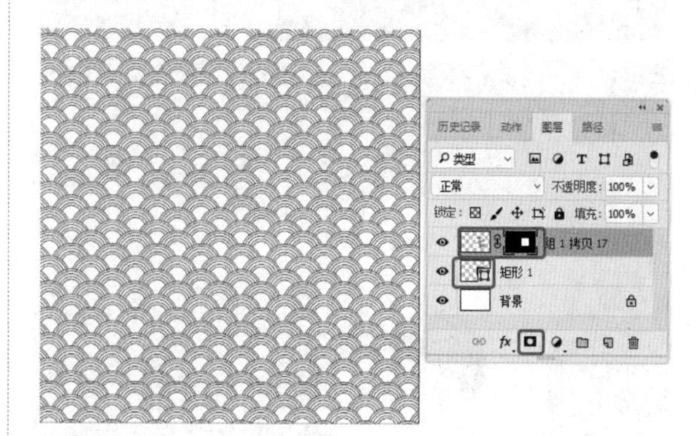

图11-21

07 设置图层的混合模式为“正片叠底”，设置“不透明度”为30%，如图11-22所示。

08 设置图层后的部分效果如图11-23所示。

图11-22　　图11-23

09 打开前面章节绘制的插画场景，如图11-24所示。

10 将除背景图层外的所有图层拖曳到当前文档中，如图11-25所示。

图11-24

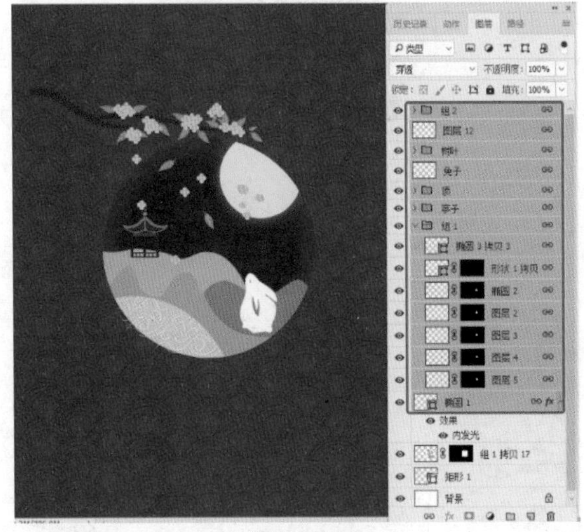

图11-25

11 拖曳到舞台后，将树枝图像合并为一个图层，椭圆形图案合并为一个图层，选择树枝图层，按住Ctrl键单击合并图层后的插画椭圆图层前的缩览窗，将其载入选区，单击“添加图层蒙版”按钮创建蒙版，使用“画笔工具”，设置前景色为白色，在树枝右侧涂抹出探出的树梢效果，如图11-26所示。

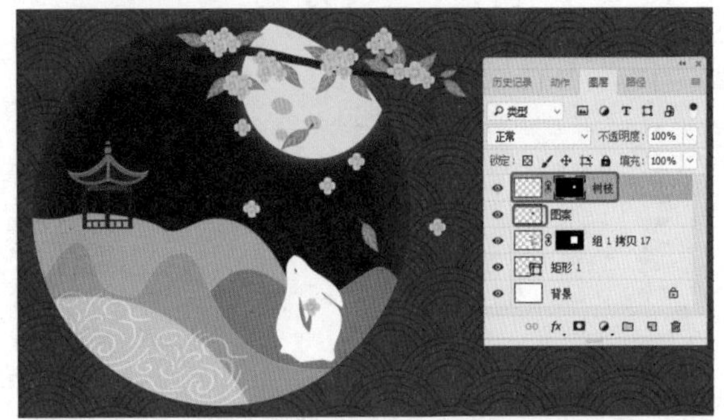

图11-26

12 将树梢和椭圆插画两个图层选中，单击“链接图层”按钮，将其链接，对图像的大小和位置进行调整，如图11-27所示。

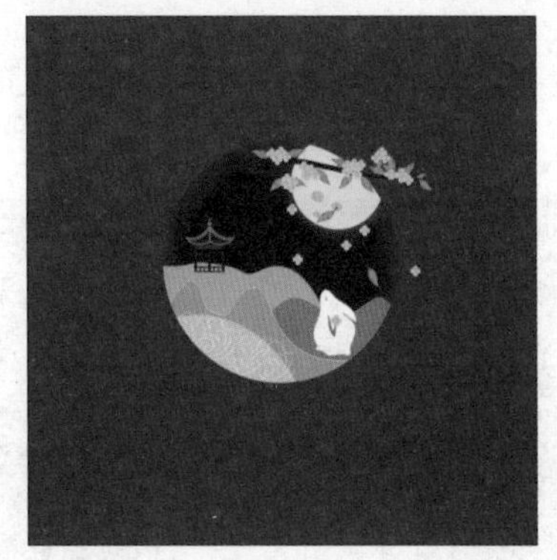

图11-27

13 使用“圆角矩形工具”在舞台中创建圆角矩形，设置填充为白色，使用“钢笔工具”绘制形状，并填充白色，如图11-28所示。

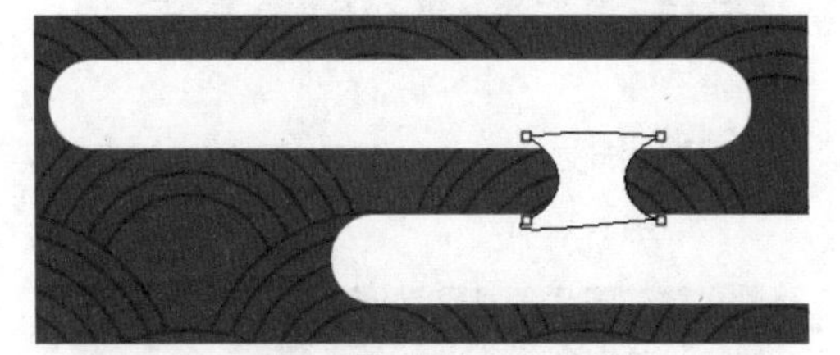

图11-28

14 组合出云，设置图层的“不透明度”为50%，如图11-29所示。

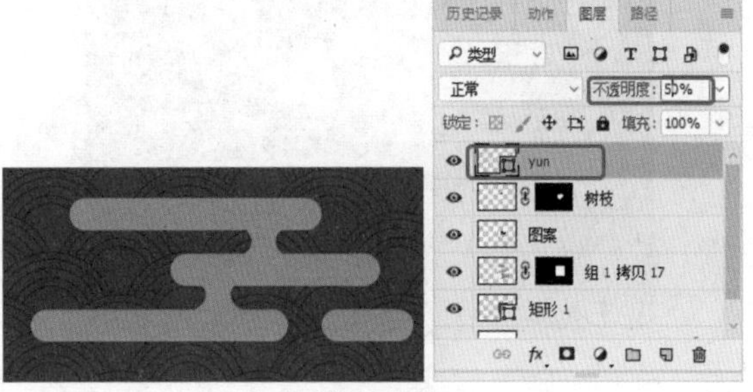

图11-29

15 复制云，设置合适的“不透明度”参数，如图11-30所示。

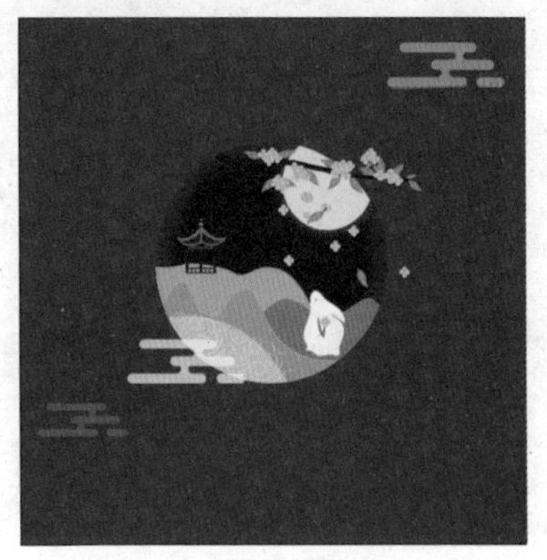

图11-30

第11章 产品包装设计

16 使用“矩形工具”▭在舞台中创建矩形，设置填充为无，设置轮廓的颜色RGB为255、255、135，设置合适的轮廓参数，如图11-31所示。

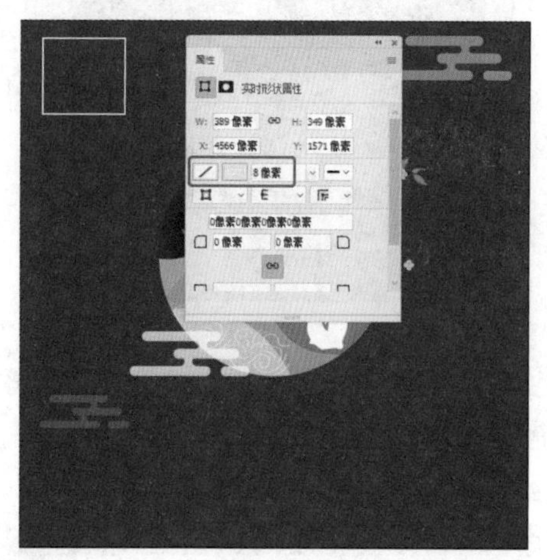

图11-31

17 使用“横排文字工具”T在舞台中创建文字注释，如图11-32所示。

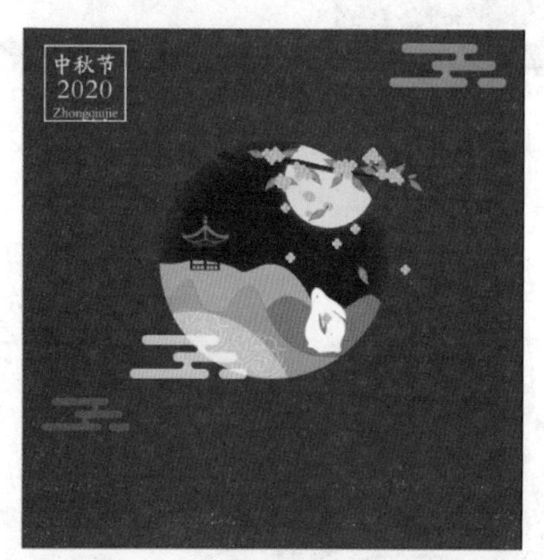

图11-32

18 继续创建文字注释，如图11-33所示。

图11-33

19 将标题底部的文字图层合并，并栅格化为普通图层，双击图层，在弹出的“图层样式”对话框中勾选“渐变叠加”复选框，设置合适的参数，如图11-34所示。

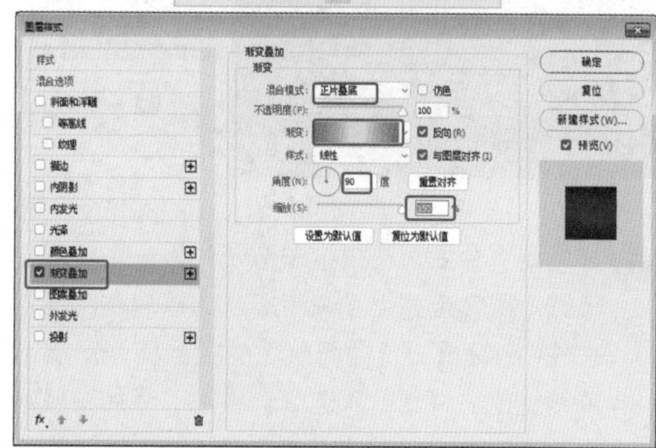

图11-34

20 继续勾选“外发光”复选框，设置合适的参数，如图11-35所示。

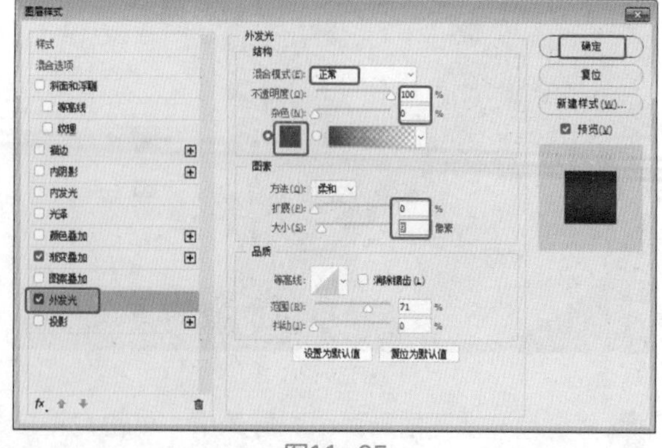

图11-35

21 设置图层样式后的文字效果如图11-36所示。

图11-36

22 创建文字注释，如图11-37所示。

图11-37

23 继续创建文字注释，并设置其图层样式，如图11-38所示。

图11-38

24 将所有的图层放置到一个图层组中，命名图层组为“正面”。

25 在“正面”图层组中选择矩形和叠加的图案，对其图层进行复制，将拖曳出“正面”图层组，如图11-39所示。

图11-39

26 使用“路径选择工具”，在舞台中选择复制出矩形，在“属性”面板中修改“宽度”为10厘米，如图11-40所示。

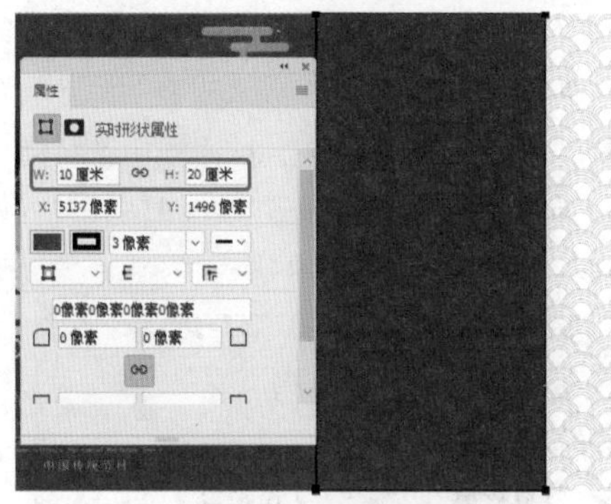

图11-40

27 为其添加一些文字和边框，如图11-41所示。

图11-41

28 复制出另一侧，同样添加注释文字和边框，如图11-42所示。

图11-42

29 复制“正面”图层组到另一侧，这样就完成了月饼包装盒抽屉式外包装的平面设计，如图11-43所示。

图11-43

30 在菜单栏中选择“文件>置入嵌入对象”命令，在弹出的“置入嵌入的对象”对话框中选择随书配备资源中的“月饼包装素材.psd”文件，单击“置入”按钮，如图11-44所示。

图11-44

31 导入素材，按Ctrl+U组合键，在弹出的“色相/饱和度”对话框中设置合适的参数，如图11-45所示。

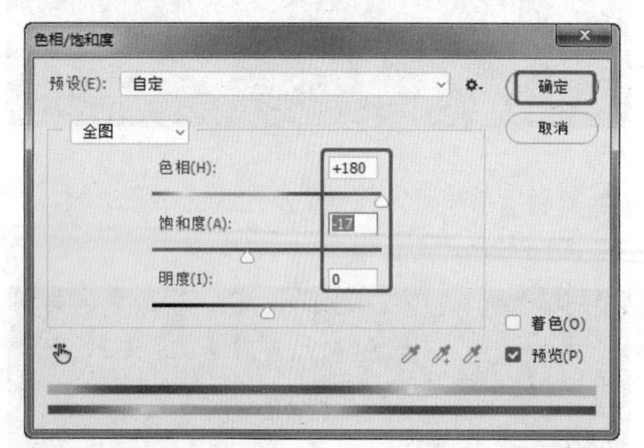

图11-45

32 按Ctrl+L组合键，在弹出的“色阶”对话框中调整色阶参数，如图11-46所示。

33 调整置入素材的效果如图11-47所示。

图11-46　　图11-47

34 复制一个正面图层组，并将图层组合并为一个图层，按Ctrl+T组合键，打开“自由变换”命令，按Ctrl键移动控制点，如图11-48所示。

图11-48

35 设置图层的混合模式为“叠加”，按Ctrl+J组合键，复制图层图像，继续设置图层的混合模式为“叠加”，设置“不透明度”为40%，如图11-49所示。

36 在场景中复制一个插画图案到衣服上，设置图案图层的混合模式为“正片叠底”，如图11-50所示。

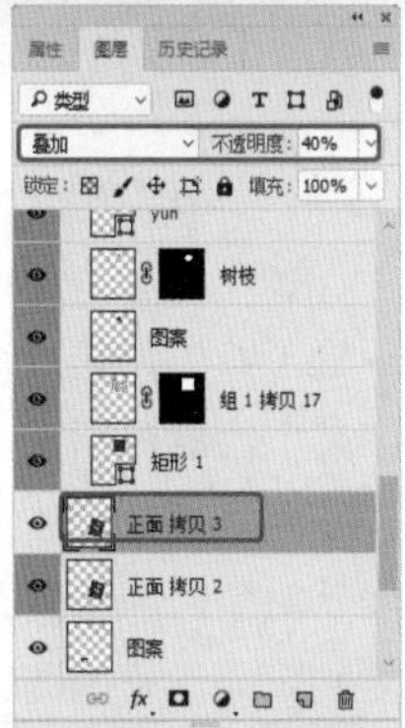

图11-49

图11-50

37 按Ctrl+M组合键，在弹出的“曲线”对话框中调整曲线，设置出图案的曲线效果如图11-51所示。

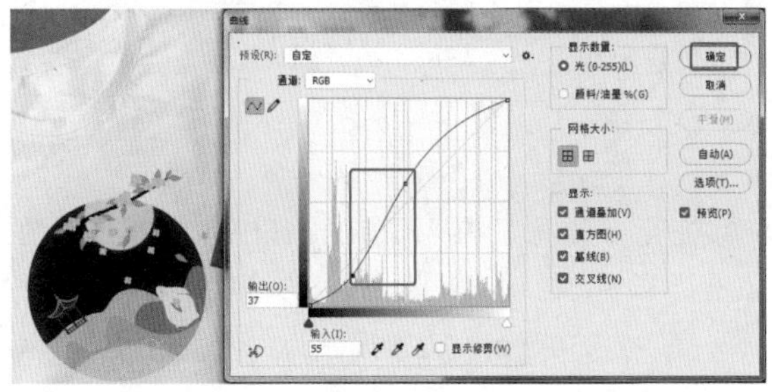

图11-51

38 这样月饼包装设计就制作完成了，且制作了配套的服装效果，如图11-52所示。

图11-52

11.3 商业案例——茶叶包装设计

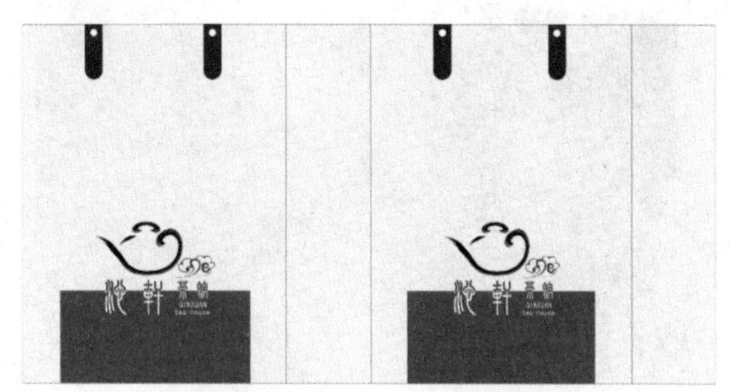

11.3.1 设计思路

扫码看视频

■ 案例类型

本案例设计制作一款茶叶包装。

■ 项目诉求

本案例需要将前面章节设计的标志放置到包装袋上，要求制作一款带有标志的简约的包装手提袋以及茶叶盒和茶叶袋的效果。

■ 设计定位

根据前面制作的标志来制作本案例的效果，可以为其设置一个绿色的配色，整体我们使用简约单调的浅色来制作，突出显示茶叶标志即可。

11.3.2 同类作品欣赏

11.3.3 项目实战

■ 制作流程

本案例首先创建包装的基本大小和矩形图案，创建圆角矩形，绘制椭圆，调整图像的颜色；然后置入素材图像，调整素材图像的大小和角度；最后设置图层的蒙版效果，如图11-53所示。

图11-53

图11-53（续）

■ 技术要点

使用“矩形工具”创建包装的基本大小和矩形图案；

使用“圆角矩形工具”创建圆角矩形；

使用“椭圆工具”绘制椭圆；

使用“色相/饱和度”命令调整图像的颜色；

使用“置入嵌入对象”命令置入素材；

使用“移动复制”方法复制图像；

使用“多边形套索工具”创建并编辑选区；

使用“自由变换”命令调整素材的大小和角度；

使用“添加图层蒙版”按钮设置图层的蒙版效果。

■ 操作步骤

01 运行Photoshop软件，在“欢迎”界面中单击“新建”按钮，在弹出的“新建文档”对话框中设置“宽度”为1000毫米、“高度”为600毫米、“分辨率”为300像素/英寸，单击“创建”按钮，如图11-54所示。

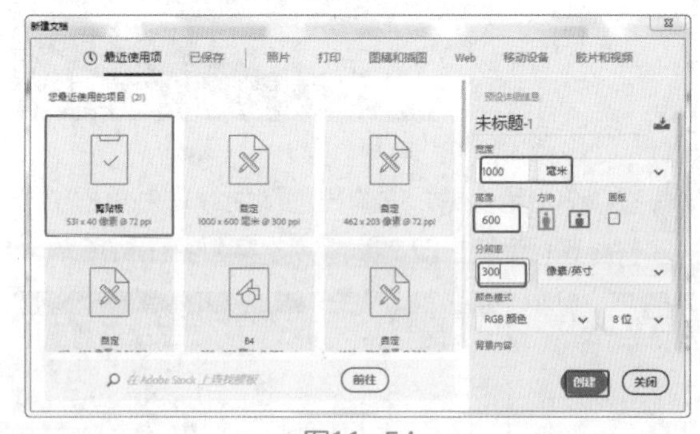

图11-54

02 使用“矩形工具”□.在舞台中创建矩形，在“属性”面板中设置“宽度”为250毫米、“高度”为330毫米，设置填充为白色，设置描边为灰色，如图11-55所示。

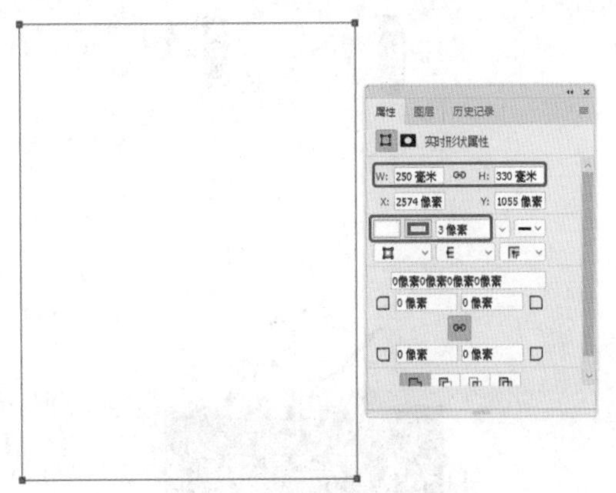

图11-55

03 打开前面章节中的茶馆标志，将除背景图层外的所有图层拖曳到舞台中，确定标志图层处于选择状态，按Ctrl+E组合键，将图层合并为一个图层，命名图层为“标志”，如图11-56所示。

图11-56

04 使用“矩形工具”▭在舞台中创建矩形，在“属性”面板中设置“宽度”为180毫米、“高度”为85毫米，设置填充为绿色，设置描边为无，如图11-57所示。

图11-57

05 调整矩形和标志在舞台中的位置，按住Ctrl键单击矩形图层前的缩览窗，将矩形载入选区，如图11-58所示。

图11-58

06 创建选区后，将标志图层放置到矩形图层的上方，选择标志图层，按Ctrl+U组合键，在弹出的“色相/饱和度”对话框中设置“明度”为100，设置选区中的图像为白色，如图11-59所示，按Ctrl+D组合键，取消选区的选择。

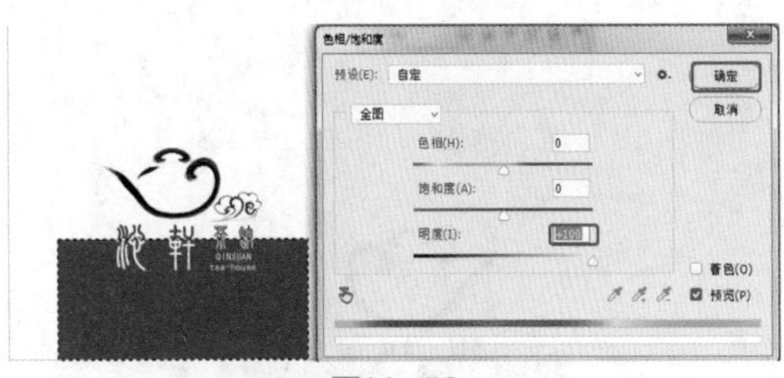

图11-59

07 在菜单栏中选择“文件>置入嵌入对象”命令，在弹出的“置入嵌入的对象”对话框中选择随书配备资源中的“祥云.png”文件，单击“置入”按钮，如图11-60所示。

图11-60

08 置入素材后，调整素材的位置，将其放置到绿色的矩形上，调整其位置和大小；设置图层的混合模式为“叠加”，设置图层的“不透明度”为10%，如图11-61所示。

图11-61

09 继续将祥云图层放置到绿色矩形图层的下方，设置为背景花纹，设置图层的混合模式为“明度”，设置“不透明度”为10%，在舞台中移动复制祥云，直至铺满整个底部矩形，如图11-62所示。

图11-62

10 使用“圆角矩形工具”▢在舞台中创建矩形，设置“宽度”为200像素、“高度”为600像素，设置合适的圆角，填充设置为黑色，如图11-63所示。

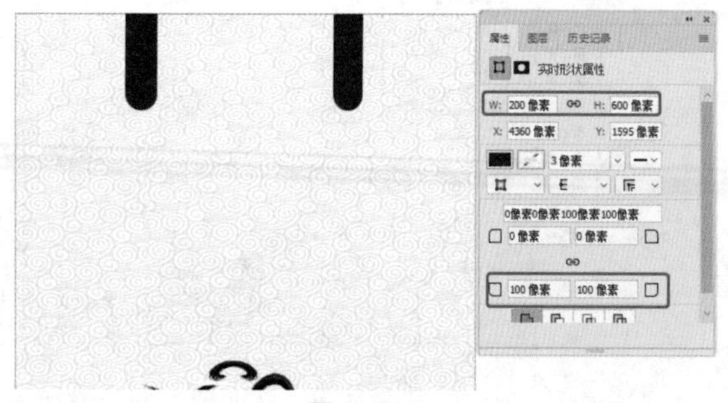

图11-63

11 使用“椭圆工具”◯在舞台中如图11-64所示的位置创建椭圆，设置填充为白色，复制形状。

图11-64

12 将背景矩形进行复制，修改其宽度为80毫米作为侧面包装花纹，如图11-65所示。

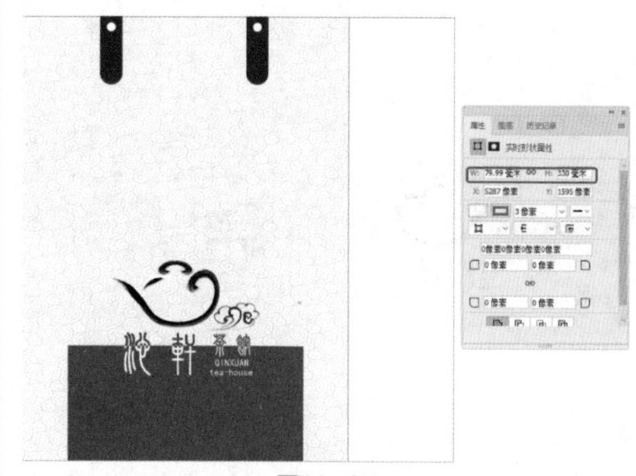

图11-65

13 复制祥云图像到侧面矩形上，合并祥云为一个图层，删除多余的区域，如图11-66所示，将除背景图层外的所有图层放置到一个图层组中。

图11-66

14 移动复制图层组，得到如图11-67所示的效果。

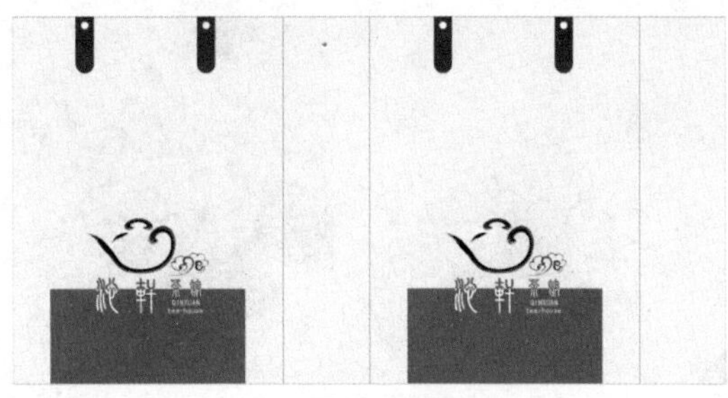

图11-67

15 在菜单栏中选择“文件>置入嵌入对象”命令，在弹出的“置入嵌入的对象”对话框中选择随书配备资源中的“茶叶包装素材.psd”文件，单击“置入”按钮，如图11-68所示。

图11-68

16 置入素材后，将正面图像所在的图层进行复制，并合并为一个图层，如图11-69所示。

图11-69

17 按Ctrl+T组合键，按住Ctrl键调整图像，如图11-70所示。

图11-70

18 设置图层的“不透明度”为50%，使用“多边形套索工具”在舞台中选中如图11-71所示的选区。

图11-71

19 创建选区后，按Ctrl+Shift+I组合键，设置选区的反选，单击“添加图层蒙版”按钮，创建遮罩，设置“不透明度”为100%，如图11-72所示。

20 设置图层的混合模式为“线性加深”，“不透明度”为80%，如图11-73所示。

图11-72　　图11-73

21 设置图层混合模式的效果如图11-74所示。

图11-74

22 按Ctrl+J组合键，复制图像，删除图层的遮罩层，设置图层的混合模式为“正片叠底”，如图11-75所示。

23 按Ctrl+T组合键，在舞台中调整图像的角度和大小，如图11-76所示。

图11-75　　图11-76

24 使用“椭圆选框工具” ，选择如图11-77所示的选区，单击“添加图层蒙版”按钮，创建遮罩。

图11-77

25 按Ctrl+J组合键，复制图像，删除图层的遮罩层；按Ctrl+T组合键，在舞台中调整图像的角度和大小，如图11-78所示。

26 创建如图11-79所示的选区。

图11-78

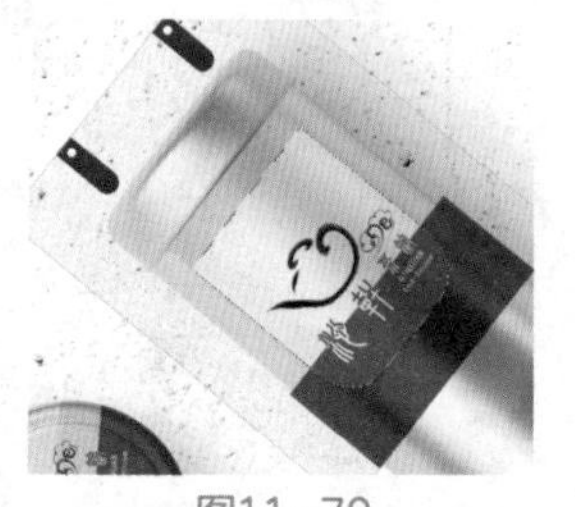

图11-79

27 单击“添加图层蒙版”按钮，创建遮罩，如图11-80所示。

28 按Ctrl+J组合键，复制图像，删除图层的遮罩层；按Ctrl+T组合键，在舞台中调整图像的角度和大小，如图11-81所示。

29 调整图像的角度后，将图层隐藏，使用“多边形套索工具” ，在如图11-82所示的区域创建选区。

图11-80

图11-81

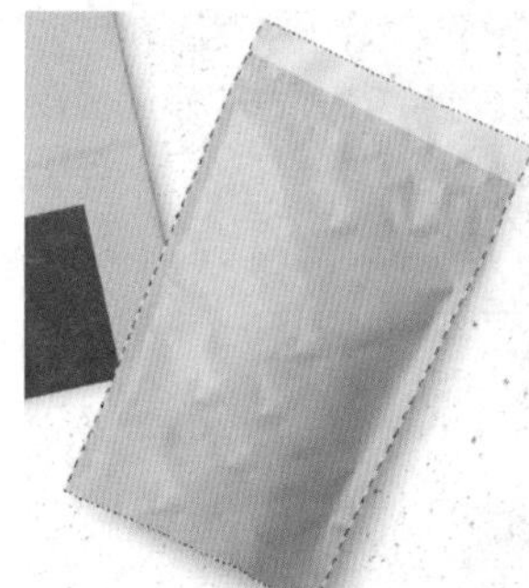

图11-82

30 显示图层，确定选区处于选择状态，单击“添加图层蒙版”按钮，创建遮罩，如图11-83所示。

图11-83

31 至此，包装效果制作完成，如图11-84所示。

图11-84

11.4 优秀作品欣赏

artea
зеленый чай
artea
artea
artea
artea
ТМИН

grow your own
grow your own
grow your own
onion
tomato

Cleanse Culture
Fun FACTS

CHELSEA
GOLDEN SYRUP
CHELSEA
GOLDEN SYRUP
CHELSEA SUGAR LIMITED EDITION

UI设计即用户界面设计，目前根据不同的用户界面来划分UI设计，主要分为Web界面设计和移动界面设计。UI设计最重要的不在于操作什么软件，而是创意和构思，有一个好的构思想法，即便是一些小图标，也能让其有自己的特色，突出自身的亮点和设计。

本章节主要介绍UI设计的一些相关内容和案例。

12.1 UI设计概述

UI设计还是一个不断成长的设计领域。在飞速发展的电子产品中，界面设计一点点地被重视起来。做界面设计的“美工”也被称为UI设计师或UI工程师。其实软件界面设计就像工业产品中的工业造型设计一样，是产品的重要卖点。一个电子产品拥有美观的界面会给人带来舒适的视觉享受，拉近人们与商品的距离，是建立在科学性之上的艺术设计。检验一个界面的标准既不是某个项目开发组领导的意见也不是项目成员投票的结果，而是终端用户的感受。

12.1.1 什么是UI

UI即User Interface(用户界面)的简称。是指用户和某些系统进行交互方法的集合，这些系统不单单指电脑程序，还包括某种特定的机器、设备、复杂的工具等。

UI设计是产品的重要卖点，一个友好美观的界面会给人带来舒适的视觉感受，为商家制作卖点，如图12-1所示。

UI设计不单单是美术绘画创意，它需要定位针对的使用者、使用环境、使用方式并且为最终用户而设计，是纯粹的科学性的艺术设计。

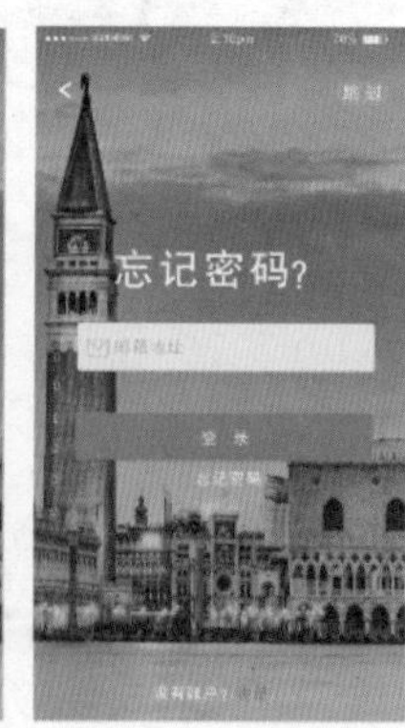

图12-1

12.1.2 UI设计的原则

随着科技的发展，不久的将来所有的产品会组成一体，变成一个无处不在的电脑，这个电脑控制着用户的所有家用产品和资料。用户只要有一个自己的账号，就可以通过任何一个产品来控制其他所有产品，而所有的产品都具有终端的功能。而这个终端操作的基本形式就是软件UI设计。以下是UI设计的一些原则。

（1）确认目标用户。在UI设计过程中，需要设计人员确定该角色针对的用户，获取用户的需求，用户界面的不同会引起交互设计的不同。

（2）清晰明确地设计用户界面。清晰是用户界面设计中一个重要的条件，模糊的界面会影响用户的整体印象。

（3）简洁明了。界面除了清晰，还需要简洁，看上去一目了然。如果界面上充斥着太多的东西，会让用户在查找内容的时候比较困难和乏味，如图12-2所示。

图12-2

（4）界面的一致性。在UI设计时，保持界面风格的一致性不会让用户感到错愕，如图12-3所示。

图12-3

（5）界面的美观性。UI设计更注重美观度，如图12-4所示。

图12-4

12.1.3 UI设计的控件

UI控件包括在用户界面中肉眼可见的一些现实文字的数据，UI控件最典型的就是按钮了，这是用户交互的关键。还有其他的控件，比如滚动条、开关控件、工具栏、文本控件、单选按钮、复选按钮、进度条、对话框时间控件、图片控件、时间控件、日期控件等，如图12-5所示。

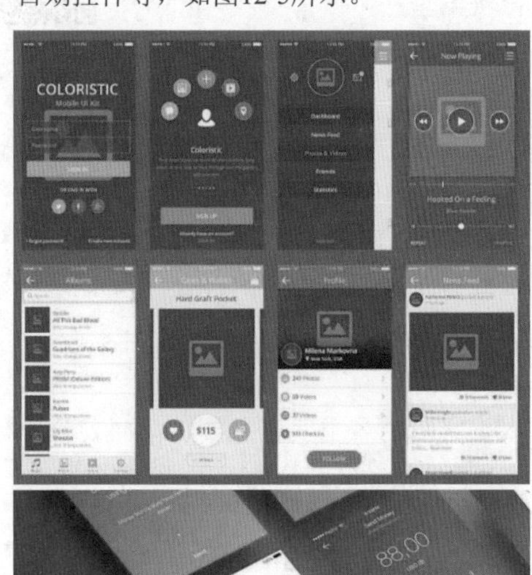

图12-5

对于日益增长的UI控件需求，市场上也出现了很多可供选择的UI控件，这些控件能帮助简化UI设计工作，提高效率。

12.2 商业案例——手机购物UI设计

12.2.1 设计思路

扫码看视频

■ 案例类型

本案例是设计一个手机App购物软件的界面。

■ 项目诉求

本案例将制作一个初级购物软件，由于是初级运营，所以需要将页面设计得丰富和饱满些，并希望各项功能完善，使用户在使用时能够明了各个区域划分和物品分类。

■ 设计定位

根据客户的需求我们主要将页面划分为标题区、广告区、活动区、热销商品区、信息区。

12.2.2 配色方案

我们将采用整体的灰白色设计，这样可以使用户在观察图像的过程中想要提供帮助时在留白区能一目了然地看到需要的项目和分类，这样的配色也使得整个画面较为干净，突出商品，促进人们的购物欲望。

12.2.3 项目实战

■ 制作流程

本案例首先创建文字注释；然后绘制形状，置入素材图像并调整图像的大小和变形；最后创建不规则形状选区，调整背景效果，如图12-6所示。

图12-6

■ 技术要点

使用“横排文字工具”创建文字注释；

使用“矩形工具”和“椭圆工具”绘制形状；

使用“置入嵌入对象”命令置入素材；

使用“自由变换”命令，调整图像的大小和变形；

使用“矩形选框工具”创建选区；

使用“添加图层蒙版”设置图层的蒙版效果；

使用“多边形套索工具”创建不规则形状选区；

使用“曲线”参数调整明暗。

■ 操作步骤

01 运行Photoshop软件，在“欢迎”界面中单击“新建”按钮，在弹出的“新建文档”对话框中设置“宽度”为900像素、“高度”为1600

像素、“分辨率”为300像素/英寸，单击“创建”按钮，如图12-7所示。

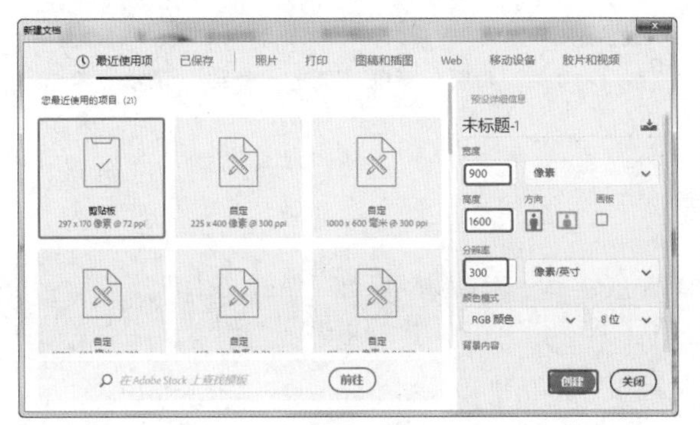

图12-7

02 创建文档后，按Ctrl+R组合键，显示标尺，拖曳出标尺辅助线，如图12-8所示。

03 继续拖曳出分割线，如图12-9所示。

图12-8　　图12-9

04 使用“横排文字工具”T.创建文字注释，如图12-10所示。

图12-10

05 使用“椭圆工具”○.创建三个黑色的椭圆，如图12-11所示。

图12-11

06 使用“椭圆工具”○.，创建填充为无的椭圆，设置描边为黑色，设置合适的描边粗细，如图12-12所示。

图12-12

07 继续绘制椭圆，如图12-13所示。

图12-13

08 将第二个外侧的椭圆形状图层栅格化，删除多余的区域，并使用“直线工具”/.绘制中间的线，线的填充为黑色，描边为无，设置合适的粗细即可，如图12-14所示。

图12-14

09 使用“直线工具”/.绘制如图12-15所示的直线。

图12-15

10 将绘制的直线合并为一个形状图层，使用“直接选择工具”▶.，在舞台中调整直线的控制点，如图12-16所示。

图12-16

11 使用“椭圆工具”◯.创建填充为无的椭圆，设置描边为黑色，设置合适的描边粗细，复制并调整椭圆的大小，如图12-17所示。

图12-17

12 将椭圆合并为一个图层，并将其栅格化为普通图层，使用“多边形套索工具”选择一部分区域，按Delete键，删除选区中的图像，如图12-18所示。

图12-18

13 使用“圆角矩形工具”▢.创建圆角矩形，设置填充为无，轮廓为黑色，使用“矩形工具”▭.创建矩形，并使用“横排文字工具”T.创建注释，组合出电量效果，如图12-19所示。

图12-19

14 使用“横排文字工具”T.创建商品分类标题，如图12-20所示，设置合适的字体大小和颜色。

图12-20

15 在菜单栏中选择“文件>置入嵌入对象”命令，在弹出的“置入嵌入的对象”对话框中选择前面章节中制作的“化妆品”广告文件，单击“置入”按钮，如图12-21所示。

图12-21

16 置入素材后，调整素材的位置和大小，使用“椭圆工具”◯.创建描边为无，填充为白色的6个椭圆，选择其中一个椭圆，设置填充为红色，说明该广告为翻页广告，如图12-22所示。

图12-22

17 在舞台中继续拖曳辅助线，设置图标分类标题的控件，如图12-23所示。

图12-23

18 在菜单栏中选择“文件>置入嵌入对象”命令，在弹出的“置入嵌入的对象”对话框中选择随书配备资源中的“ICO01.psd”文件，单击“置入”按钮，如图12-24所示。

图12-24

19 使用同样的方法置入其他素材，并使用“横排文字工具”T创建注释，如图12-25所示。

图12-25

20 没有图标的可以使用“横排文字工具”T，创建注释，如图12-26所示。

21 将图层分别放置到图层组中，如图12-27所示。

图12-26

图12-27

22 拖曳出商品之间的分割线，如图12-28所示。

图12-28

23 在菜单栏中选择“文件>置入嵌入对象”命令，在弹出的“置入嵌入的对象”对话框中选择随书配备资源中的“童鞋.jpg”文件，单击“置入”按钮，如图12-29所示。

图12-29

24 将素材放置到舞台中，调整其大小和位置，如图12-30所示。

25 使用同样的方法置入素材，调整素材之间的大小，如图12-31所示。

图12-30　　图12-31

26 将两个图层合并为一个图层，如图12-32所示。

27 使用“矩形选框工具”在素材上创建矩形，创建显示的区域，并单击“添加图层蒙版”按钮，创建遮罩，如图12-33所示。

图12-32　　图12-33

28 使用“横排文字工具”T工具创建注释，如图12-34所示。

29 继续置入素材，调整素材的大小，如图12-35所示。

图12-34　　图12-35

30 使用“矩形选框工具”创建矩形，如图12-36所示。

图12-36

31 创建矩形后，单击“添加图层蒙版”按钮，创建遮罩，如图12-37所示。

32 创建遮罩后的效果如图12-38所示。

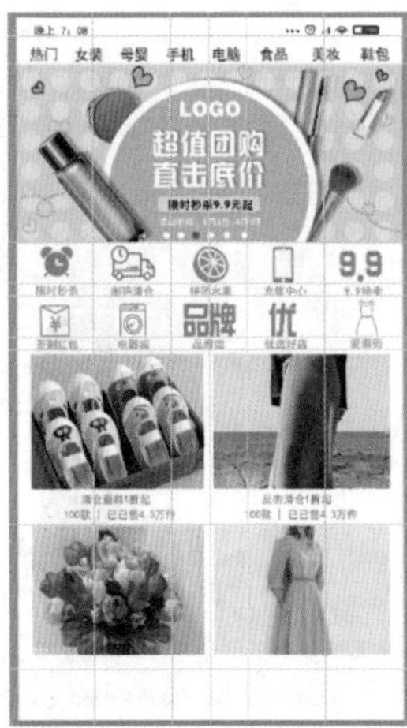

图12-37　　图12-38

33 使用“椭圆工具”在舞台中创建椭圆，设置椭圆的填充为白色，轮廓为无，如图12-39所示，调整椭圆的合适位置。

图12-39

34 使用“横排文字工具”T创建注释，将图层商品和注释的图层放置到图层组中，如图12-40所示。

图12-40

35 在菜单栏中选择“文件>置入嵌入对象”命令，在弹出的“置入嵌入的对象”对话框中选择随书配备资源中的“个人中心.png”文件，单击“置入”按钮，如图12-41所示。

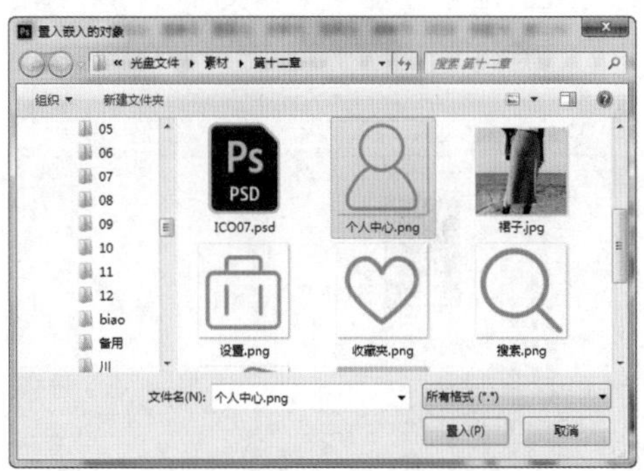

图12-41

36 置入素材后，调整素材的大小和位置，将其他的素材置入到舞台中，并为其创建注释文字，如图12-42所示。

37 在菜单栏中选择“视图>清除参考线”命令，清除参考线显示界面效果，如图12-43所示。

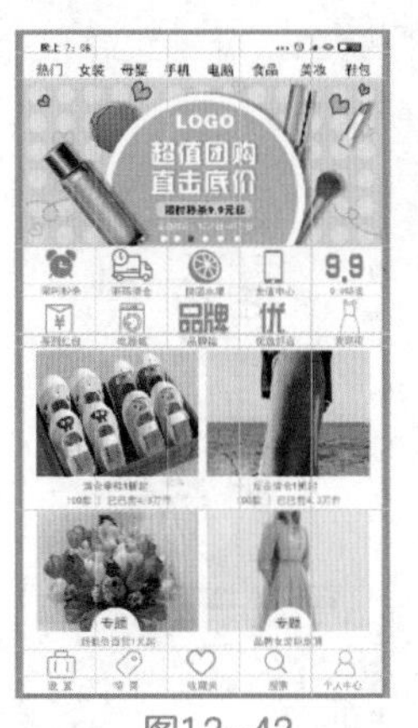

图12-42

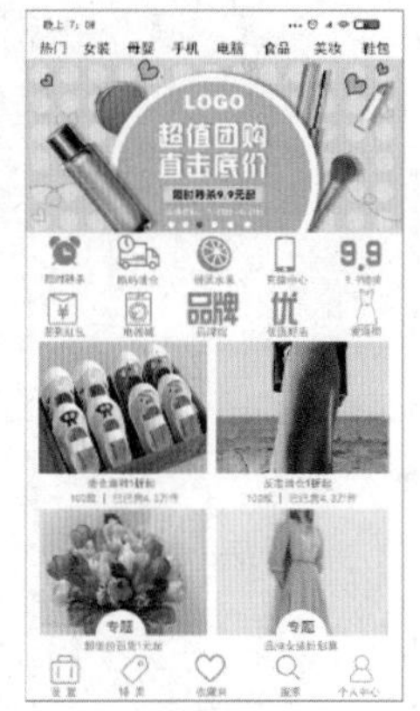

图12-43

38 将制作完成的购物界面存储为“购物首页.psd”文件。

39 存储后，删除素材，如图12-44所示。

40 复制或添加一些商品，如图12-45所示。

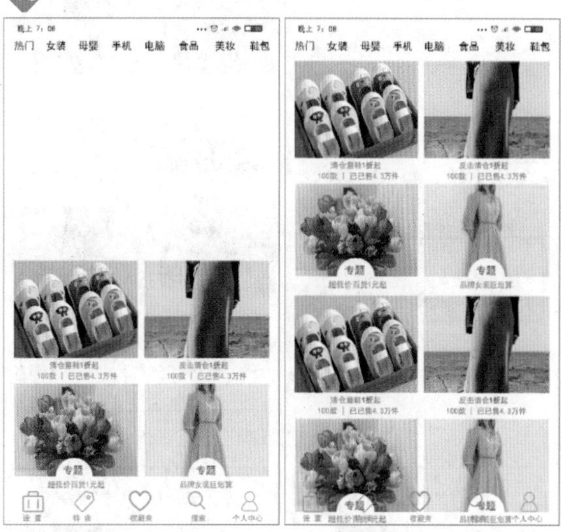

图12-44　　图12-45

41 使用“矩形工具”在舞台中创建矩形，设置填充为白色，设置轮廓为无，作为底色，调整到底部按钮处，调整图层到合适的位置，如图12-46所示。

42 将底部的搜索图标放置到如图12-47所示的位置，使用“圆角矩形工具”在搜索图标后创建圆角矩形，设置填充为无，轮廓为灰色，设置合适的圆角。

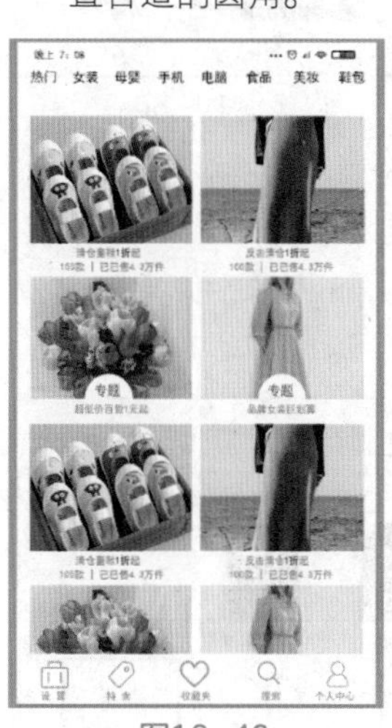

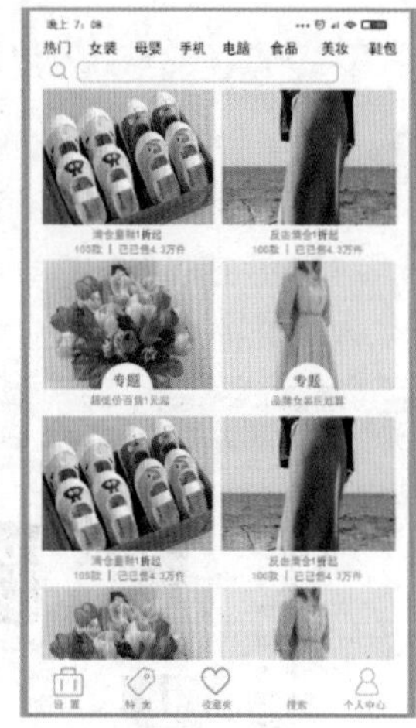

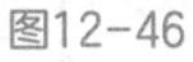

图12-46　　图12-47

43 在圆角后创建文字注释，设置文字颜色为黑色，如图12-48所示。

44 在“搜索”文字下创建圆角矩形，设置矩形图层的位置，设置填充为灰色，如图12-49所示。

45 在底部调整图标的位置，如图12-50所示。

图12-48

图12-49

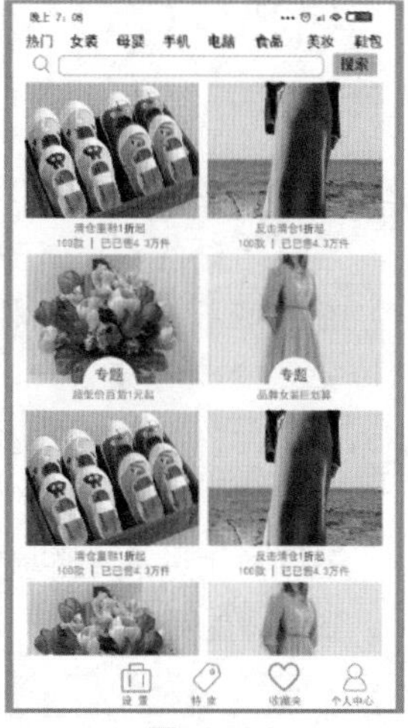

图12-50

46 在菜单栏中选择“文件>置入嵌入对象”命令，在弹出的“置入嵌入的对象”对话框中选择随书配备资源中的“首页.png”文件，单击“置入”按钮，如图12-51所示。

图12-51

47 在舞台中调整图标的位置和大小，并为其设置注释文字，如图12-52所示。

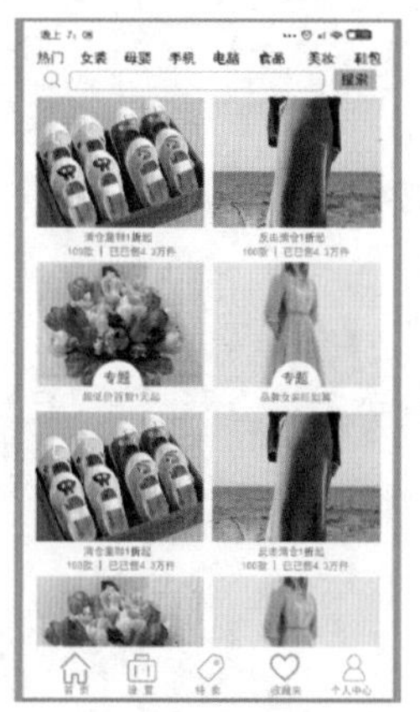

图12-52

48 这样网购的内页设计完成，在菜单栏中选择“文件>存储为”命令，在弹出的“另存为”对话框中选择一个存储位置，将其与“网购首页”素材放置到同一个位置，将文件命名为“网购内页”，单击“保存”按钮，如图12-53所示。

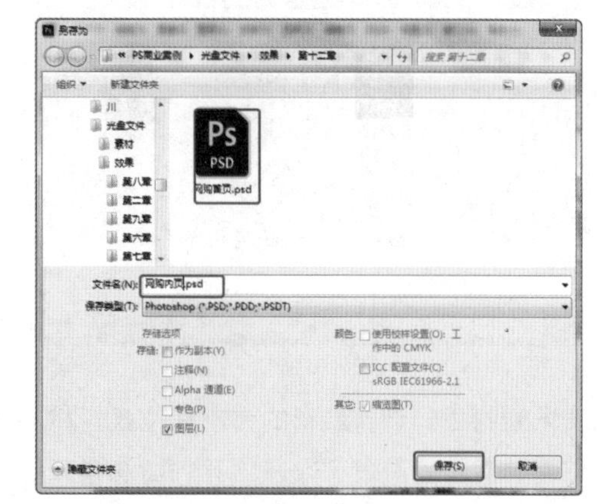

图12-53

49 保存文件后，删除素材，如图12-54所示，下面将制作一个广告页。

50 使用“置入嵌入对象”命令，置入之前创建的广告即可，如图12-55所示。

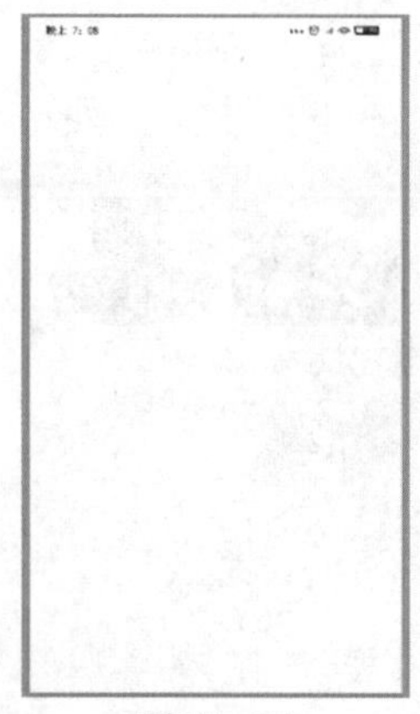

图12-54

图12-55

51 在菜单栏中选择“文件>存储为”命令，在弹出的“另存为”对话框中选择一个存储位置，将文件命名为“网购广告页”，单击“保存”按钮，如图12-56所示。

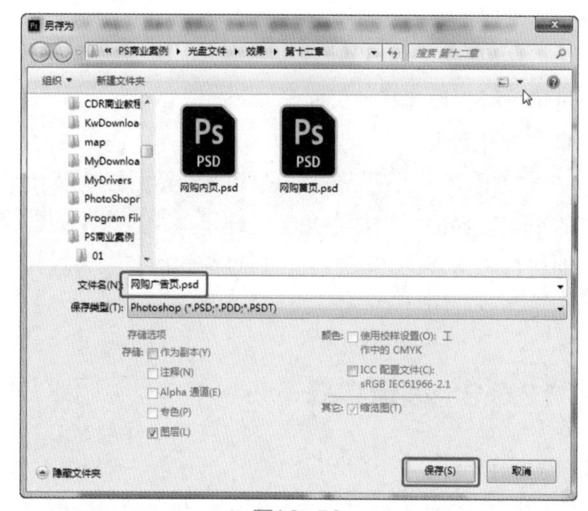

图12-56

52 创建一个较大的文档，将三个网购页面置入到舞台中，调整其大小和透视效果，如图12-57所示，设置文档的背景RGB为193、193、193。

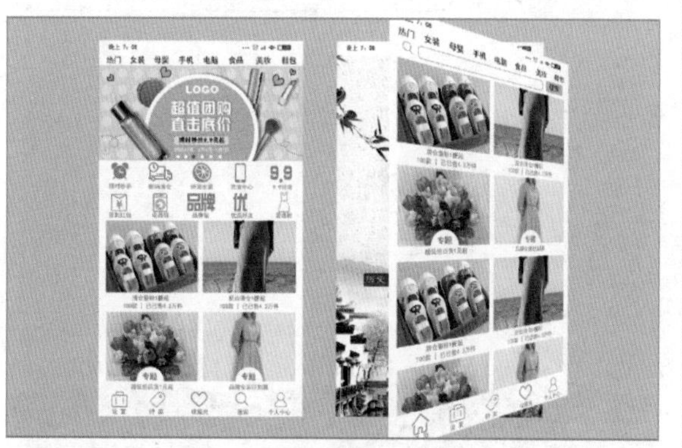

图12-57

53 选择“背景”图层，使用“多边形套索工具”创建不规则的选区，如图12-58所示。

图12-58

54 按Ctrl+M组合键，在弹出的“曲线”对话框中调整曲线，如图12-59所示。

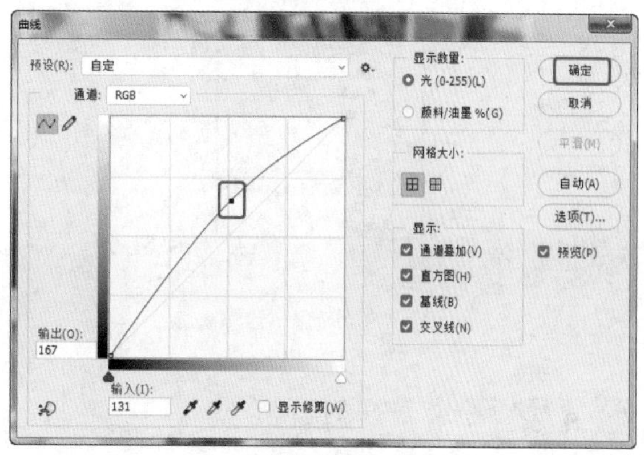

图12-59

55 调整曲线后的效果如图12-60所示，按Ctrl+D组合键，取消选区的选择。

图12-60

56 选择其中一个网购页图层，双击图层，在弹出的“图层样式”对话框中选择“投影”选项，设置合适的参数，单击“确定”按钮，如图12-61所示。

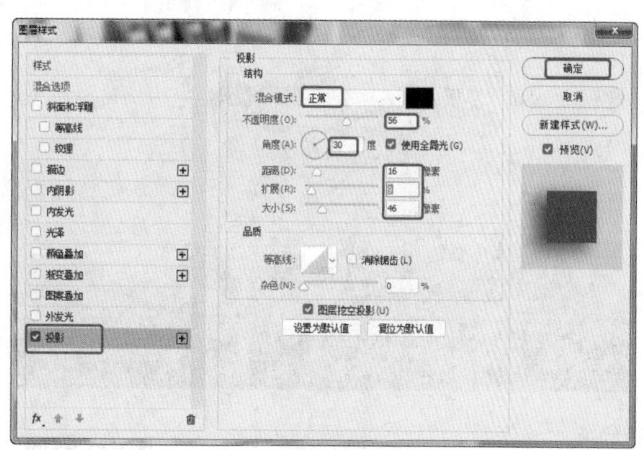

图12-61

57 在“图层”面板中选择其中一个图层样式的图标，按住Alt+Ctrl组合键，将图层样式移动复制到另外两个页面图层，如图12-62所示。

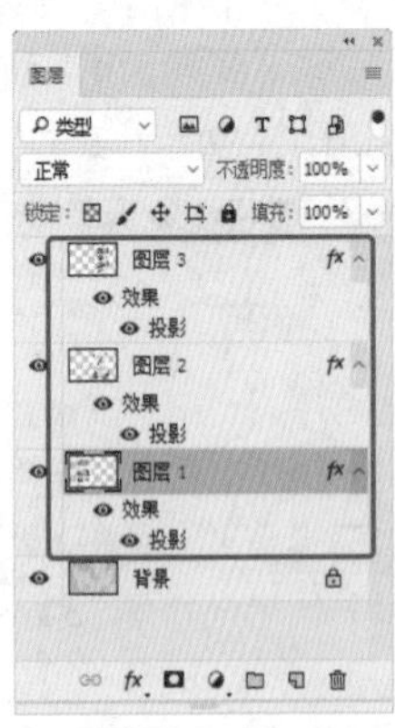

图12-62

58 设置投影的效果如图12-63所示。

图12-63

59 将制作完成的效果存储为“网购排版”，至此本实例制作完成。

12.3 商业案例——欢乐打地鼠游戏界面设计

12.3.1 设计思路

扫码看视频

■ 案例类型

本案例设计一款小游戏界面。

■ 项目诉求

欢乐打地鼠是一款通过打地鼠来积分的一款休闲类小游戏，主要是锻炼反应能力，根据打到一只地鼠就计一分，满分后升级的规则来使用户提高自信和反应能力。

这里我们主要设计其中一个界面，如果界面通过了可以再设计其他页面。

■ 设计定位

根据游戏类型我们将设计一款界面较为休闲的小游戏界面，当然主角还是地鼠，背景采用简约的树林和卡通的蓝天白云，通过简约的背景来衬托主角。

12.3.2 项目实战

■ 制作流程

本案例首先绘制地面和大树背景，创建鼹鼠图像，创建矩形牙齿；然后调整路径的形状，调整控制点的位置；最后创建形状，置入素材图像并设置样式，调整标题的颜色，如图12-64所示。

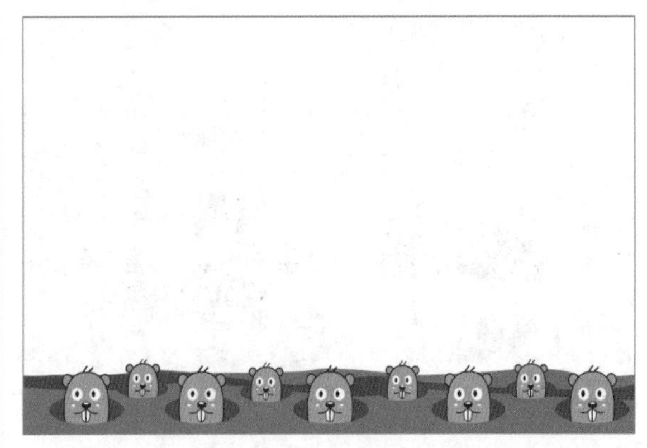

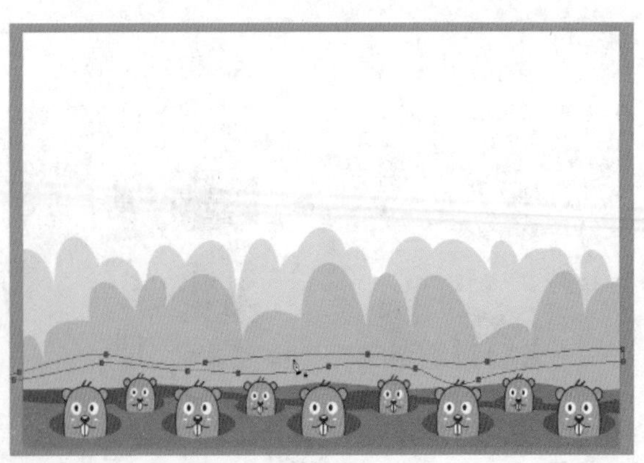

图12-64

图12-64（续）

■ 技术要点

使用“钢笔工具”绘制地面和大树背景；
使用“椭圆工具”创建鼹鼠图像；
使用“矩形工具”创建矩形牙齿；
使用“转换点工具”调整路径的形状；
使用“直接选择工具”调整控制点的位置；
使用“自定形状工具”创建形状；
使用“置入嵌入对象”命令置入素材；
使用“图层样式”设置图像的样式；
使用“色相/饱和度”调整标题的颜色。

■ 操作步骤

01 运行Photoshop软件，在“欢迎”界面中单击“新建”按钮，在弹出的“新建文档”对话框中设置“宽度”为2000毫米、“高度”为1100毫米、“分辨率”为300像素/英寸，单击“创建”按钮，如图12-65所示。

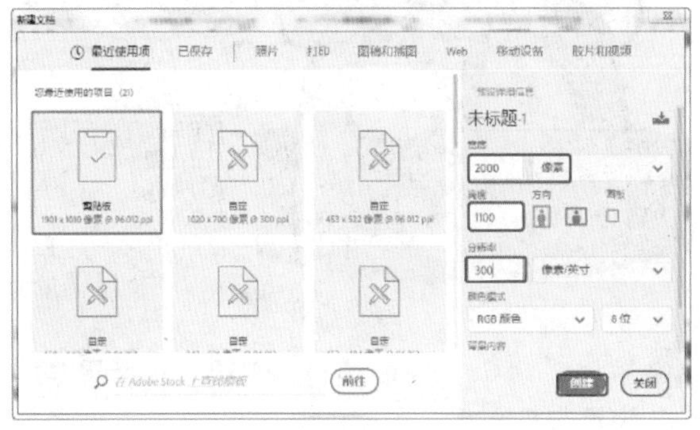

图12-65

02 使用“钢笔工具”在舞台中创建闭合的路径，如图12-66所示。

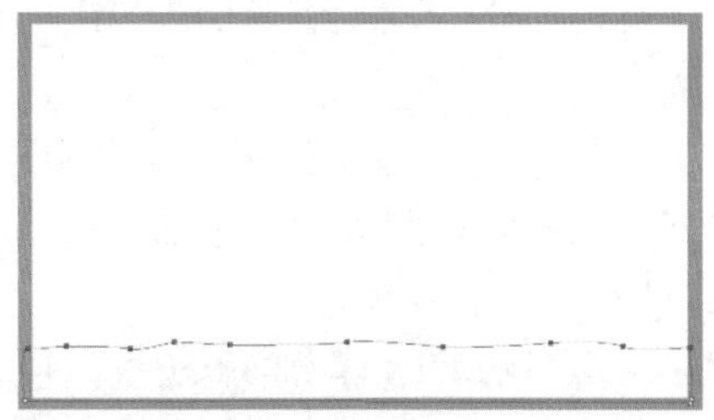

图12-65

03 设置前景色的RGB为168、127、89，如图16-67所示。

04 在“图层”面板中新建图层，按Ctrl+Enter组合键，将当前路径载入选区，按Alt+Delete组合键，填充选区为前景色，如图12-68所示，按Ctrl+D组合键，取消选区的选择。

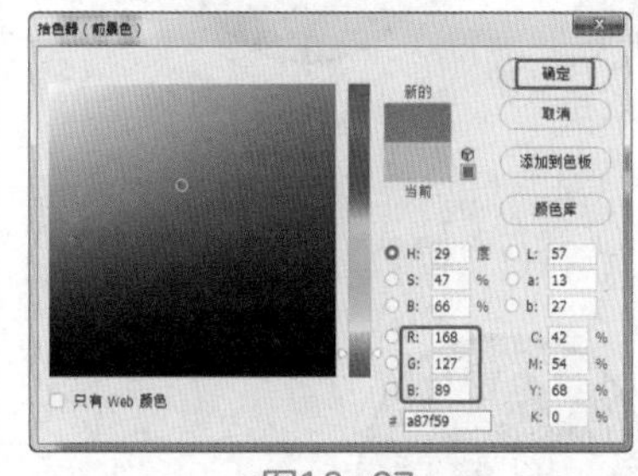

图12-67　图12-68

05 使用“钢笔工具”在舞台中创建闭合的路径，如图12-69所示。

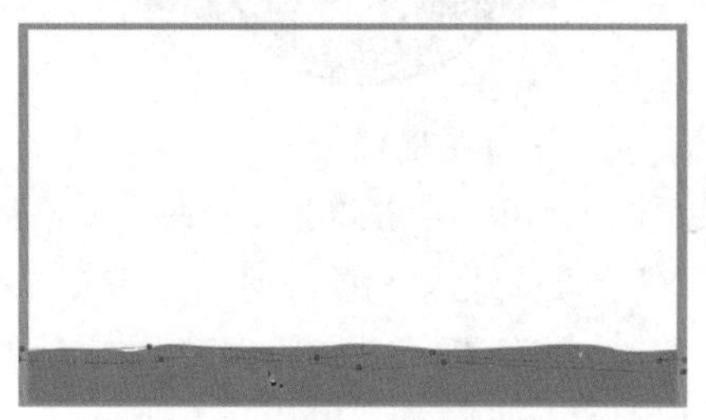

图12-69

06 设置前景色的RGB为132、87、60，如图16-70所示。

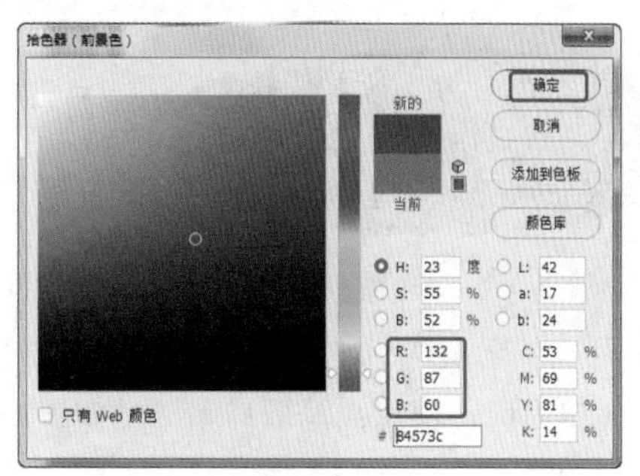

图12-70

07 在“图层”面板中新建图层，按Ctrl+Enter组合键，将当前路径载入选区，按Alt+Delete组合键，填充选区为前景色，按Ctrl+D组合键，取消选区的选择。

08 使用“椭圆工具”在舞台中创建椭圆，设置填充的RGB为130、82、84，设置轮廓为无，如图12-71所示。

09 继续创建椭圆，设置填充的RGB为204、170、96，轮廓的RGB为116、15、3，如图12-72所示。

图12-71　　图12-72

10 使用“转换点工具”，在舞台中调整椭圆形状的控制点，对其进行调整，如图12-73所示。

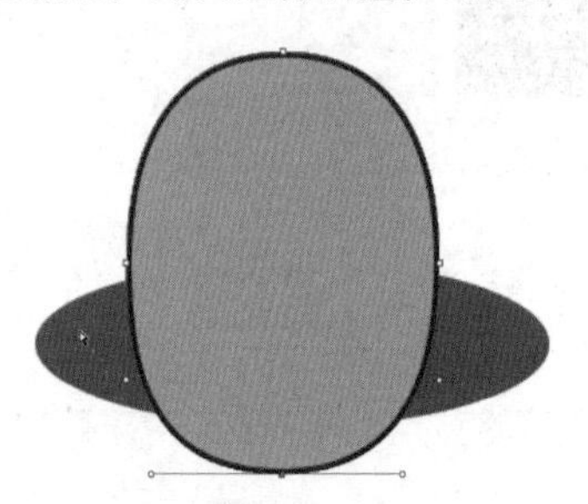

图12-73

11 按住Ctrl键单击底部椭圆前的缩览窗，将其载入选区，选择地鼠的椭圆图层，单击“添加图层蒙版”按钮，为其设置蒙版，如图12-74所示。

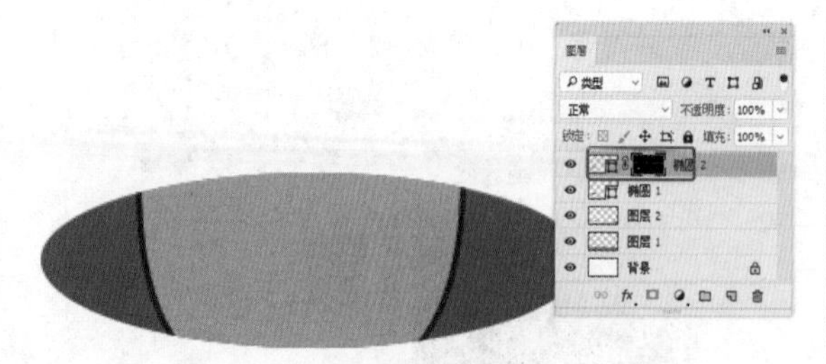

图12-74

12 使用“画笔工具”，设置前景色为白色，选择遮罩窗口，使用画笔工具涂抹出如图12-75所示的图像。

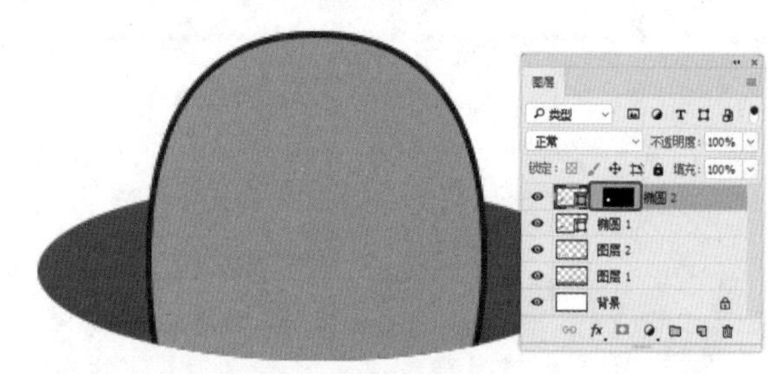

图12-75

13 使用“椭圆工具”创建椭圆，设置填充的RGB为204、170、96，轮廓的RGB为116、15、3，如图12-76所示。

图12-76

14 使用“直线工具”，设置填充的RGB为116、15、3，设置无轮廓，设置合适的粗细，绘制两个直线，如图12-77所示。

图12-77

15 使用“椭圆工具”创建椭圆，设置填充的颜色为白色，对其进行复制，如图12-78所示。

图12-78

16 使用“椭圆工具”创建椭圆，设置填充的RGB为116、15、3，如图12-79所示。

17 使用“椭圆工具”◯.创建椭圆，设置填充的颜色为白色，对其进行复制，如图12-80所示。

图12-79　　图12-80

18 使用“钢笔工具”✒.在舞台中创建路径，如图12-81所示。

图12-81

19 使用“矩形工具”□.在舞台中创建矩形，设置填充为白色，设置轮廓的RGB为116、15、3，如图12-82所示。

20 使用“转换点工具”▷.，在舞台中调整形状，如图12-83所示。

图12-82　　图12-83

21 在舞台中对牙齿图像进行复制，并翻转其角度，如图12-84所示。

22 使用“椭圆工具”◯.，在舞台创建填充为粉色、轮廓为无的椭圆，并在该椭圆上方创建白色椭圆，制作粉红色的脸蛋，对脸蛋进行复制，如图12-85所示。

图12-84

图12-85

23 将鼹鼠图层放置到同一个图层组中，如图12-86所示。

图12-86

24 在舞台中移动复制鼹鼠，调整鼹鼠的位置和大小，如图12-87所示。

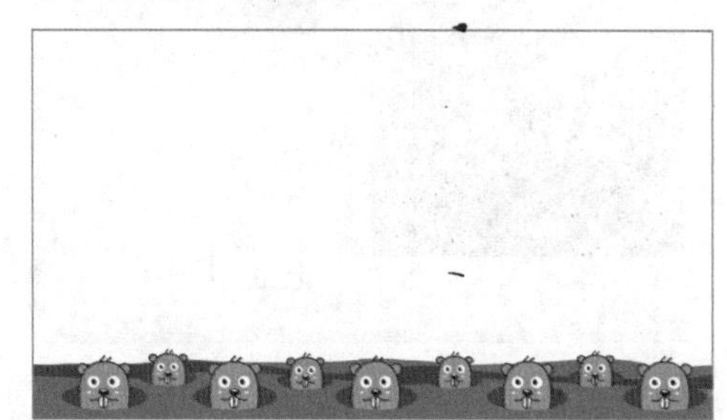

图12-87

25 将所有的鼹鼠放置到同一个鼹鼠图层组中，如图12-88所示。

图12-88

26 使用“钢笔工具”✒.在舞台中创建路径，如图12-89所示。

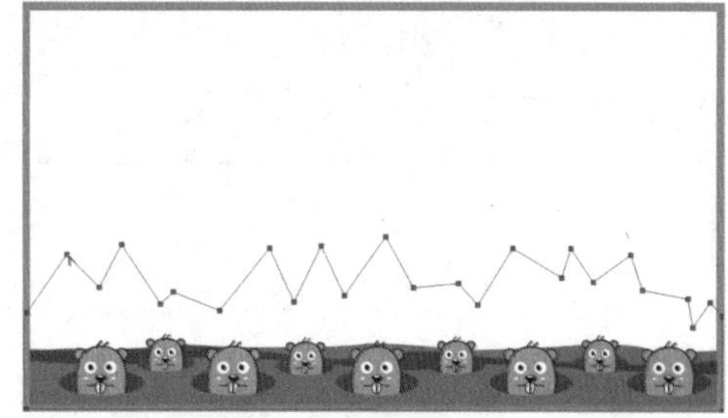

图12-89

27 使用“转换点工具”▷.在舞台中调整路径的形状，如图12-90所示。

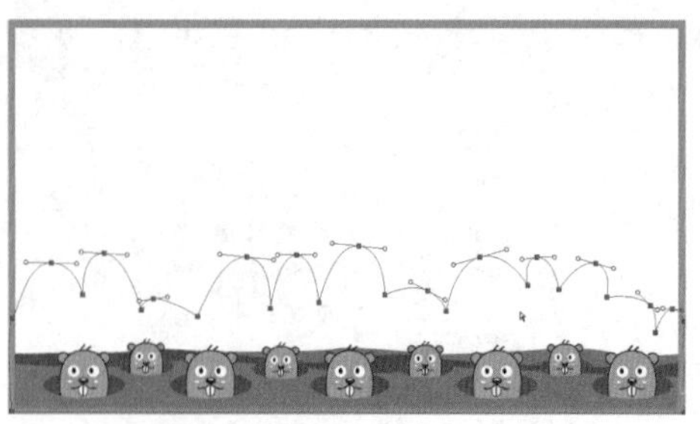

图12-90

28 设置前景色的RGB为161、205、108，如图12-91所示。

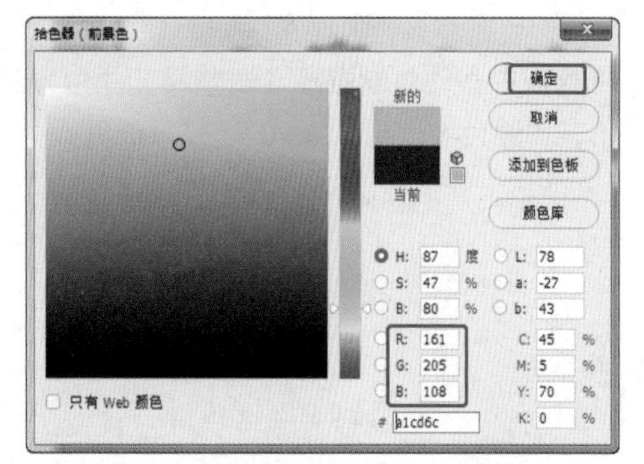

图12-91

29 在“图层”面板中新建图层，按Ctrl+Enter组合键，将当前路径载入选区；按Alt+Delete组合键，填充选区为前景色，如图12-92所示；按Ctrl+D组合键，取消选区的选择。

图12-92

30 填充图像后的效果如图12-93所示。

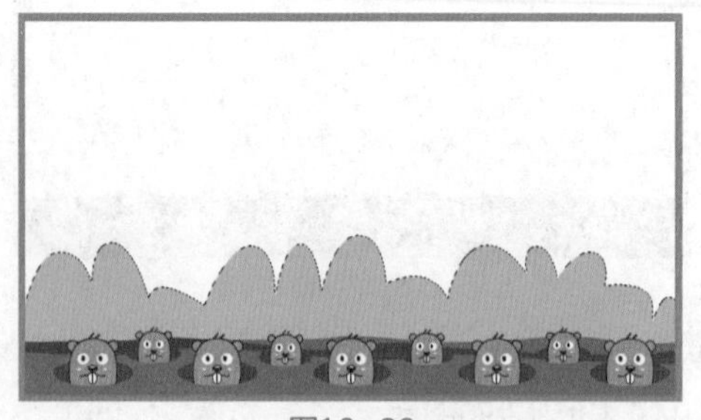

图12-93

31 按Ctrl+D组合键取消选区的选择，按Ctrl+J组合键复制图像，选择底部的图像远处树图层，按Ctrl+U组合键，在弹出的“色相/饱和度”对话框中设置合适的参数，如图12-94所示。

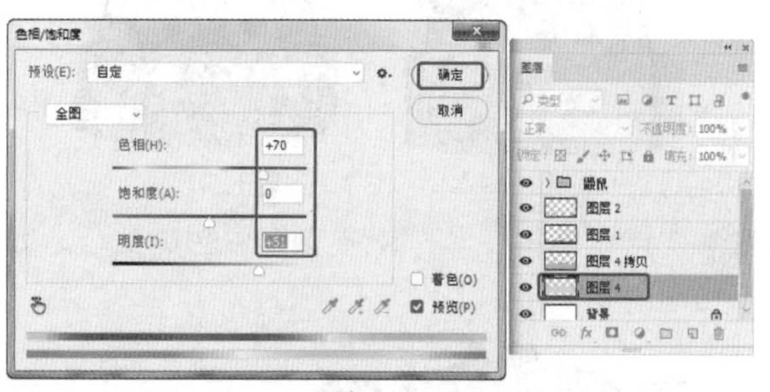

图12-94

32 可以对远处的树进行复制，并对其调整至满意的效果，如图12-95所示。

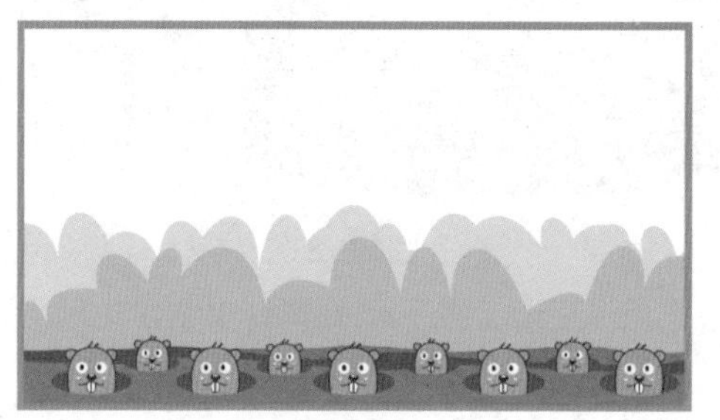

图12-95

33 使用“钢笔工具”在舞台中创建路径，如图12-96所示。

图12-96

34 设置前景色的RGB为127、192、90，如图12-97所示。

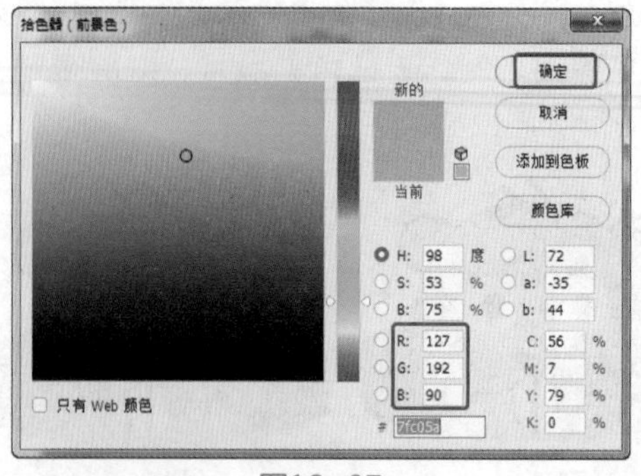

图12-97

35 在“图层”面板中新建图层，按Ctrl+Enter组合键，将当前路径载入选区。按Alt+Delete组合键，填充选区为前景色，如图12-98所示。

36 按Ctrl+D组合键取消选区的选择，填充图像后的效果如图12-99所示。

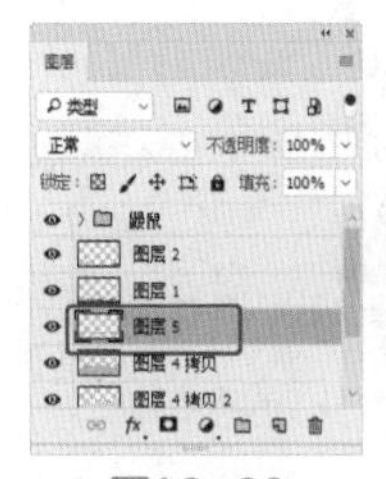

图12-98

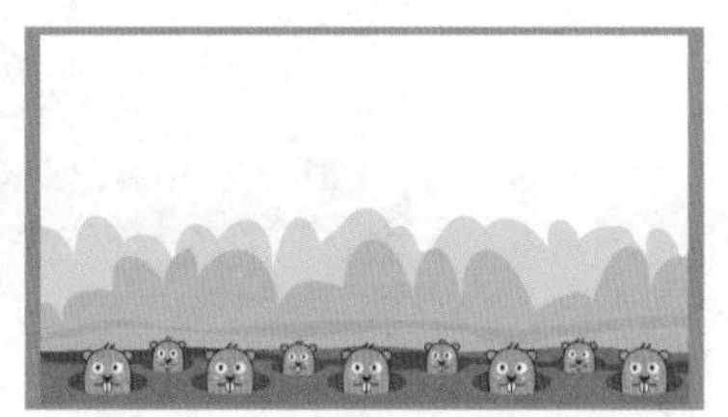

图12-99

37 在工具箱中单击“渐变工具”按钮，在工具属性栏中单击渐变色，在弹出的“渐变编辑器”对话框中设置渐变的RGB为191、234、255到RGB为242、249、253的渐变，如图12-100所示。

图12-100

38 在“图层”面板中选择“背景”图层，在舞台中由上到下创建填充，如图12-101所示。

图12-101

39 使用“椭圆工具”，设置填充为白色，创建多个椭圆，组合成云的效果，将组合成云的图层合并为一个图层，如图12-102所示。

图12-102

40 对云进行复制，并设置合适的不透明度，如图12-103所示。

41 将作为背景的图层放置到一个图层组中，如图12-104所示。

图12-103

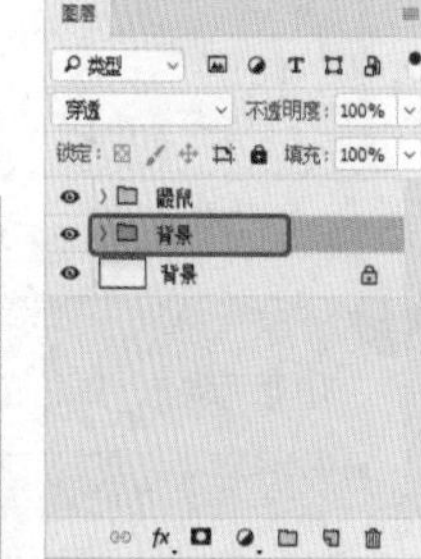

图12-104

42 使用“圆角矩形工具”，在舞台中创建圆角矩形，设置填充的RGB为237、217、145，设置合适的圆角矩形属性，如图12-105所示。

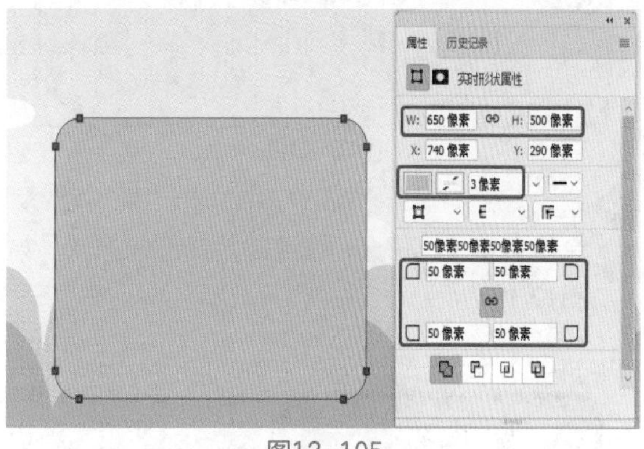

图12-105

43 双击圆角矩形图形，在弹出的“图层样式”对话框中勾选“斜面和浮雕”复选框，设置合适的参数，如图12-106所示。

44 选择“描边”选项，设置合适的参数，如图12-107所示。

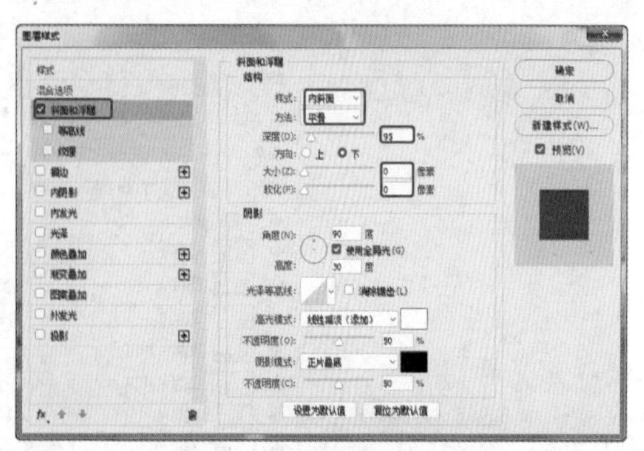

图12-106

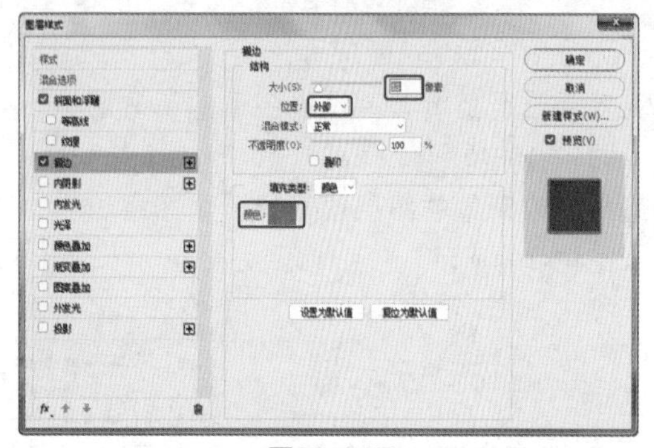

图12-107

45 继续勾选“渐变叠加”复选框，设置合适的渐变叠加参数，如图12-108所示，单击“确定”按钮。

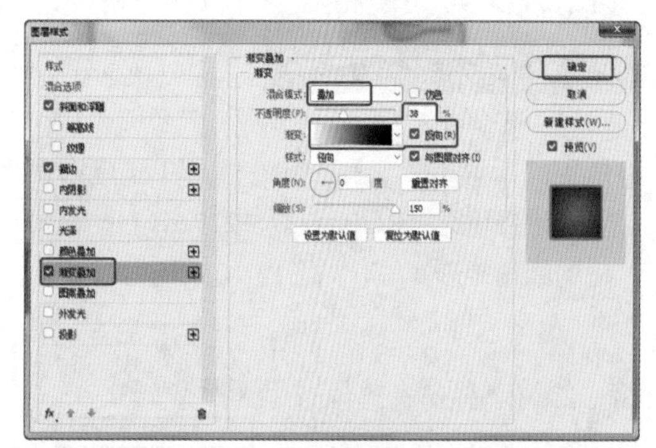

图12-108

46 设置图层样式后，使用“直接选择工具”在舞台中调整点的位置，调整圆角矩形的形状，如图12-109所示。

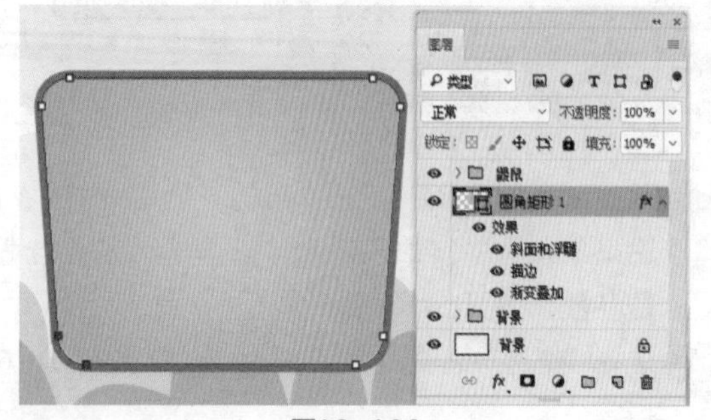

图12-109

47 使用“自定形状工具”在舞台中创建形状，设置填充的RGB为165、226、77，效果如图12-110所示。

图12-110

48 双击形状，在弹出的“图层样式”对话框中勾选“描边”复选框，设置合适的参数，如图12-111所示。

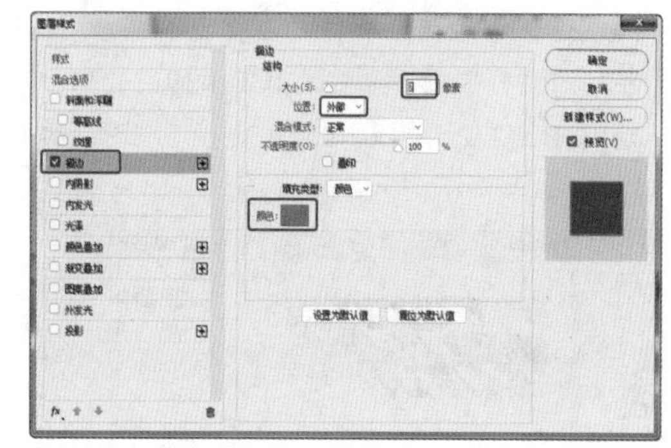

图12-111

49 继续勾选“投影”复选框，设置合适的投影参数，如图12-112所示。

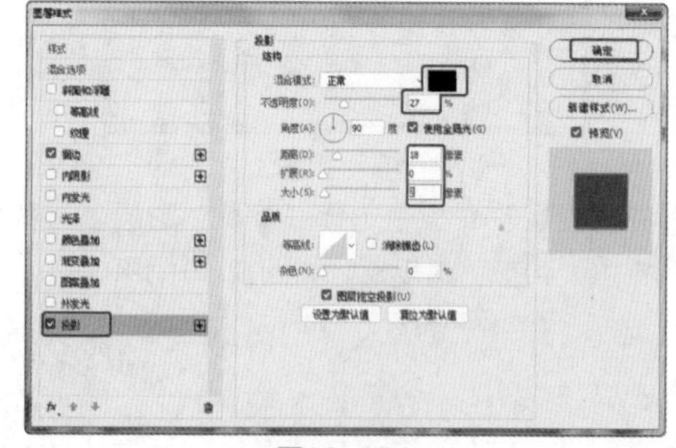

图12-112

50 使用“横排文字工具”T在舞台中创建文字，如图12-113所示，设置文字的颜色为白色。

图12-113

51 双击创建的文字图层，在弹出的“图层样式”对话框中勾选“投影”复选框，设置合适的投影参数，如图12-114所示。

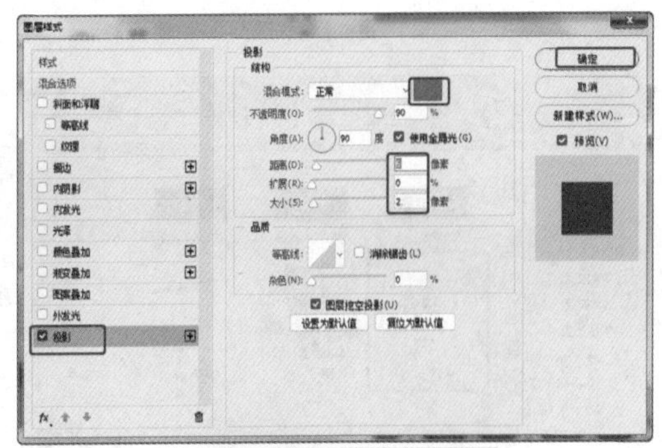

图12-114

52 使用“自定形状工具”，在工具属性栏中选择星形，在舞台中绘制星形，如图12-115所示，设置星形的填充为黄色。

53 使用“转换点工具”在舞台中调整星形的形状，如图12-116所示。

图12-115

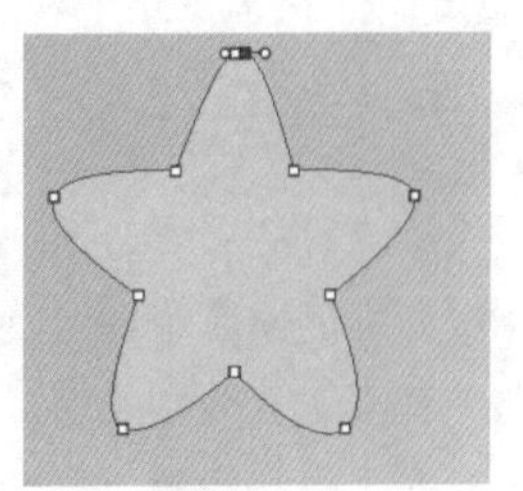

图12-116

54 双击星形图层，在弹出的“图层样式”对话框中勾选“描边”复选框，设置合适的描边参数，如图12-117所示。

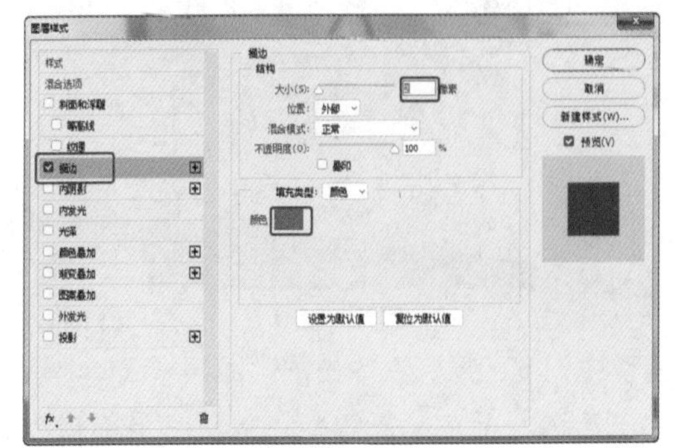

图12-117

55 继续勾选“斜面和浮雕”复选框，设置参数，如图12-118所示。

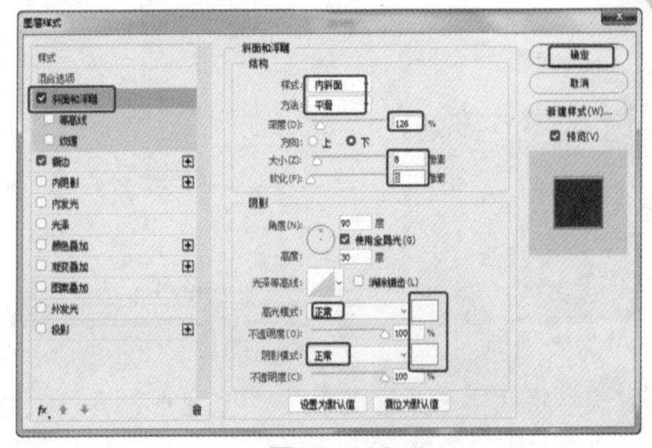

图12-118

56 按住Ctrl键单击星形形状图层前的缩览窗，将其载入选区，创建一个新的图层，使用“多边形套索工具”，按Alt键减选左上选区的选择，填充选区的颜色为橘红色，如图12-119所示。

图12-119

57 填充橘红色后，按Ctrl+D组合键，取消选区的选择，设置图层的混合模式为“正片叠底”，设置“不透明度”为50%，如图12-120所示。

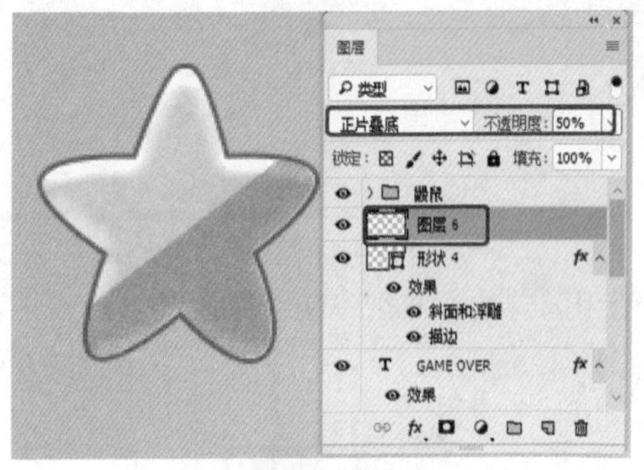

图12-120

58 将星形和星形填充的图层锁定，对星形进行复制，如图12-121所示。

59 右侧星形和填充图层，按Ctrl+E组合键，合并为一个图层，按Ctrl+U组合键，在弹出的

"对话框中设置合适的参数，……示。

图12-121　　图12-122

60 调整后的星形，在舞台中调整星形的角度、位置和大小，如图12-123所示。

61 使用"横排文字工具"T.在舞台中创建文字，如图12-124所示。

图12-123　　图12-124

62 双击文字图层，在弹出的"图层样式"对话框中勾选"描边"复选框，设置合适的参数，如图12-125所示。

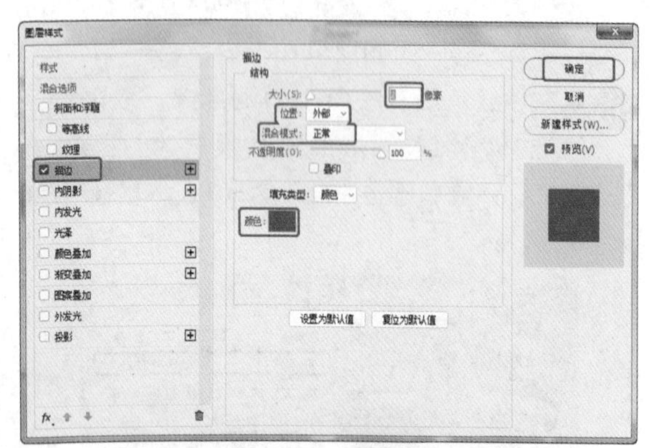
图12-125

63 使用同样的方法创建文字并设置描边效果，如图12-126所示。

图12-126

64 在菜单栏中选择"文件>置入嵌入对象"命令，在弹出的"置入嵌入的对象"对话框中选择随书配备资源中的"卡通.png"文件，单击"置入"按钮，如图12-127所示。

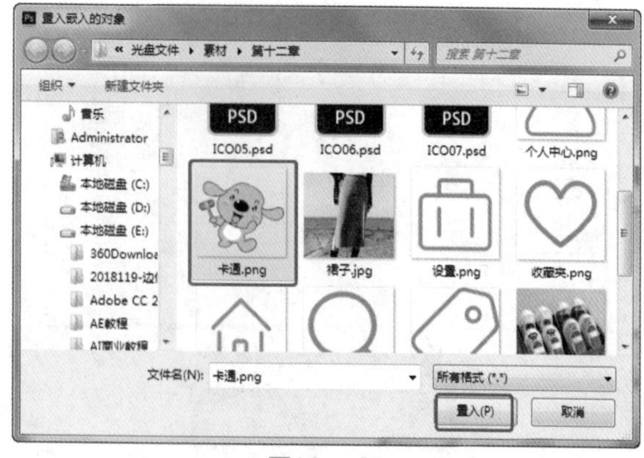
图12-127

65 置入素材后，调整素材在舞台中的大小和位置，使用"横排文字工具"T.创建文字，如图12-128所示。

图12-128

66 将标题文字栅格化为普通图层，使用"多边形套索工具"分别选择其中的文字，调整文字的大小和角度，并分别调整"色相/饱和度"效果，调整出不同颜色的标题效果，如图12-129所示。

图12-129

67 双击标题图层，在弹出的"图层样式"对话框中勾选"描边"复选框，设置合适的描边参数，如图12-130所示。

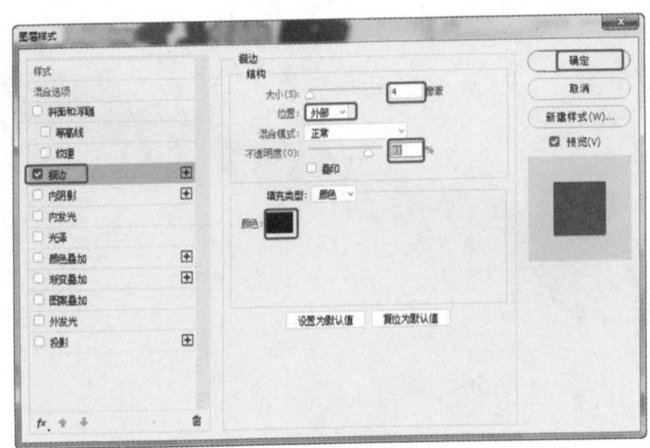

图12-130

68 调整出的标题效果如图12-131所示。

图12-131

69 使用“自定形状工具”，在工具属性栏中选择一个返回图像，在舞台中绘制形状，如图12-132所示。

图12-132

70 至此，本案例制作完成。

12.4 优秀作品欣赏

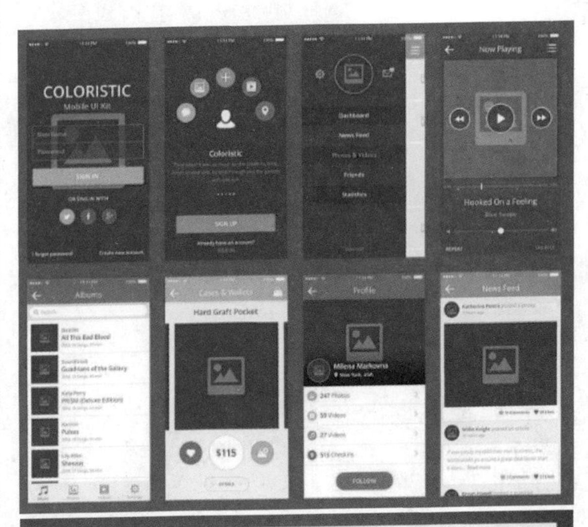

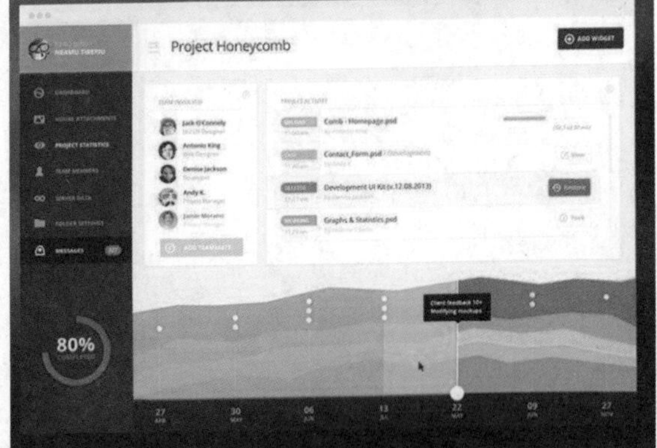